高等仪器分析

王　霆　孙铁东　编著

科　学　出　版　社

北　京

内 容 简 介

本书围绕分子结构解析和材料表界面研究，分九章系统介绍与之相关的各种先进仪器分析方法，包括质谱分析法、一维核磁共振波谱分析法、二维核磁共振波谱分析法、红外和拉曼波谱分析法、紫外和分子荧光波谱分析法、X射线衍射分析法、X射线光电子能谱分析法、表面显微分析法。对于每种方法的发展史、基本原理、常用概念、主要测定技术、测试影响因素以及方法的应用实例都给出了深入的介绍。

本书区别于普通的仪器分析教材，鲜有涉及定量分析，主要立足于定性分析；不仅服务于化学学科，更立足于服务化工、材料、生命科学领域的科研工作者，可以作为上述学科的研究生教材使用，也可以作为科研人员从事上述科研活动的工具书。

图书在版编目（CIP）数据

高等仪器分析 / 王霆，孙铁东编著. —北京：科学出版社，2023.9

ISBN 978-7-03-076215-3

Ⅰ. ①高… Ⅱ. ①王… ②孙… Ⅲ. ①仪器分析 Ⅳ. ①O657

中国国家版本馆 CIP 数据核字（2023）第 158279 号

责任编辑：刘 冉 / 责任校对：杜子昂

责任印制：吴兆东 / 封面设计：北京图阅盛世

科学出版社出版

北京东黄城根北街 16 号

邮政编码：100717

http://www.sciencep.com

北京中石油彩色印刷有限责任公司印刷

科学出版社发行 各地新华书店经销

*

2023 年 9 月第 一 版 开本：720 × 1000 1/16

2025 年 1 月第三次印刷 印张：17 1/2

字数：350 000

定价：98.00 元

（如有印装质量问题，我社负责调换）

前　言

分子结构解析和材料表界面表征分析属于仪器分析中高层次的研究方法，相关定性技术是深入研究物质或材料的构效关系的必备研究手段，也是大多数自然科学研究工作者必须掌握的技术。编者在化学、化工和材料等学科开展高等仪器分析和现代分析测试技术课程教学多年，深感适合研究生学习的相关教材匮乏。为数不多的相关教材，有的介绍的技术相对落后，不能满足当代科研的实际应用所需；有的内容不够全面，无法覆盖分子结构解析和材料表界面表征分析的仪器分析方法；还有的使用了过多的数学推导和物理理论来讲解仪器分析，虽准确但实例不多，应用不多，对于化学、材料和生命科学领域的工作者而言，理解不易，应用更难。

鉴于此，作者以简明、补充为原则，首次将分子结构解析和材料表界面表征分析的主流仪器技术、方法和应用进行了汇编，完成了本书。简明，即尽量避免使用难以理解的数学推导和物理理论来阐述仪器工作原理，而是结合多部专业教材、专著和多年教学过程中所积累的经验与体会来解释仪器的工作原理，尽量做到易懂。补充，即尽量不与现有的基础定量仪器教材内容重合，没有单独选取原子吸收分光光度法、原子发射光谱法、紫外吸收分光光度法、红外吸收光谱法、分子发射光谱法、电位分析法、伏安分析法、电解和库仑分析法、气相色谱和液相色谱法等本科阶段的光、电、色体系来介绍仪器分析，而是选取并整合了研究生阶段亟须掌握的定性仪器分析内容，包括紫外/荧光波谱法、红外/拉曼波谱法、质谱法、一维核磁波谱法和二维核磁波谱法等谱学分子结构解析手段，以及 X 射线衍射、X 射线衍射光电子能谱和 X 射线衍射显微分析技术两部分内容来介绍所谓的高等仪器分析，非常适合化学、材料和生命科学领域的研究生教学使用。

编者从发展历史到基本原理，从先进技术到科研应用，介绍有关分子结构解析和材料表界面表征分析方面的新仪器、新技术和新应用。通过学习，既让学生了解分子结构解析和材料表界面表征各类仪器分析方法的基本原理、方法、使用特点及其应用，又能了解它们的新发展和新趋势，并能初步具有应用这些方法解决相关问题的能力。

本书第 1～6 章由王霆编写，第 7～9 章由孙铁东编写。全书由王霆统编和校订。感谢在本书编写过程中给予帮助的各位老师和科学出版社的刘冉编辑。

本书在编写过程中参考了国内外出版的一些优秀教材、专著，在此向有关作者表示衷心的感谢。

由于作者水平有限，书中难免有疏漏和不当之处，敬请读者和同仁批评指正并提出宝贵意见。

作　者

2023年2月

目　录

前言
第 1 章　绪论 …… 1
1.1　现代分析化学与高等仪器分析 …… 1
1.1.1　波谱学与有机结构鉴定 …… 2
1.1.2　材料的表面及状态分析 …… 2
1.2　电磁辐射与物质的相互作用 …… 3
1.2.1　电磁辐射的性质 …… 3
1.2.2　电磁辐射与物质的作用 …… 4
1.2.3　光吸收的基本定律 …… 7
第 2 章　质谱分析法 …… 9
2.1　质谱法导论 …… 9
2.1.1　质谱学发展历史 …… 9
2.1.2　质谱常用概念 …… 11
2.1.3　质谱仪技术指标 …… 12
2.2　质谱离子源 …… 14
2.2.1　电子轰击电离源 …… 15
2.2.2　化学电离源 …… 16
2.2.3　快原子轰击源 …… 18
2.2.4　基质辅助激光解吸电离源 …… 19
2.2.5　电喷雾电离源 …… 21
2.2.6　大气压电离源 …… 22
2.3　质谱质量分析器 …… 24
2.3.1　双聚焦磁质量分析器 …… 24
2.3.2　四极杆质量分析器 …… 25
2.3.3　离子阱质量分析器 …… 26
2.3.4　飞行时间质量分析器 …… 27
2.3.5　傅里叶变换离子回旋共振质量分析器 …… 28
2.4　质谱中离子种类及离子碎片 …… 29
2.4.1　质谱中的离子 …… 29

2.4.2 离子裂解反应 …… 31
2.5 质谱分析应用 …… 36
2.5.1 分子离子及分子量的测定 …… 36
2.5.2 分子式的确定 …… 37
2.5.3 根据裂解规律确定化合物和化合物结构 …… 38
参考文献 …… 46
第 3 章 一维核磁共振波谱分析法 …… 47
3.1 核磁共振波谱法导论 …… 47
3.1.1 核磁共振发展历史 …… 47
3.1.2 核磁共振基本原理 …… 48
3.1.3 饱和与弛豫 …… 50
3.2 氢核磁共振波谱分析 …… 51
3.2.1 氢化学位移与核外电子的屏蔽效应 …… 51
3.2.2 自旋耦合和耦合常数 …… 52
3.2.3 影响质子化学位移的因素 …… 54
3.2.4 自旋耦合体系与命名 …… 58
3.3 碳核磁共振波谱分析 …… 60
3.3.1 碳核磁共振波谱的优势与不足 …… 60
3.3.2 碳核磁共振谱去耦技术 …… 62
3.3.3 碳化学位移与分子结构 …… 64
3.3.4 自旋耦合 …… 65
3.4 固体核磁共振技术 …… 67
3.5 核磁共振应用 …… 70
3.5.1 氢核磁共振应用 …… 70
3.5.2 碳核磁共振应用 …… 72
参考文献 …… 73
第 4 章 二维核磁共振波谱分析法 …… 74
4.1 二维核磁共振波谱法导论 …… 74
4.1.1 二维核磁共振波谱法发展历史 …… 74
4.1.2 二维核磁共振波谱法原理 …… 74
4.1.3 二维核磁共振常用知识 …… 75
4.1.4 二维核磁共振波谱分类 …… 76
4.2 二维 *J* 分解谱 …… 77
4.2.1 同核 *J* 分解谱 …… 77
4.2.2 异核 *J* 分解谱 …… 79

4.3　二维化学位移相关谱 ······ 80
4.3.1　同核化学位移相关谱 ······ 81
4.3.2　双量子滤波同核化学位移相关谱 ······ 82
4.3.3　异核化学位移相关谱 ······ 84
4.4　NOE 相关谱 ······ 87
4.5　多量子二维谱 ······ 88
参考文献 ······ 89
第 5 章　红外和拉曼波谱分析法 ······ 90
5.1　红外和拉曼波谱导论 ······ 90
5.1.1　红外和拉曼波谱发展历史 ······ 90
5.1.2　红外和拉曼波谱基本原理 ······ 91
5.2　分子的振动 ······ 94
5.2.1　双原子分子的振动 ······ 94
5.2.2　多原子分子的振动 ······ 95
5.2.3　红外活性振动与红外吸收峰 ······ 96
5.2.4　拉曼活性振动和拉曼峰 ······ 98
5.3　红外特征频率区和指纹区 ······ 99
5.3.1　红外特征频率区 ······ 99
5.3.2　红外指纹区 ······ 100
5.3.3　常见官能团的特征吸收频率 ······ 101
5.3.4　影响红外波谱吸收频率的因素 ······ 104
5.3.5　影响红外波谱吸收强度的因素 ······ 109
5.4　红外波谱实验技术 ······ 109
5.4.1　红外波谱样品的处理 ······ 109
5.4.2　红外波谱附件 ······ 110
5.5　拉曼波谱图与特征谱带 ······ 113
5.5.1　拉曼波谱图 ······ 113
5.5.2　拉曼特征谱带 ······ 115
5.6　拉曼波谱实验技术 ······ 115
5.7　拉曼波谱与红外波谱的比较 ······ 116
5.8　红外和拉曼波谱应用 ······ 117
5.8.1　红外波谱应用 ······ 117
5.8.2　拉曼波谱应用 ······ 124
参考文献 ······ 126

第 6 章 紫外和分子荧光波谱分析法 …… 127
6.1 紫外和分子荧光波谱法发展历史 …… 127
6.2 紫外波谱法基本原理 …… 128
6.3 紫外波谱表示法及常用术语 …… 129
6.3.1 紫外波谱表示法 …… 129
6.3.2 紫外波谱常用术语 …… 130
6.4 紫外吸收带的类型 …… 131
6.5 常见有机化合物的紫外波谱 …… 133
6.5.1 饱和化合物 …… 133
6.5.2 不饱和脂肪烃 …… 135
6.5.3 羰基化合物 …… 137
6.5.4 苯及其衍生物 …… 140
6.5.5 多环和稠环化合物 …… 143
6.5.6 杂环化合物 …… 144
6.6 影响紫外波谱的因素 …… 144
6.6.1 共轭效应 …… 144
6.6.2 立体化学效应 …… 144
6.6.3 溶剂 …… 146
6.6.4 体系 pH 值 …… 146
6.7 分子荧光波谱法基本原理 …… 146
6.8 激发波谱和发射波谱 …… 149
6.9 荧光波谱与分子结构的关系 …… 150
6.10 环境因素对分子荧光的影响 …… 152
6.11 紫外和分子荧光波谱法应用 …… 154
6.11.1 紫外波谱法应用 …… 154
6.11.2 分子荧光波谱法应用 …… 156
参考文献 …… 158
第 7 章 X 射线衍射分析法 …… 159
7.1 X 射线衍射分析法导论 …… 159
7.1.1 X 射线衍射分析法发展历史 …… 159
7.1.2 X 射线的产生及其性质 …… 161
7.1.3 X 射线衍射原理 …… 163
7.2 粉末照相法与 X 射线衍射仪 …… 165
7.2.1 粉末照相法 …… 165
7.2.2 X 射线衍射仪 …… 166

7.3 多晶体的物相分析 …… 171
7.3.1 物相的定性分析 …… 171
7.3.2 物相的定量分析 …… 175
7.4 X 射线衍射分析法应用 …… 179
7.4.1 多晶体点阵常数的精确测定 …… 179
7.4.2 晶体尺寸的确定 …… 186
7.4.3 膜厚的测量 …… 187
7.4.4 晶面取向度的测定 …… 188
7.4.5 晶面结晶度的测定 …… 189
参考文献 …… 191
第 8 章　X 射线光电子能谱分析法 …… 192
8.1 X 射线光电子能谱分析法发展历史 …… 192
8.1.1 X 射线光电子能谱分析法基本原理 …… 193
8.1.2 X 射线光电子能谱分析法常用概念 …… 195
8.2 X 射线光电子能谱实验技术 …… 195
8.2.1 X 射线光电子能谱仪 …… 195
8.2.2 待测样品制备方法 …… 199
8.3 X 射线光电子能谱谱图解析 …… 200
8.3.1 X 射线光电子能谱谱图的一般特点 …… 200
8.3.2 X 射线光电子能谱谱图的光电子线及伴线 …… 202
8.3.3 X 射线光电子能谱能量校正 …… 214
8.3.4 X 射线光电子能谱定性分析 …… 216
8.3.5 X 射线光电子能谱定量分析 …… 220
8.4 X 射线光电子能谱分析法应用 …… 222
8.4.1 表面元素全分析 …… 222
8.4.2 元素窄区谱分析 …… 222
参考文献 …… 232
第 9 章　表面显微分析法 …… 233
9.1 电子显微分析法发展历史 …… 233
9.1.1 电子光学基本原理 …… 233
9.1.2 电子光学常用概念 …… 234
9.2 透射电子显微技术 …… 234
9.2.1 透射电子显微镜结构和性能参数 …… 234
9.2.2 透射电子显微镜成像操作和像衬度 …… 239
9.2.3 透射电子显微镜实验技术 …… 242

9.2.4 透射电子显微镜应用 …… 245
9.3 扫描电子显微技术 …… 245
9.3.1 扫描电子显微镜结构和工作原理 …… 246
9.3.2 扫描电子显微镜的参数 …… 250
9.3.3 扫描电子显微镜成像机理 …… 251
9.3.4 扫描电子显微镜像衬度 …… 251
9.3.5 扫描电子显微镜实验技术 …… 252
9.3.6 扫描电子显微镜应用 …… 253
9.4 扫描隧道显微技术 …… 255
9.4.1 扫描隧道显微镜特点和基本原理 …… 255
9.4.2 扫描隧道显微镜结构设计 …… 257
9.4.3 扫描隧道显微镜的样品制备 …… 260
9.4.4 扫描隧道显微镜实验技术 …… 262
9.4.5 扫描隧道显微镜应用 …… 262
9.5 原子力显微技术 …… 263
9.5.1 原子力显微镜发展历史 …… 263
9.5.2 原子力显微镜原理 …… 264
9.5.3 原子力显微镜分类 …… 264
9.5.4 原子力显微镜结构设计 …… 265
9.5.5 影响原子力显微镜分辨率的因素 …… 266
9.5.6 原子力显微镜应用 …… 267
参考文献 …… 267

第1章

绪　论

1.1　现代分析化学与高等仪器分析

分析化学是研究物质的组成、含量、状态和结构的科学，也是研究分析方法的科学，它包括化学分析和仪器分析两大部分。化学分析是指利用化学反应和它的计量关系来确定被测物质组成和含量的一类分析方法。它起源于20世纪初，具有理论和实验技术成熟、操作简单、测定结果准确较高（一般相对误差为0.2%左右）等特点。但局限于理论和实验设备，对于需要测定低含量、高灵敏度和测定速度快的科学研究，化学分析难以应付，这就需要有更好的分析理论和设备，仪器分析正是应此要求而生。仪器分析是以物质的物理和物理化学性质为基础建立起来的一种分析方法，测定时使用复杂的仪器设备，迎合了科学研究对分析化学更高的要求，为分析化学带了革命性的变化，也是分析化学的发展方向。

经历了三次变革，分析化学已进入现代分析科学的时代。这是因为面对材料科学、生命科学、环境科学和信息科学等研究的新要求，现代分析化学正在成长为一门建立在化学、物理、数学、计算机科学、精密仪器制造等学科上的综合性边缘科学。现代分析化学发展不仅要对物质进行高选择性、高灵敏度、自动化、智能化和实时、在线的纵深分析，更要提供有关组分的价态、配合状态、元素与元素间的联系、结构上的细节、元素及组分在微区中的空间分布等更多的信息。例如，新材料制备与应用上，不仅要分析试样中痕量甚至超痕量杂质，还需要得到元素在试样微区中的结合态和空间分布状态，因为上述分析结果与新材料的性质及应用密切相关。再如，复杂体系中的化学物质和某些特定元素的不同化学形态的含量及其在生态环境中的分布和迁移规律，不仅需要pg/g，fg/g，ag/g，zg/g级的分析灵敏度，更是需要多维度、多尺度、多参量的分析测试新原理与新方法、新技术。

现代分析化学的新发展基本上是建立在仪器分析的发展之上的，因为上述讨论的信息绝大部分都需要用物理手段才能得到，所以现代分析化学的发展就是仪器分析的发展。基础仪器分析包括光学分析、电化学分析和色谱分离分析三大部分中最为常用的部分，通常包括原子吸收光谱法、原子发射光谱法、紫外吸收光谱法、红外吸收光谱法、分子发射光谱法、电位分析法、伏安分析法、电解和库仑分析法、气相色谱和液相色谱法等，以确定物质“有多少”为目的的定量仪器分析方法。但随着科学进步的不断要求，特别是进入21世纪后，以“有多少”为主的基础仪器外延在不断扩展，逐渐增加了以“有什么”为主的高等仪器分析内容，包括但不限于紫外/荧光波谱法、红外/拉曼波谱法、质谱法、一维核磁波谱法和二维核磁波谱法等谱学分子结构解析手段，以及X射线衍射、X射线衍射光电子能谱和X射线衍射显微分析等元素形态和表界面结构分析手段。可以说，仪器分析的理论和实践体系在不断扩大，而且随着科学技术的发展，在现代分析化学中必将出现更多的高等仪器分析内容。

1.1.1 波谱学与有机结构鉴定

波谱学中的紫外波谱法、红外波谱法、质谱法和核磁共振波谱法通常被称为四大谱，因为它们经常配合使用解析有机化合物的结构，已形成一整套的有机结构分析体系，在有机结构鉴定中起着非常重要的作用。近年来，这些可以解析结构的谱学方法又有所扩张，上述四大谱也涌现一些新的技术，使得谱学分子结构解析得到了长足得发展。例如，紫外波谱和分子荧光波谱的配合使用，提供了更为丰富的分子外层电子结构信息，并极大地提高了分析的灵敏度、选择性和定量检测下限。激光拉曼波谱与红外波谱配合使用已成为分子振动结构研究的主要手段。利用表面增强拉曼效应使激光拉曼波谱的灵敏度提高 10^5～10^7 倍，特别适合微量生物大分子检测，还可以直接获得人体体液的拉曼波谱。快原子轰击电离源、大气压电离源和基质辅助激光解吸电离源的发展，特别适合难挥发、热不稳定的分子以及蛋白质、核酸、多糖、多聚物等生物分子的结构鉴定，已把质谱学推向生物大分子研究领域。二维核磁共振的发展，使得核磁共振波谱结构解析的灵敏度、分辨率得到了质的提升，而固体核磁共振的普及，也让难溶物质的核磁结构解析成为可能，并逐渐成为一种常规的谱学分析技术。

1.1.2 材料的表面及状态分析

表面和状态分析在材料科学和环境科学的研究中，需求越来越迫切。因为材料科学中，物质的晶态、结合态是影响材料性能的重要因素；环境科学中，同一元素的不同价态和所生成的不同有机化合物形态都可能在毒性上产生极大差异。所以，物质的表面形态、组成、结构及晶体特性研究已成为上述学科的重要任务。X射线衍射波谱、X射线光电子能谱和X射线显微分析技术是研究物质表面和状态的主要手段。X射线衍射波谱可以利用晶态衍射现象确证物质的晶态结构和晶胞参数。X射线光电子能谱是利用外层价电子产生的光电子来研究物质的价态、电子结构及不同物质之间的相互作用的技术。扫描和透射显微分析技术可以将光学显微镜的200 nm分辨率提高到0.1 nm水平，已成为研究物质微观结构的最强有力手段之一。

1.2 电磁辐射与物质的相互作用

1.2.1 电磁辐射的性质

电磁辐射是一种以极大的速率通过空间，不需要以任何物质作为传播媒介的能量。它包括无线电波、微波、红外线、紫外-可见光以及X射线和γ射线等形式。上述各种电磁辐射的波长范围见图1.1。电磁辐射具有波动性和粒子性。

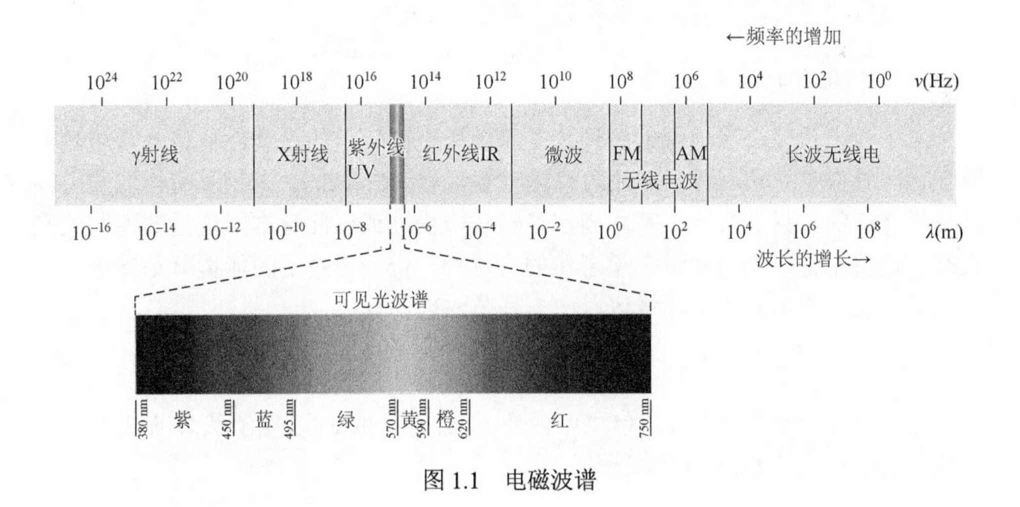

图1.1 电磁波谱

1. 电磁辐射的波动性

根据Maxwell的观点，电磁辐射可以用电场矢量$\boldsymbol{E}$和磁场矢量$\boldsymbol{B}$来描述，如图1.2所示。

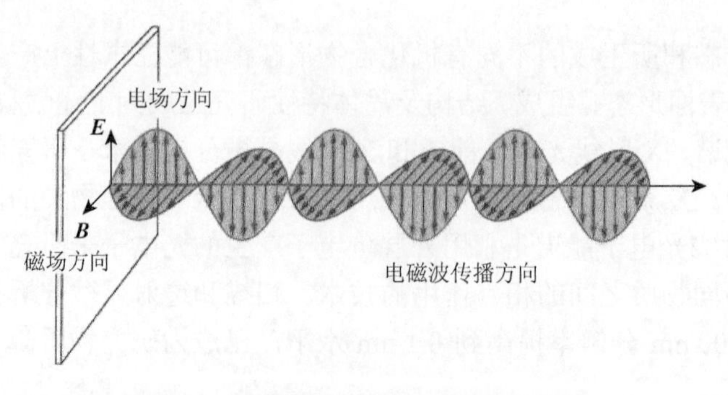

图 1.2 电磁波的传播与正交的电磁场

图 1.2 是一个单一频率的面偏振电磁波。它的电场矢量 **E** 在一个平面内振动，而磁场矢量 **B** 在另一个与电场矢量相垂直的平面内振动。这两种矢量都是正弦波，运动方向垂直于波的传播方向。当辐射通过物质时，就与物质微粒的电场或磁场发生作用，在辐射和物质间就产生能量传递。

电磁辐射的波动性可以用以下参数来描述：周期 T，相邻两个波峰或波谷通过空间某一固定点所需要的时间间隔，单位是 s；频率 ν，单位时间内通过传播方向上某一点的波峰或波谷的数目，它等于周期的倒数，单位是 Hz；波长 λ，相邻两个波峰或波谷间的直线距离，单位可以是 m，cm，μm，nm 等；波数 σ，波长的倒数，每厘米长度含有波长的数目，单位是 cm^{-1}。

2. 电磁辐射的粒子性

对于光电效应、黑体辐射等现象是不能用电磁辐射的波动性解释的，这时需要把辐射看作是光子（粒子）才可以满意地解释。Planck 认为物质吸收或发射辐射是不连续的，只能按一个基本固定量一份一份地或以此基本固定量的整数倍来进行。这就是说，辐射能量是量子化的。这种一份一份最小的能量就是光子。光子是具有能量的，光子的能量可以由下列公式来计算：

$$E = h\nu = h\frac{c}{\lambda}$$

式中，E 为一个光子的能量，单位可以是 J（焦耳）或 eV（电子伏）；h 为 Planck 常量，$6.626 \times 10^{-34}\ \mathrm{J \cdot s}$；$c$ 为光速。

1.2.2 电磁辐射与物质的作用

电磁辐射与物质的相互作用方式包括发射、吸收、反射、散射、干涉、衍射、偏振、折射等。根据物质和辐射作用的方式不同，可以分为波谱法和非波谱法。

引起物质内分子或原子能级跃迁包括发射、吸收等，是基于光子与物质的相互作用的，称为波谱法。不涉及能级跃迁，与物质作用后仅改变传播方向的，如偏振、干涉、旋光等，称为非波谱法。

1. 分子的运动与能量

分子中的电子、原子核都处于一定的运动状态，每一种运动状态都具有一定的能量，这些能量是量子化的。分子波谱就是分子所发出或吸收的光进行分光后得到的波谱，分子吸收和发射波谱的本质就是分子内部的运动。

分子总能量可以表达为：

$$E = E_e + E_v + E_r + E_t + E_n + E_i$$

式中，E_e 为电子能量；E_v 为分子的振动能量；E_r 为分子的转动能量；E_t 为分子质心在空间的平动能量；E_n 为分子的核内能；E_i 为分子基团间的内转能量。但对于分子波谱跃迁过程中的能量变化而言，影响比较大的只有电子相对于核的运动、原子核之间的相对振动和转动。因此，一般来说，可以近似地写出分子总能量的表达式为：

$$E = E_e + E_v + E_r$$

分子内的这三种运动能量都是量子化的，因此分子在入射光的作用下，从低能级跃迁到高能级，就要吸收光子。吸收光子的能量取决于跃迁能极差：$\Delta E = E_{高} - E_{低}$，吸收光子的频率为：$\nu = (E_{高} - E_{低}) / h$。

2. 受激吸收、自发发射和受激辐射

光的发射与吸收可经由受激吸收、自发发射和受激辐射 3 个历程。

1）受激吸收

低能级的粒子（原子、分子或离子）吸收一定频率辐射（如光子），从低能级跃迁到高能级，这一过程就是受激吸收。外来辐射的能量被吸收，能量就会减弱，表现在光的吸收上就是光强减弱。受激吸收过程不是自发的，是要靠外来能量刺激而进行的。发生能级跃迁时，所加电磁辐射的能量等于物质高低两个能级之间的差值，进而产生吸收波谱，如紫光-可见吸收波谱、红外波谱等。

2）自发发射

自发发射是当粒子被激发到高能态时，处于高能级的粒子很不稳定，不可能长时间地停留在高能级上。因为在高能级的粒子会迅速跃迁到低能级，同时以光子形式释放出能量。这一过程不受外界的作用，完全是自发进行的。所产生的光没有一定的规律，相位和方向都不一致，不是单色光。在日常生活中可以看到日光灯、高压汞灯和一些充有气体的灯，它们的发光都是受激辐射的过程。此外，

在高能级到低能级跃迁的过程中，有一些不产生光辐射的跃迁，它们主要以热运动的形式消耗能量，即为无辐射跃迁。

3）受激辐射

受激辐射是与受激吸收相反的过程。处于高能级的粒子，在某种频率光子的诱发下，从原来所在的能级上，放出与外来光子完全相同的光子，此时又产生一个光子（受激前后共有两个光子），使原来的能量减少。把高能级上的粒子跃迁到低能级上的这一过程称为受激辐射。受激辐射的特点不是自发跃迁，而是受外来光子的刺激产生。因而粒子释放出的光子与原来光子的频率、传播方向、相位及偏振等都完全一样，无法区别出哪一个是原来的光子，哪一个是受激后而产生的光子。受激辐射中由于光辐射的能量与光子数成正比，因此在受激辐射后，光辐射能量增大1倍。受激辐射和受激吸收同时存在于光辐射与粒子体系，是在同一整体之中相互对立的两个方面，它们发生的可能性是同等的，这两个方面哪个占主导，取决于粒子在两个能级上的分布。激光器发出的激光就是利用受激辐射而实现的。

3. 选律

分子吸收或发射电磁波，是分子和电磁波的一种能量交换，这种交换是通过电磁相互作用进行的，这种相互作用能否进行还需要满足某种条件。所谓选律就是判断此种条件是否满足的依据。

电磁波是交变的电场和磁场。分子与电磁波的相互作用必定要通过分子内部的电矩和磁矩，相互作用的结果必定要使这种电矩或磁矩发生变化。选律就是依据这一事实来判断何种跃迁能导致分子电矩或磁矩的变化，即允许的跃迁；何种跃迁不能导致这种变化，即禁阻的跃迁。

分子内重要的电矩和磁矩共有电偶极矩、电四极矩、磁偶极矩三种。电偶极矩源自于分子内正负电荷的分离，通常由$\mu = rq$来计算。其中，μ为电偶极矩；r为核间距；q为电荷量。电四极矩需要电荷分布取中心对称形式，因而没有电偶极矩时，才考虑电四极矩。能产生电四极矩的电荷分布不应是球对称的，而应是椭球分布的。许多原子核中的正电荷分布不是球对称的，它们有电四极矩。由于原子核的正电荷分布总是中心对称的，不可能有电偶极矩，因而这时电四极矩是必要考量的。除电极矩外，还有就是磁偶极矩，它不是由电荷的线位移产生的，而是由电荷的旋转运动产生的。

电偶极矩、磁偶极矩和电四极矩对跃迁的贡献有数量级上的差距，分别为1∶10^{-4}∶10^{-6}。换句话说，如果跃迁是电偶极禁阻的，它绝不可能是一个强跃迁。这时，如果观察到了弱信号，可以利用磁偶极矩或电四极矩选律予以解释，或寻找电偶极禁阻被解除的原因。对于电偶极允许的跃迁，一般情况没有必要再去考虑它们是否同时为磁偶极矩或电四极矩选律所允许。

选律除了影响信号强度外，还决定允许跃迁的数目，即谱图上吸收峰的数目。这又是一个负载结构信息的重要实验参数。需注意的是，选律制约的是通过辐射途径进行的跃迁。对于许多非辐射跃迁，选律是不起作用的。

1.2.3　光吸收的基本定律

Lambert-Beer 定律是光吸收的基本定律，也是所有吸收波谱定量分析的基础。这些波谱主要包括紫外波谱、红外波谱、核磁共振波谱等。它是由 Lambert 和 Beer 分别于 1760 年和 1852 年研究溶液的吸光度与溶液层厚度和溶液浓度之间的定量关系而得出的。当用适当波长的单色光照射一固定浓度的溶液时，其吸光度与光透过的液层厚度呈正比，此即 Lambert 定律，其数学表达式为 $A = kl$ 。其中，A 为吸光度；k 为比例系数；l 为溶液液层厚度。Lambert 定律适用于任何非散射的均匀介质，但它不能阐明吸光度与溶液浓度的关系。

Beer 定律描述了溶液浓度与吸光度之间的定量关系。当用一适当波长的单色光照射液层厚度一定的均匀溶液时，吸光度与溶液的浓度成正比，即 $A = k'c$ 。其中，k' 为比例系数；c 为溶液浓度。合并 Lambert 定律和 Beer 定律就得到了 Lambert-Beer 定律。

Lambert-Beer 定律会发生偏移，因此在使用一些波谱分析手段进行定量时一定要注意。

引起偏离 Lambert-Beer 定律的因素一般可以分为两类：一类与样品有关，另一类与仪器有关。

1. 与测定样品有关的因素

一般只有在稀溶液（浓度小于 0.01 mol/L）中，Lambert-Beer 定律才会成立。这是因为在高浓度时，由于吸光质点间的平均距离缩小，邻近质点彼此的电荷分布会产生相互影响，以致改变它们对特定辐射的吸收能力，即摩尔吸收系数发生改变，导致偏离。

此外，溶剂对吸收波谱的影响也很重要。这是因为溶剂会对生色团和助色团产生影响（详见第 6 章）。溶剂还会影响待测物质的物理性质和组成，也会影响其波谱的特性，包括谱带的电子跃迁类型等。

当试样为胶体、乳状液或有悬浮物质存在时，入射光通过溶液后，有一部分光会因散射而损失，使吸光度增大，对 Beer 定律产生正偏差。

2. 与仪器有关的因素

因为 Lambert-Beer 定律只适用于单色光，但其实真正的单色光是无法实现的，故而 Lambert-Beer 定律一定会有偏离。因为实际用于测量的是一小段波长范围内的复合光，由于吸光物质对不同波长光的吸光能力不同，就导致了对 Beer 定律的负偏差。在所使用的波长范围内，吸光物质的吸收系数变化越大，这种偏离就越显著。因此，在保证一定强度的辐射前提下，尽可能使用窄的辐射宽度，同时尽量避免采用尖锐的吸收峰进行定量分析。

第 2 章

质谱分析法

2.1 质谱法导论

2.1.1 质谱学发展历史

质谱分析法（mass spectrometry，MS）是通过一定手段使物质生成气态离子，用质谱仪表征其质量、电荷、物理化学性质的研究方法，其基本过程包括样品的离子化、离子的分离分析和检测以及数据采集与处理，同时质谱也是一种测定分子或原子质量的分析方法。图 2.1 是质谱仪的基本组成。

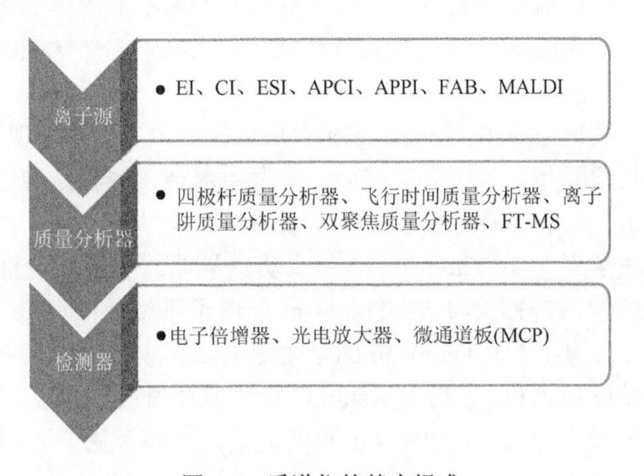

图 2.1 质谱仪的基本组成

样品在离子源中用适当的离子化方法转变为气相离子，然后进入真空的质量分析器中进行分离，最后由检测器产生检测信号。除了图 2.1 中的基本组成之外，质谱仪还有进样系统、真空系统和电子单元以及操作软件进行仪器控制及数据采集和处理。本章后文会依次介绍离子化方法（离子源），质量分析器，质谱解析的基本原理、方法、技术和应用。

质谱法具有分析速度快、灵敏度高及谱图解析相对简单的优点。在结构定性方面，质谱法是确定分子量、分子式或分子组成以及阐明结构的重要手段，广泛应用在合成化学、药物化学、天然产物的结构分析中。在定量分析方面，质谱法是最灵敏的方法之一，被称作“分子和原子的天平”。随着质谱新技术及新仪器的不断发展，化学、生物和医药工程领域的各学科和分支学科的研究人员以及专业技术人员通常会用到质谱分析。医药工业领域的工作人员在进行药物发现和药物开发时需要利用 MS 的特异性、动态范围及其灵敏度，区分复杂基质中紧密相关的代谢物，从而鉴定并量化代谢物。尤其是在药物的开发过程中，药物需要进行鉴定、纯化，确定早期的药代动力学，MS 已经证实是不可或缺的工具。生物化学家扩展了 MS 的使用领域，将其应用到蛋白、肽和寡核苷酸的分析中。使用质谱仪，生物化学家们能够监测酶的反应，确定氨基酸序列，并通过包含蛋白裂解片段衍生物样品的数据库鉴别大分子蛋白。生物化学家通过氢-氘交换在生理条件下形成重要的蛋白-配体的复合物，监测蛋白质的折叠。临床化学家在药物检测和新生儿筛查中也应用 MS，取代结果不确定的免疫分析。食品安全和环境研究人员也是这样。他们跟行业中相关的企业工作人员一样，也使用 MS，如 PAH（多环芳烃）和 PCB（多氯联苯）分析、水质量分析及食品农药残留分析。此外，质谱与色谱的联用技术也发展迅速，现今采用大气压离子化技术作为接口，已基本消除了液相色谱和质谱联用的主要障碍（也可用于超临界流体色谱、离子色谱及毛细管电泳与质谱的连接），使质谱在现代化学、生物学和药学领域发挥越来越重要的作用。

19 世纪末，物理学家 E. Goldstein 在一次低压放电实验中发现了正电荷粒子，随后 W. Wein 观察到带电粒子束会在磁场中发生偏转，也就是物理学中电磁偏转问题的前身，这些观察结果为质谱提供了充足的准备。1912 年，世界上第一台质谱仪由英国物理学家 J. J. Thomson 研制成功。早期的质谱法最重要的工作是发现非放射性同位素，1913 年 J. J. Thomson 报道了氖气是由 ^{20}Ne 和 ^{22}Ne 两种同位素组成的。1919 年，J. J. Thomson 的学生 F. Aston 改进了初期质谱仪，制造了世界第一台高精度质谱仪，之后 F. Aston 的余生几乎都投入到了对同位素的研究中去，他发现了至少 212 种天然存在的同位素，绘制了第一张同位素表，并凭借这些发现获得了 1922 年的诺贝尔物理学奖。因此，F. Aston 也被认为是质谱仪的真正发明者。到 20 世纪 30 年代中叶，质谱法已经广泛应用于鉴定大多数的稳定同位素，精确地测定了质量，建立了原子质量不是整数的概念，大大促进了核化学的发展。在 F. Aston 之后，Marttauch 和 R. Herzog 提出了完整的离子束能量和方向的双聚焦理论，应用这样的技术可以在同一张底片上得到很大范围的质量谱。E. O. Lawrence 改进扇形质谱仪电磁学同位素分离器，在二战中用于提纯制作原子弹的铀-235。但直到 1942 年，才出现用于石油分析的第一台商用质谱仪。1950 年与 1960 年，H. Demert 和 W. Paul 开发离子阱技术并因此而获得 1989 年的诺贝尔物理学奖。1956 年 W. Paul 利用射频四极电场过滤离子的原理，又开发出四极杆质量分析器。四极杆质谱仪是目前最成熟、应用最广泛的小型质谱仪之一。

我国曾经是世界上较早研制四极杆质谱计的国家之一。早在 20 世纪 60 年代初，南京工学院曾研制了四极质谱探漏仪，清华大学于 1962 年开始研究气体分析四极杆质谱计，并于 1965 年与北京分析仪器厂合作研制出 ZHL201 型四极杆质谱计。近 20 年来，我国的质谱研究人员也一直致力于该仪器的研究，但是，已有研究基础薄弱，而且错过了四极杆质谱计发展的繁荣时期。

20 世纪 60 年代，被誉为质谱届泰斗的 F. W. McLafferty 与 R. Gohlke 首次将质谱与气相色谱技术结合起来，开发了气相色谱-质谱联用仪，也成为今后有机物和石油分析的重要手段。20 世纪 80 年代以后又出现了一些新的质谱技术，如快原子轰击离子源（Barber，1981 年）、电喷雾电离源（J. B. Fenn，1984 年）、基质辅助激光解吸电离源（Koichi Tanaka，1988 年），使难挥发、热不稳定化合物的质谱分析成为可能，同时扩大了分子量的测定范围。J. B. Fenn 和 Koichi Tanaka 凭借此项工作获得了 2002 年诺贝尔化学奖。目前，质谱仪被广泛应用于各行各业，主要用于进行物质分析，尤其是生物质谱，已经成为现代科学前沿的热点之一。

2.1.2　质谱常用概念

1. 质荷比

质荷比（*m*/*z*）为离子的质量和该离子所带静电单位数的比值。离子的质量等于组成该离子的所有元素的原子量的总和。原子量的单位又称道尔顿（Dalton，Da），也曾用 amu，即原子量单位的英文缩写。在质谱分析中，若是离子只带有一个电荷，则该离子的质荷比即为离子的质量。

2. 基峰与相对强度

以质谱图中最强峰的高度为 100%，将此峰称为基峰（base peak）。以此峰的强度去除其他各峰的高度，所得分数即为各离子的相对丰度（relative abundance），又称相对强度（relative intensity）。峰强度也可以用绝对强度表示，单位为每秒计数（counts per second，counts/s），在商品质谱图中，强度常直接用 counts 表示。

3. 同位素离子

由于多数元素有丰度较低的同位素存在而产生同位素离子峰。表 2.1 列出了常见元素的天然同位素丰度。表中“A”为最轻同位素的原子量。

表 2.1 常见元素的天然同位素丰度

元素	A		A+1		A+2		元素类型
	质量	%	质量	%	质量	%	
H	1	100	2	0.015			A
C	12	100	13	1.1			A+1
N	14	100	15	0.37			A
O	16	100	17	0.04	18	0.20	A+2
F	19	100					A
Si	28	100	29	5.10	30	3.40	A+1，A+2
P	31	100					A
S	32	100	33	0.80	34	4.40	A+2
Cl	35	100			37	32.5	A+2
Br	79	100			81	98.0	A+2
I	127	100					A

4. 奇电子离子和偶电子离子

具有未配对电子的离子为奇电子离子。奇电子离子同时也是自由基，具有较高的反应活性。无未配对电子的离子为偶电子离子。

2.1.3 质谱仪技术指标

1. 质量范围

质量范围是质谱仪所能测定的离子质荷比的范围。对于大多数离子源，电离得到的离子为单电荷离子。这样，质量范围就是可以测定的分子量范围；对于电喷雾电离源，由于形成的离子带有多个电荷，尽管质荷比范围只有几千，但能测定的分子量范围可达数万以上（图 2.2）。

质量范围的大小取决于质量分析器。四极杆质量分析器的质量范围上限一般在 1000 Da 左右，有的可以达到 3000 Da，离子阱质量分析器可达 4000 Da，磁质量分析器能达到 10000 Da 以上，飞行时间质量分析器可达几十万 Da。但并不能认为质量范围越宽越好，不同的质谱仪应具有适当的质量范围。如 GC-MS 分析的对象多是挥发性有机物，其分子量一般不超过 400 Da，因此一般使用四极杆质量分析器就够了。对于 LC-MS 质谱仪，分析对象可以达到 2000 Da 以上，所以一般会使用离子阱质量分析器。

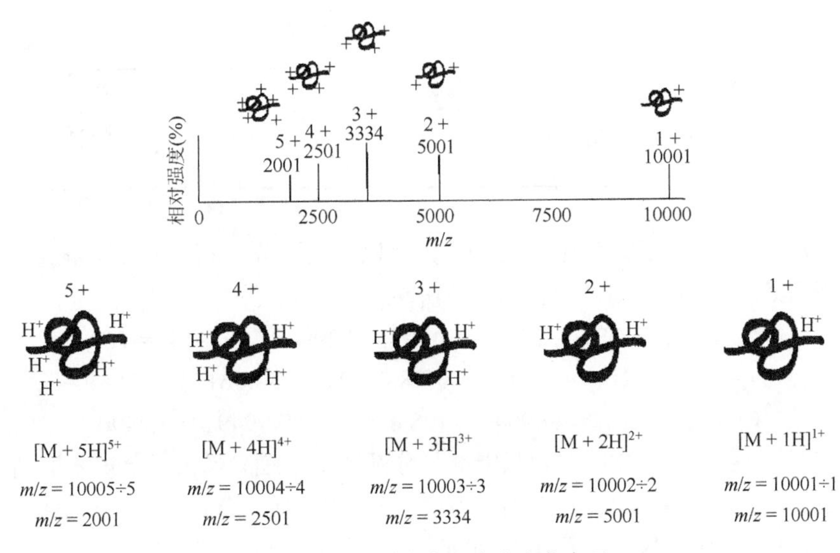

图 2.2　电喷雾电离产生多电荷离子

2. *分辨率*

质谱仪的分辨率（resolution power，RP）指的是质谱仪分开两个相邻质量峰的能力（图 2.3）。两个相邻质量峰分开的标准是峰谷低于峰高的 10%（也有要求是 5%）。

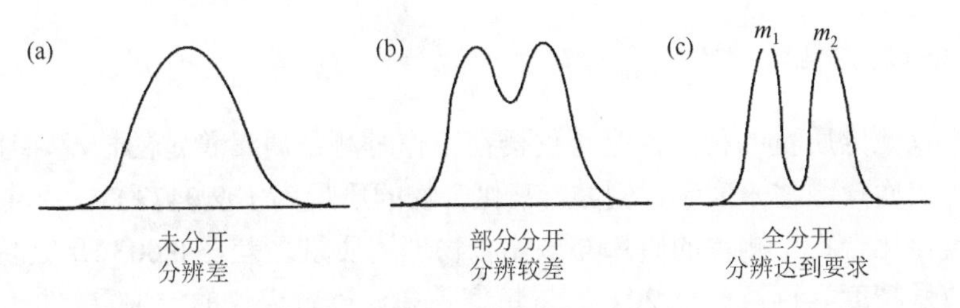

图 2.3　相邻质谱峰的分辨

如图 2.3 所示，某质谱仪在质量 M 处刚刚能分开 m_1 和 m_2 两个质量的离子，则该质谱仪的分辨率为 $RP = \dfrac{m_1}{m_2 - m_1}$。例如质量数约为 28 Da 的三种分子组成的精确质量见表 2.2。

表 2.2　质量数约为 28 Da 的三种分子组成的精确质量

组成	整数质量	精确质量
CO	28	27.994914

续表

组成	整数质量	精确质量
N_2	28	28.006158
C_2H_4	28	28.031299

若仪器分辨率很低，如 RP = 200，则对以上三个分子不能分开，混为一峰。若要分开以下混合物，则必须有如下分辨率：

$$CO\text{-}C_2H_4\text{：}(RP)_1 = 27.994914/(28.031299-27.994914) = 769$$

$$N_2\text{-}C_2H_4\text{：}(RP)_2 = 28.006158/(28.031299-28.006158) = 1114$$

$$CO\text{-}N_2\text{：}(RP)_3 = 27.994914/(28.006158-27.994914) = 2490$$

当仪器分辨率达到 770 时，只能够只分开 CO-C_2H_4。当仪器分辨率达到 1114 时，能够分开 CO-C_2H_4 和 N_2-C_2H_4。当仪器分辨率超过 2500 时，三者全部分开。

一般低分辨质谱仪器分辨率在 2000 左右，10000 以上时称高分辨质谱仪，目前傅里叶变换离子回旋共振质谱仪（FT-ICR-MS）分辨率可达 200 万。高分辨质谱仪可以进行元素组成分析。因为任何一种同位素的质量并不正好是整数，每一个同位素都具有唯一的、特征的“质量亏损”，离子的质量包含了同位素的总的质量亏损，也是特征的，如 ^{12}C 的准确质量为 12.00000000，^{1}H = 1.007782506，^{14}N = 14.00307407，^{16}O = 15.99491475，因此可以用来鉴定离子的同位素和元素组成。

3. 质量稳定性

质谱仪测定质量的稳定性是指仪器在工作时测定质量稳定的情况，通常用一定时间内的质量漂移来表示。例如，某化合物的质量为 152.0473 Da，用某质谱仪多次测量该化合物，测得的质量与该化合物理论质量之差在 0.003 Da 之内，则该仪器的质量精度为百万分之 20。质量精度是高分辨质谱仪的一项重要指标，对于低分辨质谱仪没有太大意义。

2.2 质谱离子源

离子源的功能是提供能量使待分析样品电离，得到含有样品结构信息的离子。近年来，质谱法的迅速发展与仪器的进步及新的离子化方法的发展密切相关。20 世纪 70 年代初期，质谱法主要采用电子轰击电离源（electron impact ionization，EI）和化学电离源（chemical ionization，CI）来电离气化的样品。后来，一些“软离子化方法”（soft ionization method）相继出现，大大扩展了质谱法的应用范围。目前主要的离子源特点比较见表 2.3，分析物的极性与离子源的选择见图 2.4。

表 2.3　主要离子源的特点比较

进样类型	离子源	离子化能量	特点及主要应用
气态进样	电子轰击电离（EI）	高能电子	适合挥发性样品。灵敏度高，重现性好，有特征碎片离子和标准谱图库。用于分子结构判定
	化学电离（CI）	反应气离子	适合挥发性样品。准分子离子，分子量确定
液态进样	快原子轰击（FAB）	高能原子束	适合难挥发、极性大的样品。生成准分子离子和少量碎片离子
	电喷雾电离（ESI）	高能原子束	生成多电荷离子，碎片少，适合极性大分子分析，也用作 LC-MS 接口
	基质辅助激光解吸电离（MALDI）	激光束	高聚物及生命大分子分析，主要生成准分子离子
	大气压光电离（APPI）	低能电子束	对样品挥发性有一定要求，分析物必须热稳定，仅形成单电荷离子
	大气压化学电离（APCI）	紫外光子束	对样品挥发性有一定要求，分析物必须热稳定，仅形成单电荷离子

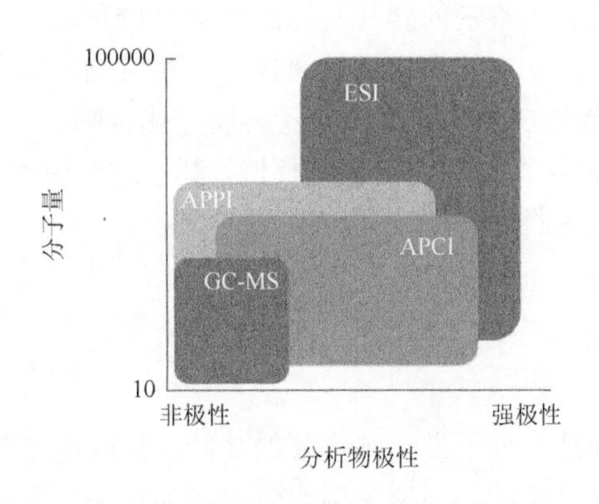

图 2.4　分析物极性与离子源种类的选择

2.2.1　电子轰击电离源

电子轰击电离（EI）源是应用最广泛的电离源，其结构如图 2.5 所示。灯丝产生高速电子，轰击能量通常为 70 eV。在电离室，电子束轰击由 GC 或直接进样杆导入样品分子，产生正离子。加速极和推斥极间的微小电位差可使正离子加速进入质量分析器。

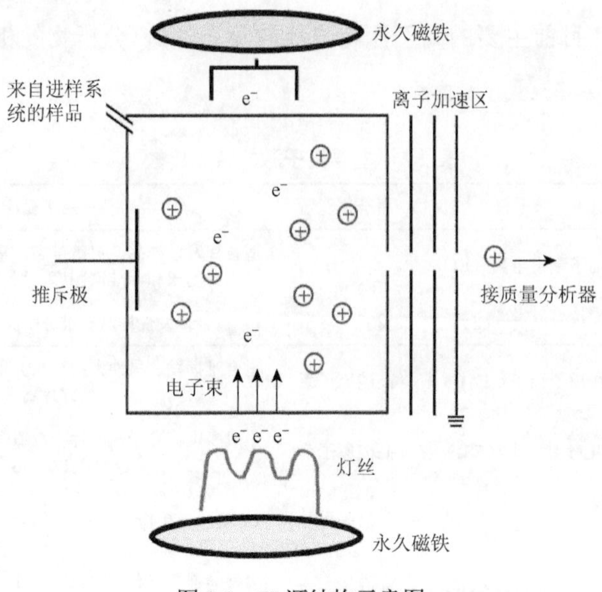

图 2.5 EI 源结构示意图

EI 通常被称为“硬”电离技术。电子与目标分子相互作用的能量通常要比分子的化学键强得多，因此分子发生电离。过量的能量按照特定方式打开化学键。结果产生能够预见的、可鉴别的碎片。通过收集形成正离子自由基，得到丰富的碎片波谱。不同于“较软”的大气压电离技术，波谱响应会受到离子源设计特征的影响，EI 技术完全独立于离子源的设计。同一化合物在一台 EI 质谱仪产生的图谱与另一台 EI 质谱仪得到的图谱非常相似，基于这一原理，可建立图谱库，将未知化合物的谱图与参照谱图比较。

2.2.2 化学电离源

在质谱中获得样品的分子量是其重要的功能。但经电子轰击产生的分子离子峰可能不存在或其强度很低。必须采用比较温和的离子化方法，其中之一就是化学电离（CI）法。化学电离是通过分子-离子反应来进行，而不是像 EI 源那样用强电子束进行离子化，其工作原理如图 2.6 所示。

化学电离源一般在 10^2～10^3 Pa 压强下工作。反应气体又称化学电离试剂，常使用 CH_4、N_2、He、NH_3 等。以使用 CH_4 反应气体为例，电离源首先对 CH_4 进行离子化，即：

$$CH_4 + e^- \longrightarrow \cdot CH_4^+ + 2e^-$$

$$\cdot CH_4^+ \longrightarrow CH_3^+ + H\cdot$$

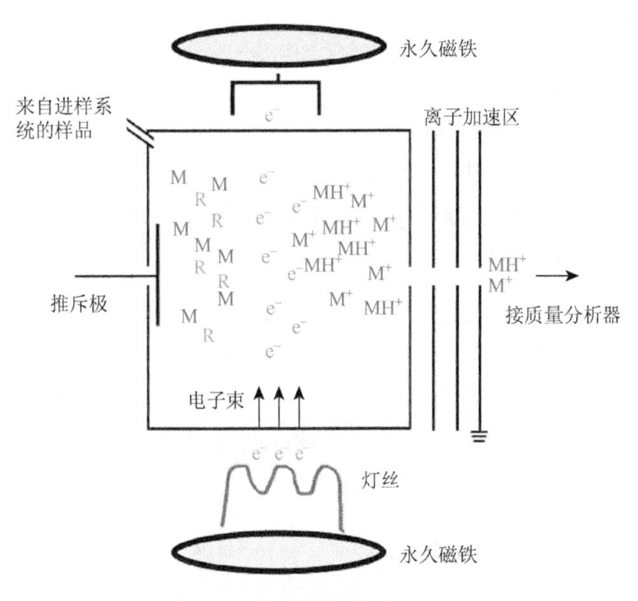

图 2.6　EI 离子源结构示意图

$\cdot CH_4^+$ 和 CH_3^+ 很快和大量存在的 CH_4 反应气体反应：

$$\cdot CH_4^+ + CH_4 \longrightarrow CH_5^+ + \cdot CH_3$$

$$CH_3^+ + CH_4 \longrightarrow C_2H_5^+ + H_2$$

CH_5^+ 和 $C_2H_5^+$ 不与中性气体甲烷进一步反应，一旦少量样品（试样与甲烷之比为 1∶1000）导入离子源，试样分子（XH）发生以下反应：

$$CH_5^+ + XH \longrightarrow XH_2^+ + CH_4$$

$$C_2H_5^+ + XH \longrightarrow XH_2^+ + C_2H_4$$

$$C_2H_5^+ + XH \longrightarrow X^+ + C_2H_6$$

反应生成的离子也可能再分解：

$$XH_2^+ \longrightarrow X^+ + H_2$$

$$XH_2^+ \longrightarrow A^+ + C$$

$$X^+ \longrightarrow B^+ + D$$

经测 XH_2^+，X^+，A^+ 和 B^+ 四种离子，可得样品的质谱图。因此，化学电离源的特点是谱图简化，分子离子峰很强。若采用酸性比 CH_5^+ 更弱的离子源，如 $C_4H_9^+$（异丁烷），NH_4^+（氨），H_3O^+（水）等电离试剂所得离子将会进一步简化。

2.2.3 快原子轰击源

快原子轰击（fast atom bombardment，FAB）源是一种常用的离子源，主要用于极性强、分子量大的样品分析，其工作原理如图 2.7 所示。

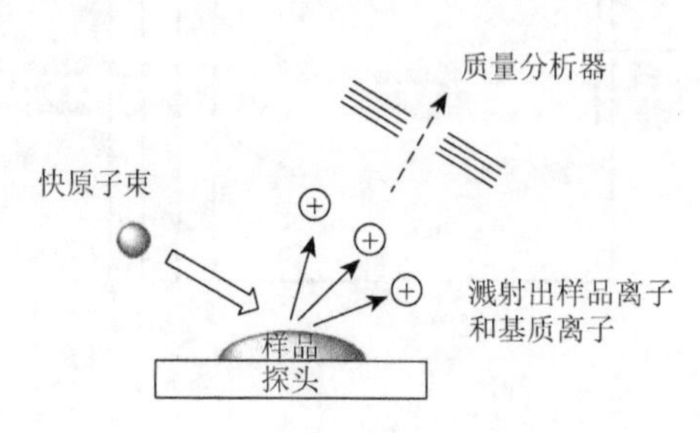

图 2.7 FAB 离子源结构示意图

快原子轰击是用中性原子（Xe，Ar）直接轰击在涂有底物基质和样品分子的探头上，使样品电离成正离子$[M+H]^+$、负离子$[M-H]^-$和碎片离子的离子化方法。由于电离过程中不必加热气化，因此特别适合分析分子量大、难挥发或热稳定性差的样品，例如肽类、低聚糖、天然抗生素和有机金属络合物等。例如，快原子轰击-质谱串联技术的应用提供了详细的样品分子结构信息，并已广泛应用于生物医学领域。在肽化合物中，快原子轰击成功地分析了数千分子量的大分子，并给出了多肽中氨基酸的顺序和类型，还区分了多肽的异构体，如脑磷脂、人胃泌素、牛胰岛素、缓激肽、促肾上腺皮质激素等。

样品被电离后，其正电荷产物主要以质子键合或碱金属离子键合的形式存在。通常，只需要少量的碱金属离子，并且质谱仪中会出现$[M+Na]^+$或$[M+K]^+$信号。如果样品中混有酸，则信号会增强，酸性样品经常被离子化为$[M-H]^-$。盐样品通过裂解阳离子或阴离子形成带电离子。研究表明，盐离子对于确定样品的分子量和分析样品结构很重要。

底物基质一般为强极性分子，对快原子或快离子有较强的吸收能力，可使进样品溶液溶解，溶剂挥发后，基质结晶，样品均匀分布于该结晶体中，轰击时一起蒸发。FAB 常用的底物基质及相关特性如表 2.4 所示。

表 2.4 FAB 常用的底物基质及相关特性

基质	分子量	沸点（℃）	背景离子	应用
甘油	92	182/20 mmHg	MH^+，$[MH+nM]^+$	普通基质
硫甘油	108	118/5 mmHg	$[M-H_2O]^+$，$[MH+nM]^+$	肽、抗生素

续表

基质	分子量	沸点（℃）	背景离子	应用
间硝基苄醇	153	175/3 mmHg	MH^+，$[MH+nM]^+$	肽、蛋白质
二乙醇胺	105	217/150 mmHg	MH^+，$[MH+nM]^+$	多糖
三乙醇胺	149	190/5 mmHg	MH^+，$[MH+nM]^+$	多糖
硫代二甘醇	94	—	$[M-H_2O]^+$，$[MH+nM]^+$	金属有机物
二硫苏糖醇 二硫赤糖醇（5∶1）	120	—	$[M-H_2S-H_2]^+$，$[MH+nM]^+$	金属有机物，肽
四亚甲基砜	120	285	MH^+，$[2M+H]^+$	肽
聚乙二醇	$62+44n$	—	（CH_2CH_2O）H^+，MH^+	多糖

FAB 源得到的质谱图不仅有较强的准分子离子峰，而且有较为丰富的碎片离子信息。但 FAB 与 EI 源得到的质谱图有区别。一是分子量信息不是靠分子离子峰 M^+获得，而是靠$[M+H]^+$或$[M+Na]^+$等准分子离子峰获得；二是碎片峰比 EI 谱要少，但由于溶解样品的底物基质也可以发生电离，产生的背景峰可能使质谱图变得复杂。

2.2.4　基质辅助激光解吸电离源

激光解吸电离（laser desorption ionization，LDI）是现代质谱法最常用的离子化方法之一。这是利用一定波长的脉冲式激光照射样品，使样品电离的一种电离方式。被分析的样品置于涂有基质的样品靶上，激光照射到样品靶上，基质分子吸收激光能量，与样品分子一起蒸发到气相，并使样品分子电离。激光解吸电离源需要有合适的基质才能获得较好的离子化效率，因此，通常称为基质辅助激光解吸电离（matrix assisted laser desorption ionization，MALDI）。MALDI 常用基质见表 2.5，其结构如图 2.8 所示。

表 2.5　MALDI 常用的基质及相关特性

基质	性状	适用波长	应用
烟酸	固体	266 nm，2.94 μm，10.6 μm	蛋白质
2, 5-二羟基苯甲酸	固体	266 nm，2.94 μm，10.6 μm	蛋白质
芥子酸	固体	266 nm，337 nm，355 nm，2.94 μm	蛋白质
α-氰基-4-羟基肉桂酸	固体	337 nm，355 nm	蛋白质
3-羟基吡啶甲酸	固体	337 nm，355 nm	核酸、配糖体
2-(4-羟基苯偶氮)苯甲酸	固体	266 nm，337 nm	蛋白质、配糖体

续表

基质	性状	适用波长	应用
琥珀酸	固体	2.94 μm，10.6 μm	蛋白质、核酸
间硝基苄醇	液体	266 nm	蛋白质
甘油	液体	2.94 μm，10.6 μm	蛋白质
邻硝苯基辛基醚	液体	266 nm，337 nm，355 nm	合成高分子

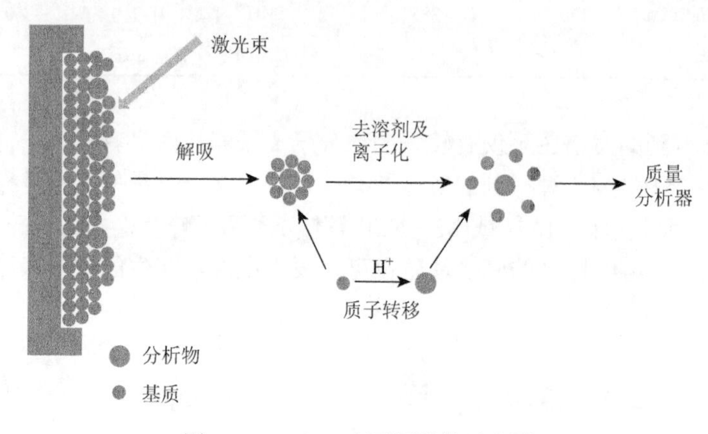

图 2.8　MALDI 离子源结构示意图

许多有机化合物没有紫外吸收，因此不能采用直接 UV-LDI 离子化。如将样品加在具有强烈共振吸收的过量的基质中，通常样品与基质的摩尔比为 1∶(1000～10000)，即可以进行 MALDI-MS 分析。因此，基质不仅仅是传递能量，成为一个好的基质的化合物还应具备下述条件：①强吸收入射的激光波长能力；②较低的气化温度（气化最好以升华的形式进行）；③与样品有共同的溶剂；④在固相溶液体系中能分离和包围被分析的大分子而不形成共价键。

在红外 IR-MALDI 中，因很多有机化合物均吸收 IR 辐射，基质的选择范围更加广泛，如羧酸类、甘油、尿素均可以作为基质，甚至水（须低温冻在样品靶上，防止挥发）亦可以作为基质。因此，可用生物体液直接进行 IR-MALDI 质谱分析。

MALDI 特别适合与飞行时间质谱仪（time of flight，TOF）组合应用，可测定分子量高达数十万甚至更高的生物聚合物。但应用分析合成聚合物时，不是很成功。极性聚合物与现有的基质比较匹配，因此比较容易得到好的结果，而非极性聚合物的分析比较困难，为此科学家研究一些用于弱极性聚合物分析的基质，如 1, 3-二苯丁二烯、5-氯水杨酸等。在合成聚合物的分析中，亦可以采用“相似相容”原则，即极性强的聚合物选用强极性的基质，而弱极性和非极性的聚合物选用极性低的基质。选适当的溶剂或溶剂混合物也很重要，溶剂系统应使聚合物与基质均匀混溶，而且当加在样品靶上时能结晶。

2.2.5 电喷雾电离源

电喷雾电离（electrospray ionization，ESI）源是大气压离子源中的一种，与EI、CI 等离子源处在低压的条件不同，大气压离子源在大气压下应用。ESI 被称为“最软的离子化方法”，也是质谱法与液相分离技术如高效液相色谱法、毛细管电泳等联用的一个较好的接口。另外，ESI 离子化机理也较 MALDI 的机理更为明确，有利于实验结果的预示和条件的优化。ESI 的结构如图 2.9 所示。

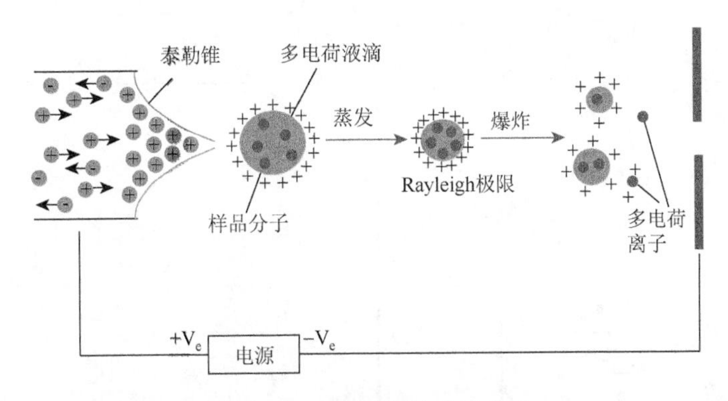

图 2.9 ESI 离子源结构示意图

ESI 含一个由多层套管组成的电喷雾针，最内层是液相色谱流出物，外层是喷射气，喷射气采用大流量的氮气，其作用是使喷出的液体容易分散成微小液滴。另外，在喷嘴的斜前方还有一个辅助气喷口，在加热辅助气的作用下，喷射出的带电液滴随溶剂的蒸发而逐渐缩小，液滴表明电荷密度不断增加。当达到 Rayleigh 极限时，即电荷间的库仑排斥力大于液滴的表面张力时，会发生库仑爆炸，形成更小的带电液滴。上述过程不断重复直到液滴变得足够小、表面电荷形成的电场足够强，最终使样品离子解吸出来。

ESI 电离源产生的碎片离子很少，因此其质谱的优点为谱图的本底干净。此外，因为可以生成多电荷离子，因此大大降低了质荷比。这一优点给一些相对廉价的质谱仪器带来了福音，如采用四极杆质谱仪（检测上限为 m/z 4000）就可以检测到很高分子量的生物大分子。

ESI 可以使用正离子模式或者负离子模式。多电荷离子构成峰簇。在正离子模式中检测$[M+nH]^{n+}$或者$[M+nNa]^{n+}$，在负离子模式中则是检测$[M-nH]^{n-}$。

图 2.10 的横坐标为质荷比，纵坐标为离子流强度，每个质谱峰上方框内所标注的数字是离子所带的电荷，8～13。相对分子质量可以通过任意的相邻二峰的数据计算出来。即：

$$n_1 = \frac{m_2 - X}{m_1 - m_2}$$

和

$$M = n_1(m_2 - X)$$

式中，M 为相对分子质量；n_1 为峰簇中相邻二峰右边峰的电荷数；m_1 和 m_2 为峰簇中相邻二峰右边峰和左边峰对应的质荷比；X 为带电质点的质量，当 pH 较低时，为 H^+，此时 $X = 1$，其他带电质点可能为 Na^+。

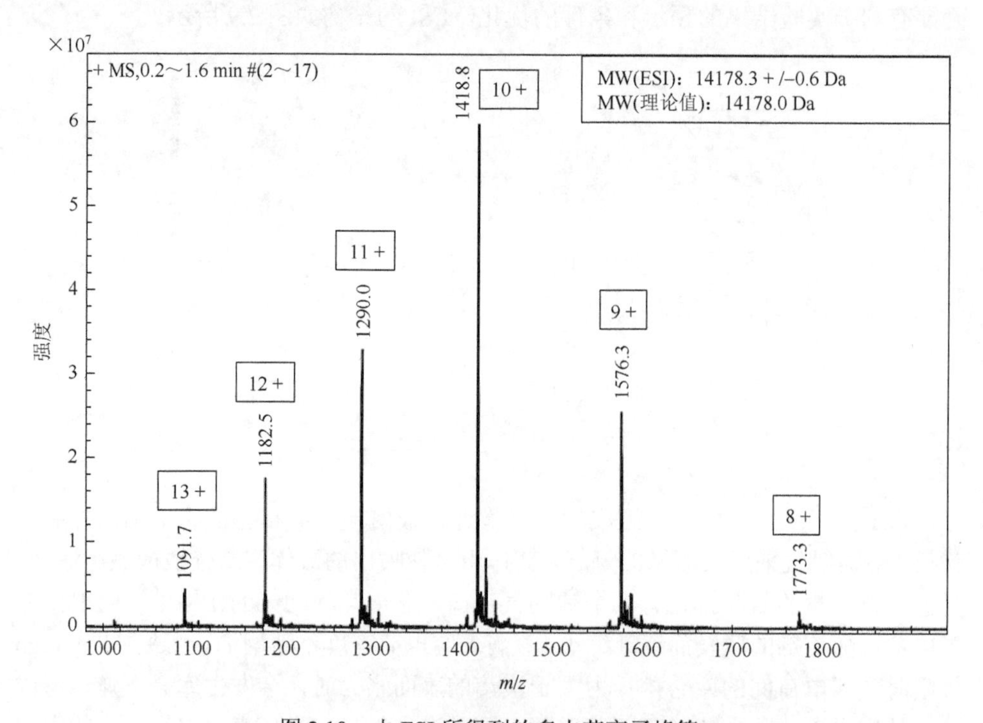

图 2.10　由 ESI 所得到的多电荷离子峰簇

2.2.6　大气压电离源

大气压化学电离（atmospheric pressure chemical ionization，APCI）是样品处在大气压的离子室中完成。如图 2.11 所示，由放电电极（电晕针）产生的低能电子使试剂气（如 N_2、O_2、H_2O 等）离子化，电离后的试剂气体将电荷转移给溶剂分子，溶剂离子将电荷转移给样品分子，最终样品离子进入质量分析器。

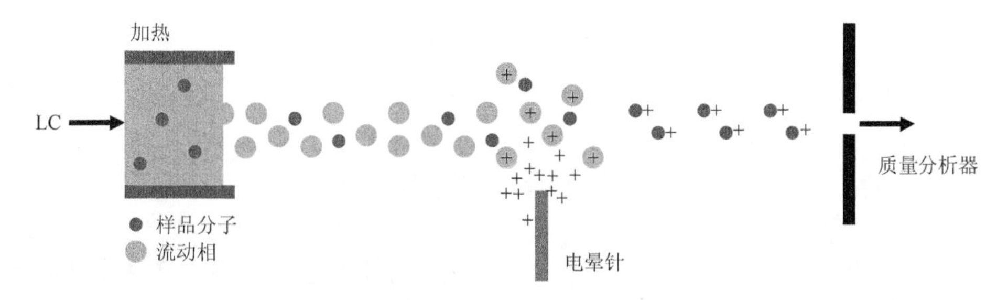

图 2.11　APCI 离子源结构示意图

APCI 和 CI 有两点不同。首先是电离效率不同。CI 电离室的压力约为 133 Pa（1 Torr），其绝对离子化效率是 0.01%～0.1%，而 APCI 是在大气压下电离，其电离效率接近 100%。APCI 的离子-分子或电子-分子反应在大气压下进行，样品分子与试剂离子或电子在短时间内经数次碰撞即可达到热平衡。相反，CI 的真空度在 133 Pa，达到热平衡的时间较长，通常处于非平衡状态下，样品仅一小部分被离子化，且产生的离子处于激发态，未能经碰撞使之稳定，容易碎裂。其次，CI 电离的电子来自灯丝的辐射，而 APCI 的电子来自电晕放电。APCI 产生的质谱和 CI 谱类似，但 APCI 谱中有很多由水分子缔合产生的峰$[(H_2O)_nH]^+$。这是因为相对于所有气态分子，水分子具有最高的质子亲和力。

APCI 的优点是检测限低，通常作为 LC-MS 的接口。在 APCI 中，样品溶液是借助于雾化器作用喷入高温（如 500℃）蒸发器的，此时，溶剂和溶质均为蒸气，然后，气化的样品经化学离子化生成带电离子。因此，热不稳定或难以气化的极性化合物不宜使用 APCI，可以使用 ESI 电离源测试。

大气压光电离（atmospheric photo ionization，APPI）主要用于芳香化合物、甾体等不易用 ESI、APCI、MALDI 离子化的样品。其结构与 APPI 类似，使用紫外灯来代替电晕放电。即紫外光子的能量（$h\nu$）大于待测物质（AB）的离子化能，而小于离子源气体的离子化能，气体常用氮气、氧气、水蒸气或色谱流动性蒸气。氪放电灯发射的光子能量为 10 eV 最为常用。

当 $h\nu$ ＞AB 的离子化能时，

$$AB + h\nu \longrightarrow AB^*$$
$$AB^* \longrightarrow AB^{+\cdot} + e^-$$

式中，*代表激发态。

由于离子源中气体或气化的流动相（mobile phase）分别对待测物质离子有猝灭作用，它们消耗了光子的能量，因此，待测物质直接离子化的概率很低。为此，样品分析时常常需要加入添加剂（D）。添加剂 D 的离子化能量较低，具有较高的重新结合能或较低的质子亲和力。如甲苯是常用的 APPI 添加剂。如有添加剂，则生成分子离子 $AB^{+\cdot}$ 的反应为：

$$D + h\nu \longrightarrow D^{**}$$
$$D^{**} + AB \longrightarrow D + AB^{**}$$

2.3 质谱质量分析器

质量分析器又称质量分离器，其作用是将离子源中生成的各种正离子按质荷比大小分开，然后经记录形成质谱图。常用的质量分析器有双聚焦磁质量分析器（double focusing magnetic analyzer）、四极杆质量分析器（quadrupole analyzer）、离子阱质量分析器（ion trap analyzer）、飞行时间质量分析器（time of flight，TOF）和傅里叶变换离子回旋共振质量分析器（Fourier transform ion cyclotron resonance analyzer，ICR）等。

2.3.1 双聚焦磁质量分析器

磁质量分析器的工作原理是根据离子在磁场中的运行行为，将不同质荷比的离子分开。双聚焦质量分析器是从单聚焦质量分析器发展而来的，因此，首先简单介绍一下单聚焦质量分析器。

单聚焦分析器的主体是扇形磁场真空腔体。当离子进入分析器后，由于磁场作用，其运动轨道发生偏转，改做圆周运动。当离心力等于向心力时，则：

$$R = \frac{1.44 \times 10^{-2}}{B} \times \sqrt{\frac{mU}{z}}$$

式中，m 为离子质量，Da；z 为离子电荷量，以电子的电荷量为单位；U 为离子加速电压，V；B 为磁场强度，T。

由上式可知，在 B、U 不变的情况下，不同质荷比（m/z）离子具有不同的偏转半径，这样，由离子源产生的离子，就会根据质荷比的不同实现分离。如果质量分析器的位置不变（即 R 是固定的），连续改变 B 或 U，可使不同质荷比的离子顺序进入检测器，即实现了离子的质量扫描，得到样品的质谱。但单聚焦质量分析器只用磁场作为聚焦，只依靠磁场进行质量分离，即它只能区别质荷比不同的离子。各个离子在加速前可能具有明显不同的动能，也就是说质荷比相同的离子也可能沿着略微不同的途径而使离子流变宽。故单聚焦质量分析器分辨率不够高。当分辨率需求大于 2000 时，则需要使用更高分辨率的质量分析器，即双聚焦质量分析器。

双聚焦质量分析器是在扇形磁场前面加了一个扇形电场，离子源发出的离子束能按动能聚焦成一系列点，实现方向聚焦，达到高分辨率的目的（图 2.12）。

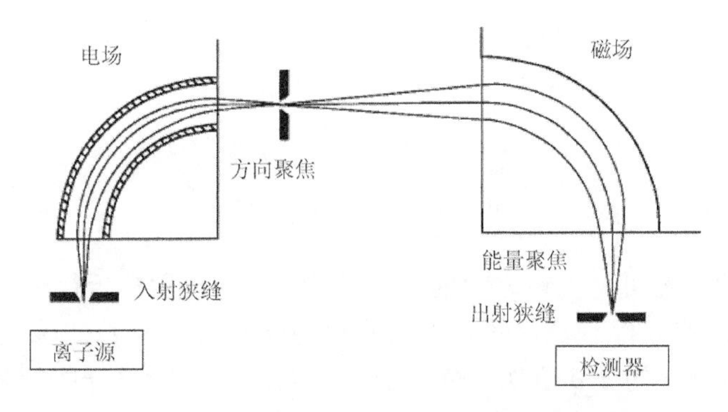

图 2.12　双聚焦磁质量分析器工作示意图

2.3.2　四极杆质量分析器

四极杆质量分析器是由四根棒状电极组成，电极材料是镀金陶瓷或钼合金，是在 20 世纪 50 年代由 Wolfgang Paul 及其同事在德国波恩大学发明的，其工作原理如图 2.13 所示。

相对的两根电极间加有电压（$V_{dc} + V_{rf}$），另外两个电极加$-$（$V_{dc} + V_{rf}$）。其中，V_{dc} 为直流电压；V_{rf} 为射频电压。四个棒状电极形成一个四极电场。

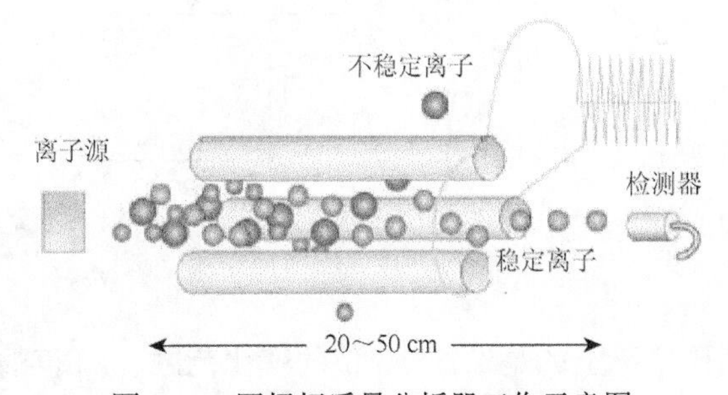

图 2.13　四极杆质量分析器工作示意图

如图 2.13 所示，离子从离子源进入四极电场后，在电场的作用下产生振动，如果离子的质量为 m，电荷为 z，从四极杆的 z 轴方向进入电场后，在电场力的作用下其运动轨迹遵循马蒂厄（Mathieu）微分方程：

x 轴方向：

$$\frac{d^2x}{dt^2} + [a + 2q\cos(2T)]x = 0$$

y 轴方向：

$$\frac{d^2y}{dt^2} + [a + 2q\cos(2T)]y = 0$$

z 轴方向：

$$\frac{\mathrm{d}^2 z}{\mathrm{d}t^2}=0$$

式中，$a=\dfrac{8eV_{\mathrm{dc}}}{mr_0^2\omega^2}$；$q=\dfrac{8eV_0}{mr_0^2\omega^2}[V_{\mathrm{rf}}=V_0\cos(\omega t)]$；$T=\dfrac{1}{2}\omega t$。

离子运动轨迹可由上述方程的解来描述。根据数学分析得出，当 a, q 取某些数值时，运动方程有稳定的解，其解可由带有 a, q 参数的稳定三角形表示（图 2.14）。当离子的 a, q 值处于稳定三角形内部时，这些离子振幅是有限的，因而可以通过四极电场到达检测器。在保持 $V_{\mathrm{dc}}/V_{\mathrm{rf}}$ 不变的情况下改变 V_{rf} 值，对应于某一个 V_{rf} 值，四极电场只容许某一质荷比的离子通过，其余离子则因振幅不断增大最后碰到四极杆而被吸收。因此，改变 V_{rf} 值可以使不同质荷比的离子顺序通过四极电场，实现质量扫描。

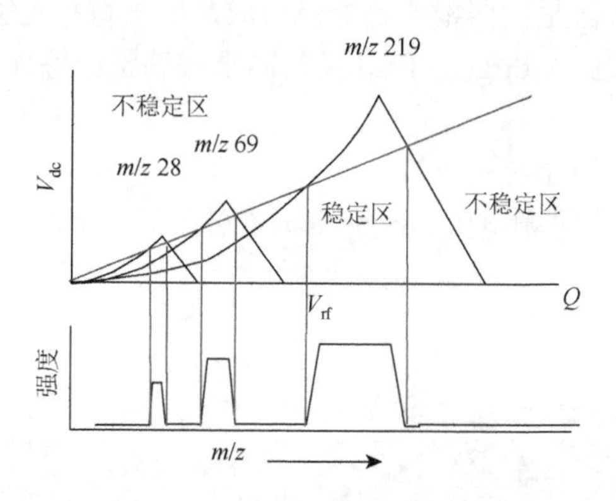

图 2.14　四极电场的稳定区

设置扫描的范围实际上就是设置 V_{rf} 值的变化范围。V_{rf} 值的变化可以是连续的，也可以是跳跃的。所谓跳跃式扫描是只检测某些质量的离子，也被称为选择离子监测。当样品量很少，而且样品的特征离子已知时，可以采用选择离子监测。这种扫描方式灵敏度高，特别适合于定量分析，但得到的不是全质谱，所以无法进行质谱库检索。

2.3.3　离子阱质量分析器

在 Paul 等首次讨论四极杆质量分析器的同时，他们也讨论了其三维类似物——离子阱质量分析器，如图 2.15 所示。此装置由三个电极组成，两个端盖电极，以及在这两个端盖电极之间的一个环形电极。通常端盖电极处在接地电位，而环形电极上加射频电压，从而产生一个四极电场。因此，与四极杆质量分析器类似，离子在阱内也遵循马蒂厄微分方程，也有类似于图 2.14 的稳定图。在稳定区内的离子，轨道振幅保持一定大小，可以长时间留在阱内，不稳定区的离子振幅很快增加，撞击到电极而消失。

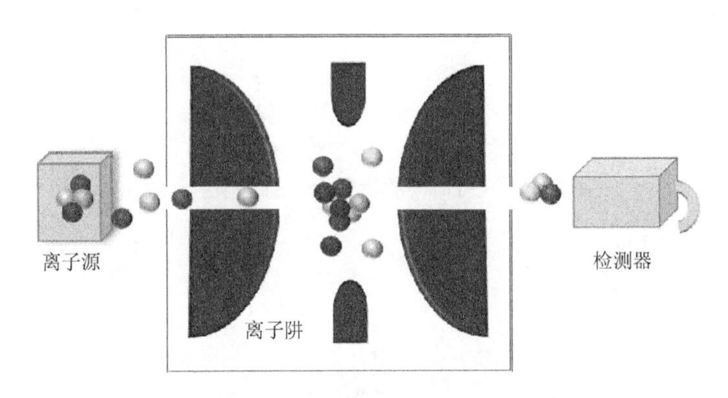

图 2.15　离子阱质量分析器工作示意图

离子阱质量分析器的特点是结构小巧、质量轻、灵敏度高，而且还有多级质谱功能，可用于 GC-MS，也可以用于 LC-MS。

2.3.4　飞行时间质量分析器

飞行时间质量分析器早在 1955 年就商品化了，在 20 世纪 60 年代曾得到广泛的应用，但是不久后被分辨率和灵敏度更高的扇形磁场质量分析器和四极杆质量分析器所取代，但随着基质辅助激光解吸质谱的出现，飞行时间质谱法又重新引起了人们的兴趣。这是因为飞行时间质谱在理论上无测定质量上限，其脉冲工作方式与基质辅助激光解吸质谱技术相匹配。

飞行时间质量分析器的主要构件是一个离子漂移管，图 2.16 所示为这种质量分析器的工作示意图。

离子在加速电压 V 作用下获得的动能为：

$$zeV = \frac{1}{2}mv^2$$

式中，m 为离子的质量；z 为离子的电荷量；V 为离子的加速电压。

离子以速度 v 进入离子漂移管，假定离子在漂移区的飞行时间为 T，漂移区的长度为 L，则：

$$T = L\sqrt{\frac{m}{2zeV}}$$

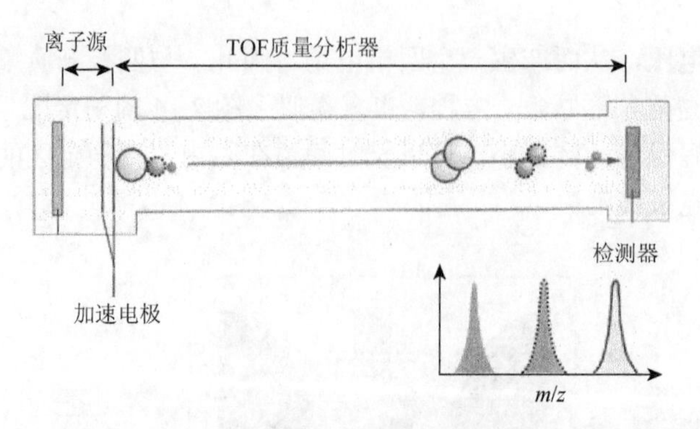

图 2.16 飞行时间质量分析器的工作示意图

因为$T=\frac{L}{v}$，所以：

$$T^2=\frac{m}{z}\left(\frac{L^2}{2Ve}\right)$$

$$\frac{m}{z}=\frac{2T^2Ve}{L^2}$$

由上式可以看出，离子在漂移管中的飞行时间与离子质量的平方根成正比，即对于能力相同的离子，质量越大，在漂移管中所用的飞行时间越长。根据这一原理，可以把不同质量的离子分开，同时增加漂移管的长度可以提高分辨率。

2.3.5 傅里叶变换离子回旋共振质量分析器

傅里叶离子回旋共振质量分析器是基于离子在均匀磁场中的回旋运动来测定离子质量的装置。离子的回旋频率、半径、速度和能量是离子质量、离子电荷及磁场强度的函数。

$$\frac{mv^2}{R}=Bzv$$

即：

$$\frac{v}{R}=\frac{Bz}{m}$$

或

$$\omega_{\mathrm{c}}=\frac{Bz}{m}$$

式中，ω_c 为离子运动的回旋频率，rad/s。即离子的回旋频率与离子的质荷比成线性关系，当磁场强度固定后，只需精确测得离子的共振频率，就能精确地算出离子的质量。测定离子频率另外的一个办法是外加一个射频辐射，当离子的回旋频率与激发射频场频率相同（共振）时，离子将以相同相位加速至一较大的半径回旋，沿着阿基米德螺线加速，在适当的位置放置离子收集器就能收集到共振离子。改变辐射频率可以收集到不同的离子。傅里叶变换仪所采用的射频范围覆盖了欲测定的质量范围，所有离子同时被激发，所监测的信号经傅里叶变换处理转变为质谱图，其工作示意图如图 2.17 所示。

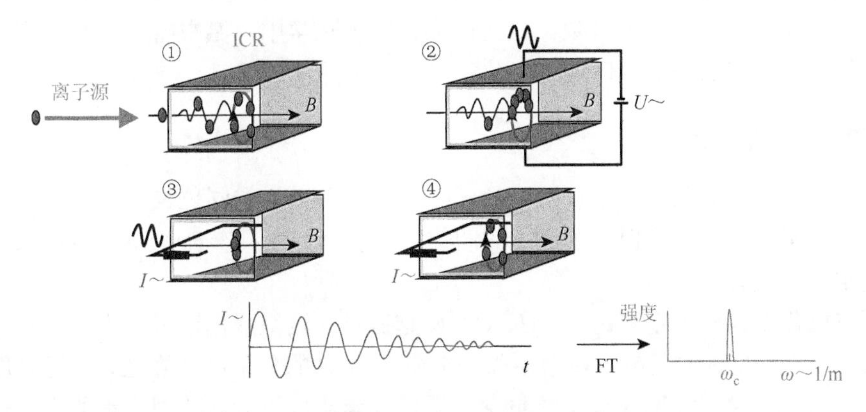

图 2.17　离子回旋共振质量分析器的工作示意图

傅里叶离子回旋共振质谱仪有很多明显的优点。①分辨率极高，商品仪器的分辨率可超过百万，这对于得到离子的元素组成是非常重要的。②具有多级质谱功能，可以和任何离子源连接，拓宽了仪器功能。③测量精度非常高，能达到百万分之几。但由于傅里叶离子回旋共振需要很高的超导磁场，仪器售价和运行费用都比较昂贵。

2.4　质谱中离子种类及离子碎片

2.4.1　质谱中的离子

1. 分子离子

分子被电子束轰击失去一个电子形成的离子称为分子离子。分子离子用 $M^{+\bullet}$ 表示。分子离子是一个游离基离子。在质谱图中与分子离子相对应的峰为分子离子峰。分子离子峰的数值一般就是化合物的相对分子质量，所以，用质谱法可测分子量。

但有些时候，分子离子未必出现，因此判断最右侧的质谱峰是否为分子离子峰应该符合如下两个要求：①分子离子能合理地丢失碎片（自由基或中性分子），即与相邻质荷比较小的碎片离子间，丢失碎片关系合理。在比分子离子小 4～14 及 20～25 个质量单位处，不应有离子峰出现。也就是说，质荷比最大的峰与其相邻的碎片峰质量数相差在 4～14 及 20～25 个质量单位，则该质荷比最大的峰就不是分子离子峰。②分子离子峰的数值与其解析出的分子式应符合氮律。所谓氮律是当化合物不含氮或含偶数个氮时，该化合物分子量为偶数；当化合物含奇数个氮时，该化合物分子量为奇数。这是因为在有机化学中，氮很特别，只有它分子量为偶数而价态为奇数，所以有机化学中产生了氮律。

2. 同位素离子

含有同位素的离子称为同位素离子。在质谱图上，与同位素离子相对应的峰称为同位素离子峰。根据分子离子的同位素离子峰，查贝农表（Beynon table）可以确定分子式。

有机化合物分子主要由 C、H、O、N 这四种元素组成，这些元素大多具有同位素。由于同位素的贡献，质谱中除了有质量为 M 的分子离子峰之外，还有质量为 $M+1$、$M+2$ 的同位素峰。不同化合物的元素组成不同，其同位素的丰度也不同，Beynon 将各种化合物的 M、$M+1$、$M+2$ 的强度值编成了质量与丰度值的表，即贝农表。如果知道了化合物的分子量和 M、$M+1$、$M+2$ 的强度比，即可查表确定分子式。例如，某化合物相对分子质量为 $M=150$（丰度 100%），$M+1$ 的丰度为 9.9%，$M+2$ 的丰度为 0.88%。根据贝农表可知，$M=150$ 化合物有 29 个，其中同位素丰度比与所给数据相符的为 $C_9H_{10}O_2$。

目前来看，根据贝农表确定分子的方法已不多见。这是因为这种确定分子式的方法要求同位素峰的测定十分精确，而且只有分子量较小，分子离子峰较强的化合物比较适用。通过获得高分辨率的谱图，利用计算机进行谱图库检索会给出更准确的分子式答案。

3. 碎片离子

分子离子在电离室中进一步发生键断裂生成的离子称为碎片离子。

4. 重排离子

经重排裂解产生的离子称为重排离子。其结构并非原来分子的结构单元。在重排反应中，化学键的断裂和生成同时发生，并丢失中性分子或碎片。

5. 奇电子离子与偶电子离子

具有未配对电子的离子为奇电子离子，记为：$M^{+\cdot}$。这样的离子同时也是自由基，具有较高的反应活性。无未配对电子的离子为偶电子离子，如 D^+。

6. 多电荷离子

分子中带有不止一个电荷的离子称为多电荷离子。当离子带有多电荷离子时，其质荷比下降，因此可以利用常规的四极质量分析器来检测大分子量化合物。

7. 亚稳离子

从离子源出口到检测器之间产生的离子，即在飞行过程中发生裂解的母离子，由于母离子中途已经裂解生成某种离子和中性碎片，记录器只能记录这种离子，也称这种离子为亚稳离子，由它形成的质谱峰为亚稳离子峰。

亚稳离子 m^*的特点有：①峰弱，强度仅为基峰的 1%～3%；②峰钝，一般可跨 2～5 个质量单位；③一般不是整数，亚稳离子 m^*与母离子 m_1 和子离子 m_2 有以下关系：

$$m^* = \frac{m_2^2}{m_1}$$

亚稳离子可以确定离子的亲缘关系，有助于了解裂解规律，解析复杂图谱。例如，对氨基茴香醚在 m/z 94.8 和 59.2 处出现两个亚稳离子峰，根据计算：$108^2/123 = 94.8$；$80^2/108 = 59.2$，证实裂解过程为：m/z 123→m/z 108→m/z 80。

8. 准分子离子

比分子量多或少 1 质量单位的离子称为准分子离子，如$(M + H)^+$和$(M–H)^+$，不含未配对电子，结构上比较稳定。

2.4.2　离子裂解反应

1. σ 裂解

如果化合物分子中具有 σ 键，如烃类化合物，则会发生 σ 裂解。σ 键断裂需要的能量大，当化合物中没有 π 电子和 n 电子时，σ 键断裂才能成为主要的断裂方式。例如：

$$\mathrm{C_2H_5{-}S{-}C_2H_5 \xrightarrow{\sigma} C_2H_5^{\cdot} + {}^{+}S - C_2H_5} \quad (m/z\ 61,\ 55\%)$$

(m/z 71，75%)

断裂后形成的产物越稳定，断裂就越容易进行。碳正离子的稳定性顺序为叔＞仲＞伯，因此如果有几种可能失去烷基时，以失去最大烷基所对应的离子的丰度最大。例如：

$$\mathrm{[C_2H_5{-}CH(CH_3){-}C_4H_9]^{+\cdot} \longrightarrow C_2H_5{-}\overset{+}{C}H(CH_3) > \overset{+}{C}H(CH_3){-}C_4H_9 > C_2H_5{-}\overset{+}{C}H{-}C_4H_9 > C_2H_5{-}\overset{+}{C}(CH_3){-}C_4H_9}$$

此外，键越活泼，越容易断，如 C—I＞C—Br＞C—Cl＞C—F，原子半径增大，电负性减小，键越活泼，越容易发生 σ 键断裂。

2. α 裂解

α 裂解为自由基中心驱动的裂解，是自由基对电子的强烈成对倾向引发的，裂解后电荷中心不转移。

α 裂解有以下几种情况。

（1）自由基中心定域于饱和中心：

$$\mathrm{R{-}CR_2{-}\overset{\cdot +}{Y}R \xrightarrow{\alpha} R^{\cdot} + CH_2{=}\overset{+}{Y}R}$$

$$\mathrm{\overset{+}{Y}R{-}CH_2{-}\dot{C}H_2 \xrightarrow{\alpha} YR^{+\cdot} + CH_2{=}CH_2}$$

（2）自由基中心定域于不饱和中心：

$$\mathrm{R{-}CR'{=}\overset{\cdot +}{Y} \xrightarrow{\alpha} R^{\cdot} + CR'{\equiv}\overset{+}{Y}}$$

发生 α 断裂的化合物类型有羰基、醇、醚、胺、烯、芳烷等，发生断裂的难易顺序为N＞S，O，π＞Cl，Br＞H。当有几种可能失去烷基时，优先考虑最大烷基失去的反应。例如：

$$\mathrm{CH_3{-}C({=}\overset{+\cdot}{O}){-}C_2H_5 \xrightarrow{\alpha} CH_3{-}C{\equiv}\overset{+}{O}}\ (m/z\ 45,\ 100\%)$$

$$\mathrm{CH_3{-}C({=}\overset{+\cdot}{O}){-}C_2H_5 \xrightarrow{\alpha} C_2H_5{-}C{\equiv}\overset{+}{O}}\ (m/z\ 59,\ \text{small})$$

又如：

$$n\text{-}C_3H_7\text{—}\underset{C_2H_5}{\overset{CH_3}{C}}\text{—}\overset{+\cdot}{O}H \quad m/z\ 101,\ 10\%;\ m/z\ 87,\ 50\%;\ m/z\ 73,\ 100\%$$

3. *i* 裂解

i 裂解为正电荷驱动的裂解，正电荷对附近一对电子的吸引而导致化学键的断裂，正电荷中心发生转移。

（1）奇电子离子：

$$R\text{—}\overset{+\cdot}{Y}\text{—}R' \xrightarrow{i} R^+ + {}^{\cdot}YR$$

$$\begin{matrix}R\\R'\end{matrix}\!\!>C=\overset{+\cdot}{Y} \longleftrightarrow \begin{matrix}R\\R'\end{matrix}\!\!>\overset{+}{C}\text{—}\dot{Y}: \xrightarrow{i} R^+ + R\text{—}\dot{C}=Y$$

（2）偶电子离子：

$$R\text{—}\overset{+}{Y}H_2 \xrightarrow{i} R^+ + YH_2$$

$$R\text{—}\overset{+}{Y}=CH_2 \xrightarrow{i} R^+ + Y=CH_2$$

发生 *i* 裂解的倾向与电负性有关，一般 X>O，S≫N，C。与 α 裂解相比，总体上 *i* 裂解因为有电荷中心转移是不利的。例如：

$$CH_3\text{—}\underset{}{\overset{\overset{+\cdot}{O}\,\|}{C}}\text{—}CH_3 \xrightarrow{\alpha} CH_3\text{—}C\equiv\overset{+}{O}\ (m/z\ 45,\ 100\%)$$

$$CH_3\text{—}\overset{\overset{+\cdot}{O}\,\|}{C}\text{—}CH_3 \xrightarrow{i} CH_3^+\ (m/z\ 15,\ 5\%)$$

采用化学电离源一般会有脱水的电离反应。即：

$$R\text{—}OH \xrightarrow[CI]{H^+} R\text{—}OH_2^+ \xrightarrow{i} R^+ + H_2O$$

例如麻黄素的电子轰击质谱和化学电离质谱就不一样，其化学电离质谱中会多出 148 峰和 135 峰，见图 2.18 和图 2.19。

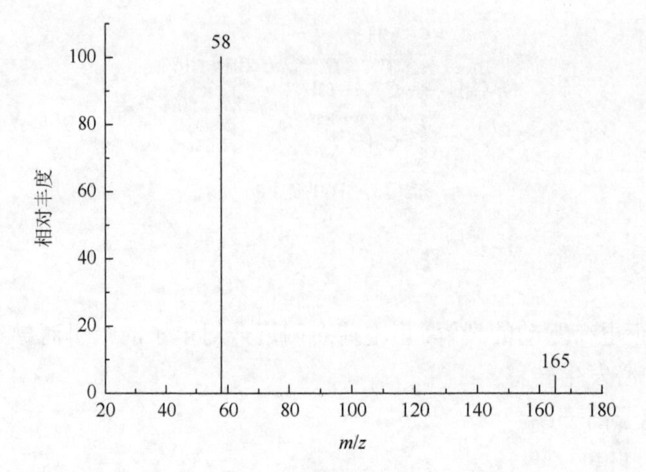

图 2.18 麻黄素的 EI 谱

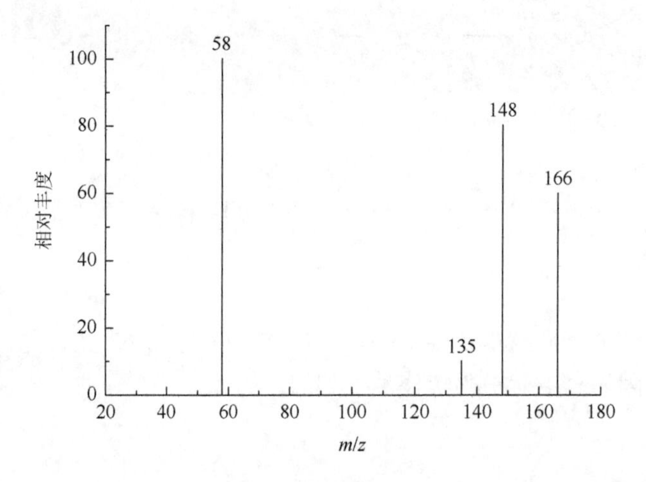

图 2.19 麻黄素的 CI 谱

4. 其他裂解方式

（1）逆 Diels-Alder 分解：

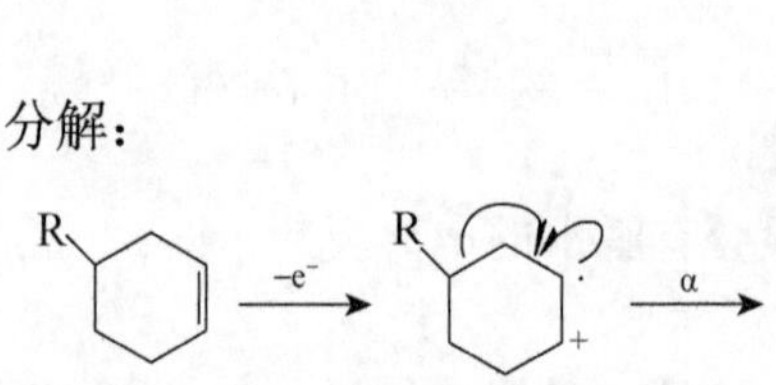

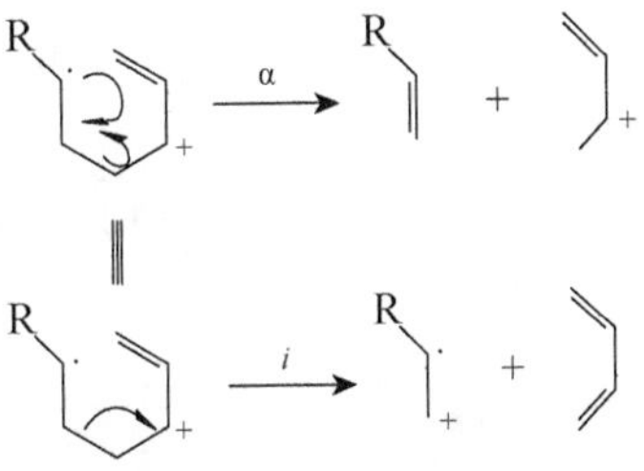
α
i

电荷保留
m/z 54
R = H，80% ($C_5H_7^+$，100%)
R = C_6H_5，0.4%

电荷转移
R = H，<5%
R = C_6H_5，100%

（2）六元环开环分解：

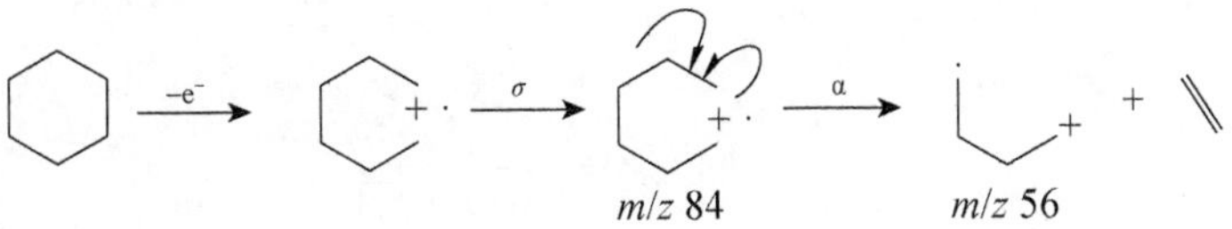
−e⁻
σ
α
m/z 84
m/z 56

（3）五元环开环分解：

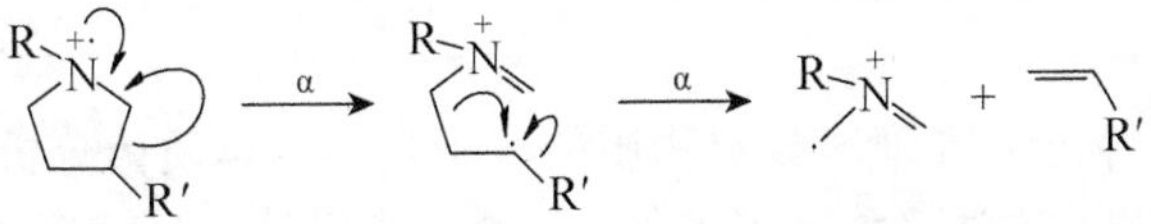
α
α

R = H，R′ = CH_3，m/z 43，100%
R = CH_3，R′ = H，m/z 57，80%

（4）四元环开环分解：

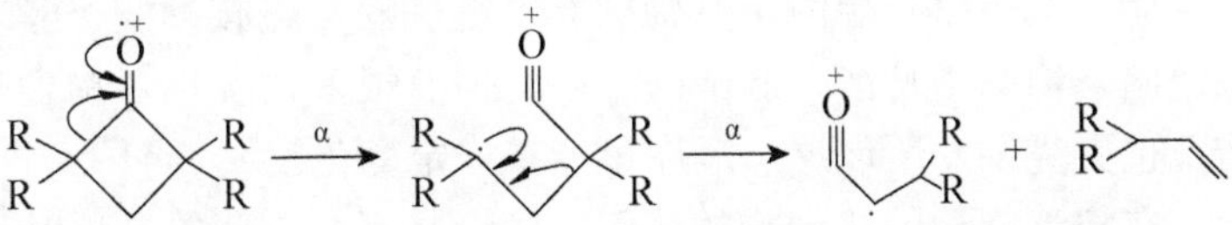
α
α

R = H，m/z 42，100%
R = CH_3，m/z 70，100%

（5）杂环开环分解：

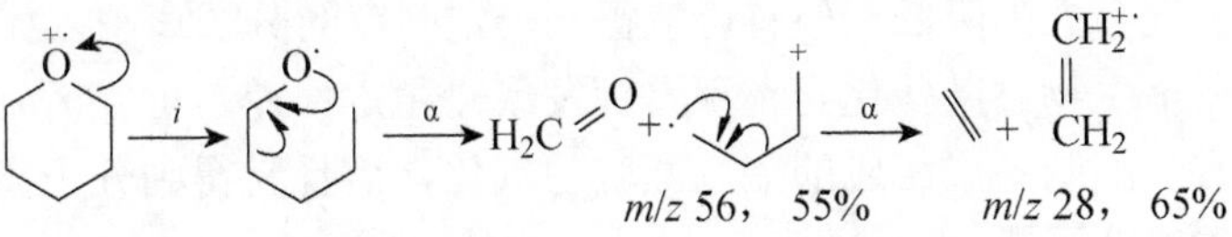
i
α
α
m/z 56，55%
m/z 28，65%

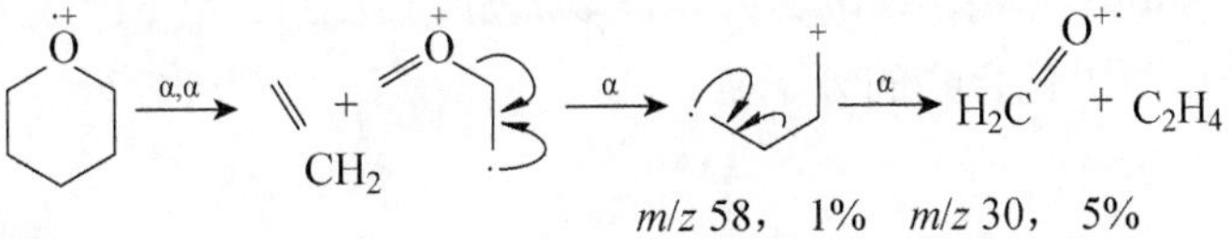
α,α
α
α
m/z 58，1%
m/z 30，5%

（6）McLafferty（麦氏重排）：

m/z 58

R = CH_3，40%

R = C_6H_5，5%

R = CH_3，5%

R = C_6H_5，100%

2.5 质谱分析应用

2.5.1 分子离子及分子量的测定

从分子离子峰可以准确地测定物质的分子量，这是质谱分析的独特优点，它比经典的分子量测定方法（如冰点下降法、沸点上升法、渗透压法等）快而准确，且所需试样量少（一般 0.1 mg）。测定分子量的关键是确定分子离子峰。具体判断分子离子峰的方法可以参考 2.4.1 小节内容。此外，若分子离子峰不稳定，有时甚至不出现分子离子峰。各类化合物分子离子峰稳定性顺序一般为：芳香环（包括芳香杂环）＞脂环＞硫醚、硫酮＞共轭烯＞直链烷烃＞酰胺＞酮＞醛＞胺＞脂＞醚＞支链烃＞腈＞伯醇＞仲醇＞叔醇＞缩醛。但有很多情况化合物含有多个官能团，实际情况也更复杂，所以这一顺序可能有一定变化。

实际上，有相当部分的化合物的分子离子峰是不会出现的。这时可以采用如下三种途径来获得分子离子峰或与分子离子峰有关的准分子离子峰：

（1）降低电子能量。通常 EI 源所用电子的能量为 70 eV，在高能量电子的轰击下，某些化合物难以得到分子离子。这时可采用 8～20 eV 左右的低能电子，虽然总离子流强度会大大降低，但有可能得到一定强度的分子离子，如图 2.20。

（2）制备衍生物。某些化合物不易挥发或热稳定性差，可以衍生化处理。例如，可将某有机酸制备成相应的酯，酯容易气化，而且易得到分子离子峰，由此来推断有机酸的分子量。

（3）采用软电离方式。软电离方式很多，如 CI、ESI、APCI、MALDI 等。由准分子离子来推断出化合物的分子量。

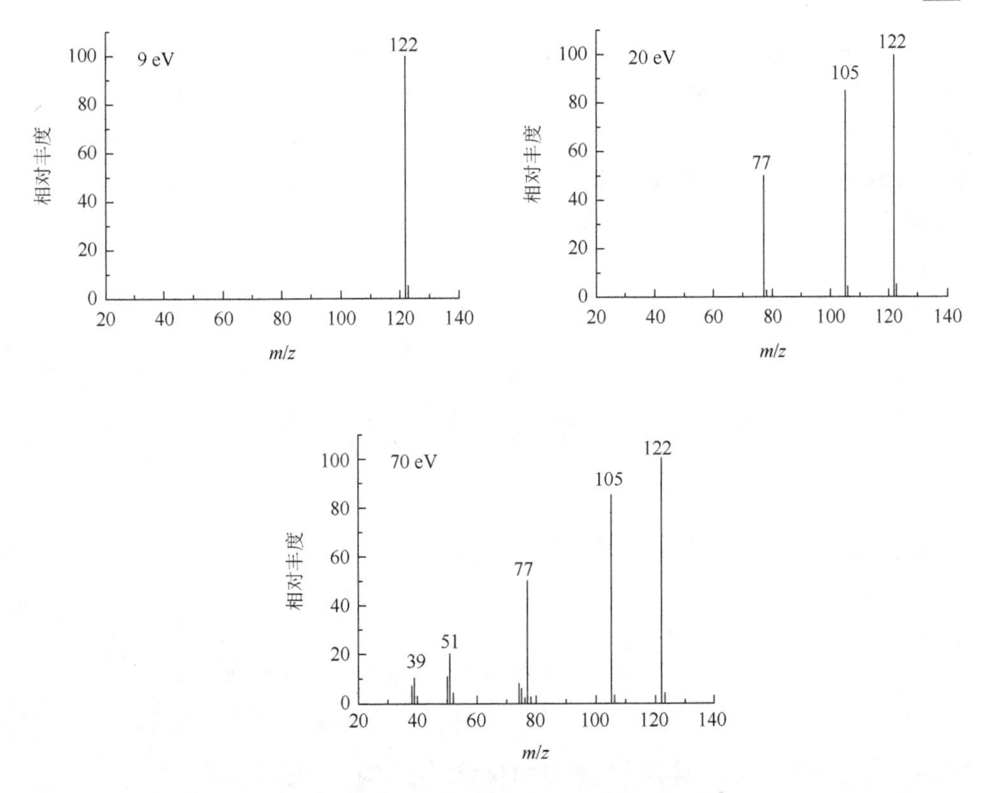

图 2.20　不同电子轰击能量下的苯甲酸质谱图

2.5.2　分子式的确定

高分辨质谱仪可以精确地测定分子离子或碎片离子的质荷比，以此来鉴定离子的同位素和元素组成。例如，$m = 43.0184$ Da 的离子必定是 $C_2H_3O^+$，不可能是 $C_3H_7^+$（$m = 43.0058$），$C_2H_5N^+$（$m = 42.9984$）或 $CH_3N_2^+$（$m = 43.0296$）。为了区分这四个离子，测量的质量的准确度需达到 130 ppm，即小数点后第四位是准确的。元素组成信息随着质量的增加而呈指数上升，对质谱质量的测定准确度要求更高。例如，分子量为 310 的质谱峰，已知它们的元素组成限于碳、氢、氮和氧，且最多不超过 3 个氮原子和 4 个氧原子。如果将其各种组合出来的质量能够区分开来，要求的质量准确度达到 2 ppm，这是目前最高质量分辨率的 FT-ICR-MS 勉强能够达到的水平。

对于复杂分子的分子式，上述方法虽然计算麻烦，但是可以求得的。随着计算技术的发展，这一计算过程已由计算机来完成。现在的高分辨质谱仪都具有这种功能，也是目前最方便、迅速、准确的获得分子式的方法。

对于分子量较小，分子离子峰较强的化合物，在低分辨质谱仪上，可通过同位素相对丰度法推导其分子式。这种方法对于含有同位素丰度较大的元素（如 Cl、Br、S，见表 2.1）化合物尤为适用。例如，^{79}B、^{81}Br 的丰度为 100%、98%，如图 2.21 所示，碎片中含有 1 个 Br，相对丰度比为 1∶1，含有 2 个 Br，相对丰度比为 1∶2∶1，含有 3 个 Br，相对丰度比为 1∶3∶3∶1。

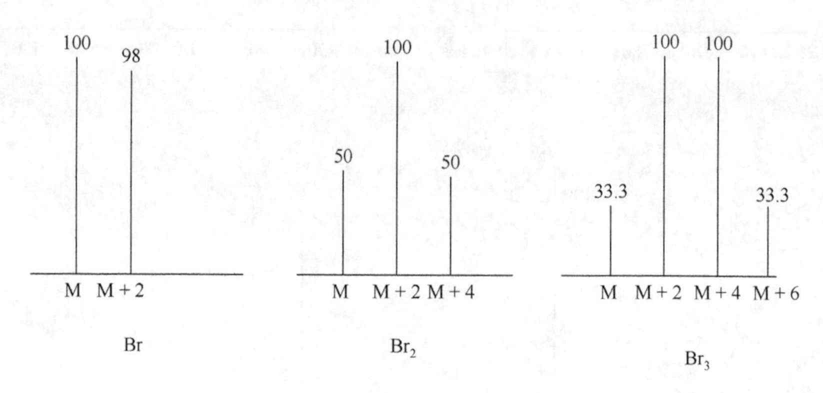

图 2.21　含有不同 Br 数的碎片峰及其同位素的相对丰度

2.5.3　根据裂解规律确定化合物和化合物结构

各种化合物在一定能量的离子源中是按照一定的规律进行裂解而形成各种碎片离子的，因而呈现出特定的质谱图。所以根据裂解后形成各种离子峰可以确定化合物和化合物的结构。

1. 烃类

1）饱和脂肪烃类

裂解一般发生在碳碳键上。直链烃一般有分子离子峰存在，但随着链的增加，分子离子峰相对丰度减小。支链烃的分子离子峰相对丰度很小，是因为支链处容易断裂。

在低质荷比区，主系列 $C_nH_{2n+1}^{+\cdot}$，m/z 29, 43, 57, 71, 85, …，最大在 43 或 57，为重排后的异丙基和叔丁基碎片离子。次要系列 $C_nH_{2n-1}^{+}$，$C_nH_{2n}^{+}$，为二次断裂和重排产生的系列。

$$C_nH_{2n+1}R_2C-CH_2R' \xrightarrow{e} C_nH_{2n+1}R_2C^{+\cdot}\ CH_2R' \begin{cases} \xrightarrow{\sigma} C_nH_{2n+1}R_2C^{+} + \cdot CH_2R' \\ \xrightarrow{rH} C_nH_{2n}R_2C^{+\cdot} + CH_3R' \end{cases}$$

127　99　43　71

4-甲基十一烷

m/z 127，71

2）不饱和脂肪烃类

不饱和脂肪烃类由于存在双键，电离势下降，能稳定分子离子峰，因此有显著的分子离子峰。电离碎片有 $C_nH_{2n-1}^{+}$ 和 $C_nH_{2n}^{+\cdot}$ 系列离子。因双键在裂解过程中发生转移，所以不能通过质谱区别顺反异构或位置异构体。

3）饱和脂环烃类

饱和脂环烃的分子离子峰比相应的非环烷烃强，这是因为饱和脂环烃断一个键不产生碎片离子（见 2.4.2 小节开环裂解部分）。开环断裂生成 m/z 28 和 $[M-C_2H_4]^{+\cdot}$ 特征离子。

σ　$-e^-$　α

4）不饱和脂环烃类

不饱和脂环烃类的分子离子峰较强，谱图与脂环烃和烯烃质谱类似，异构体质谱相近。特征是 RAD 反应和 $[M-CH_3]^{+}$。

$-e^-$　α　α　m/z 54

α　rH　CH_3　$CH_3^{\cdot}$

m/z 67

5）芳香烃类

芳香烃的分子离子峰较强，这是因为芳环 π 上电子的共轭作用，它对稳定电荷有好处，容易产生双电荷或多电荷离子。苯环开环产生特征离子，m/z 39（$C_3H_3^{+}$），m/z 50, 51, 52（$C_4H_4^{+}$），m/z 63, 64, 65（$C_5H_5^{+}$），66。$C_6H_5(CH_2)_n^{+}$ 链上断裂的产物，苄基断裂最显著。

$$\text{C}_6\text{H}_5^{+\cdot}\text{-CH}_2\text{-R} \xrightarrow{-\text{R}^\cdot} \text{C}_6\text{H}_5\text{CH}_2^+ \longleftrightarrow \text{C}_7\text{H}_7^+\ (m/z\ 91) \longrightarrow \text{C}_5\text{H}_5^+\ (m/z\ 65)$$

当侧链烷基足够长时，会发生麦氏重排。

$$\longrightarrow \ (m/z\ 92) + C_2H_4$$

当α碳上有分枝时，也会发生重排。

$$\left[\text{R-C(CH}_3)_2\text{-C}_6\text{H}_5\right]^{+\cdot} \xrightarrow{\alpha} \text{R}^\cdot + (\text{CH}_3)_2\text{C}=\text{C}_6\text{H}_5^+ \xrightarrow{\text{re}} C_2H_4 + C_7H_7^+$$

2. 醇类

醇类的电离发生在氧的非键轨道上，从电离角度分子离子峰应稳定存在，但由于离子化的羟基引发的分解更快，因此分子离子峰很小。此外，醇类易发生离子-分子反应，生成$[M + H]^+$或$[M–H]^+$，从而补偿分子离子峰很弱的不足，有利于判断分子量。

$$C_4H_9-C(CH_3)(C_2H_5)-\dot{O}H^{+} \xrightarrow[-C_4H_9^\cdot]{\alpha} CH_3(C_2H_5)C=\overset{+}{O}H\ (m/z\ 73,\ 100\%) \xrightarrow[-C_2H_4]{rH} CH_3CH=\overset{+}{O}H\ (m/z\ 45)$$

$$\xrightarrow[-C_2H_5^\cdot]{\alpha} C_2H_5-\text{(CH}_3)C=\overset{+}{O}H\ (m/z\ 87,\ 50\%) \xrightarrow[-C_4H_8]{rH} CH_3CH=\overset{+}{O}H\ (m/z\ 45)$$

$$\xrightarrow[-CH_3^\cdot]{\alpha} C_2H_5-\text{(C}_2H_5)C=\overset{+}{O}H \xrightarrow[-C_4H_8]{rH} C_2H_5CH=\overset{+}{O}H\ (m/z\ 59) \xrightarrow[-C_2H_4]{rH} CH_2=\overset{+}{O}H\ (m/z\ 59)$$

醇的脱水裂解如下：

C_2H_5 rH $\xrightarrow{i}$ $-H_2O$ $\xrightarrow{i}$ + C_2H_4

失水后的醇酷似相应烯烃的质谱图，产生 C_nH_{2n+1} 和 $C_nH_{2n}^+$ 系列离子。脂环醇类主要是 α 断裂，然后是 *i* 二次断裂，一般伴随着重排。

α　rH　α　+ $C_4H_9^{\cdot}$　*m*/*z* 57，100%

α　α $-C_3H_6$　α $-C_2H_4$　*m*/*z* 72　*m*/*z* 44

α　rH　α C_2H_4　+ C_3H_7　*m*/*z* 71，40%

α　α $-C_2H_4$　α $-C_2H_4$　*m*/*z* 58

α　rH　rH $-C_5H_{10}$　*m*/*z* 44

→ → $C_6H_{10}^{+\cdot}$ + HOD

α　H(D)　D(H)　rH　OH_2(D)　$\xrightarrow{i}$ H_2O (HOD) + $C_6H_{10}^{+\cdot}$

脱水一般发生在 3, 4, 5 位置：

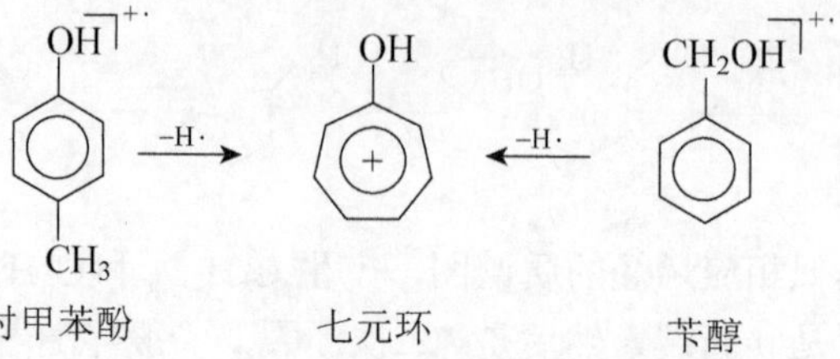

对甲苯酚 七元环 苄醇

酚类离子的离子峰很强，如有苄基碳，$[M-H]^+$较强。

3. 醛类和酮类

醛类和酮类的分子离子峰较强，芳香醛和芳香酮更为明显。醛和酮的γ碳上有氢的话，会发生麦氏重排。典型的脂肪酮、脂环酮、芳香酮裂解过程如下所示：

1）脂肪酮

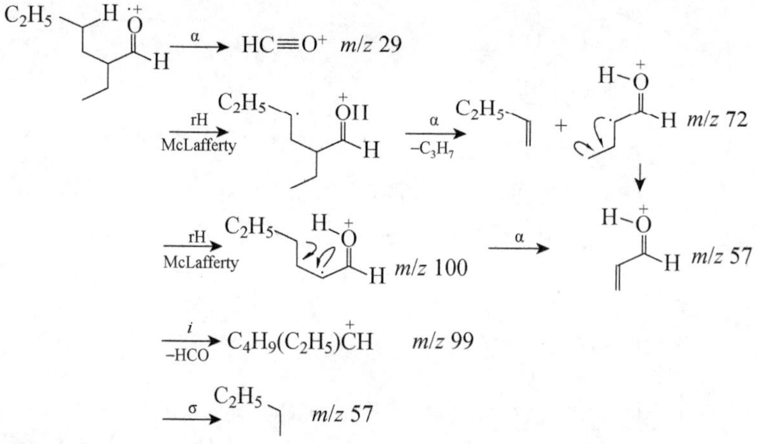

$\xrightarrow{\alpha}$ $HC\equiv O^+$ m/z 29

$\xrightarrow[\text{McLafferty}]{\text{rH}}$ $\xrightarrow[-C_3H_7]{\alpha}$ C_2H_5 + m/z 72

$\xrightarrow[\text{McLafferty}]{\text{rH}}$ m/z 100 $\xrightarrow{\alpha}$ m/z 57

$\xrightarrow[-HCO]{i}$ $C_4H_9(C_2H_5)\overset{+}{C}H$ m/z 99

$\xrightarrow{\sigma}$ C_2H_5 m/z 57

2）脂环酮

m/z 112 m/z 56 m/z 83 m/z 69

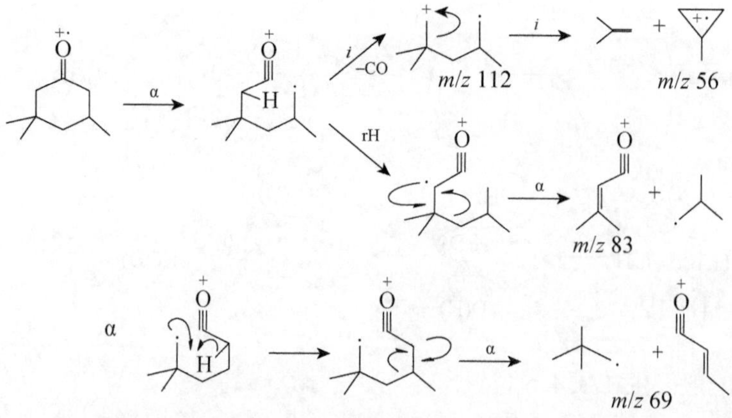

3）芳香酮

$$C_6H_5-\overset{\overset{+\cdot}{O}}{\overset{\|}{C}}-CH_3 \xrightarrow{\alpha} C_6H_5-C\equiv\overset{+}{O} + \dot{C}H_3$$

m/z 105

$$C_6H_5-\overset{\overset{+\cdot}{O}}{\overset{\|}{C}}-CH_3 \xrightarrow{i} C_6H_5^+ \quad + \; m/z\ 77$$

4. 酯类

酯类的分子离子峰较强，能观察到显著的分子离子峰，芳香酯分子离子峰很强。一般来说，酯类的分子会同时发生 α 和 i 裂解，γ 碳上有氢的话也会有重排峰出现。

$$C_{17}H_{35}-\overset{\overset{+\cdot}{O}}{\overset{\|}{C}}-OCH_3 \;(m/z\ 298) \xrightarrow{\alpha} C_{17}H_{35}-C\equiv\overset{+}{O}\;(m/z\ 267) \xrightarrow{i} C_{17}H_{35}^+\;(m/z\ 239) \longrightarrow C_nH_{2n+1}^+ + C_nH_{2n-1}^+$$

$$C_{17}H_{35}-\overset{\overset{+\cdot}{O}}{\overset{\|}{C}}-OCH_3 \xrightarrow{i} C_{17}H_{35}^+\;(m/z\ 239)$$

$$C_{17}H_{35}-\overset{\overset{+\cdot}{O}}{\overset{\|}{C}}-OCH_3 \xrightarrow{\alpha} \overset{+}{O}\equiv C-OCH_3\;(m/z\ 59) \xrightarrow{i} \overset{+}{O}CH_3\;(m/z\ 31)$$

$$C_{14}H_{29}-CH(H)-CH_2-CH_2-\overset{\overset{\cdot +}{O}}{\overset{\|}{C}}-OCH_3 \xrightarrow{rH} C_{14}H_{29}-\dot{C}H-CH_2-CH_2-\overset{\overset{H-\overset{+}{O}}{|}}{C}-OCH_3 \xrightarrow{\alpha} C_{14}H_{29}-CH=CH_2 + \cdot CH_2-\overset{\overset{H-\overset{+}{O}}{|}}{C}-OCH_3 \longleftrightarrow \cdot CH_2-\overset{\overset{H-O}{|}}{C}=\overset{+}{O}CH_3$$

m/z 74奇电子离子

5. 酸和酸酐类

短链的酸类有分子离子峰，长链（$n>6$）烷酸，随着碳数增加，其分子离子峰会减弱。多羧酸的分子离子峰很弱或不存在，但有$[M-1]^+$离子，与醇相似。

$$R-CH_2-\overset{\overset{+\cdot}{O}}{\overset{\|}{C}}-OH \xrightarrow{\alpha} \overset{+}{O}\equiv COH\ \ m/z\ 45$$

$$\xrightarrow{\alpha} [M-17]^+$$

$$\xrightarrow{i} [M-45]^+\ \ (C_nH_{2n+1}^+ \rightarrow \text{二次断裂})$$

$$\xrightarrow{-H_2O} [M-18]^+\ \ (\text{特定条件下})$$

脂肪酸酐，分子离子峰相对丰度很小，不容易观测到，但不饱和酸酐，一般可以观测到分子离子峰。

$$(RCO)_2O^{+\cdot} \longrightarrow RC{\equiv}\overset{+}{O} \xrightarrow{-CO} R^+\ (C_nH_{2n+1}^+)$$

6. 醚类

醚类有较强的分子离子峰，有时还有$[M+1]^+$或$[M-1]^+$，可用于判断分子量。

1）脂肪醚

α → m/z 115 —rH→ C_5H_{10} + HO^+= m/z 45

α → m/z 73 → C_3H_6 + HO^+= m/z 31

i → m/z 43

i → m/z 71 —i, $-C_2H_4$→ m/z 43

2）脂环醚和不饱和醚

α → —i, $-$丙酮→ m/z 96 —rd→ m/z 81 + $CH_3^{\cdot}$; m/z 96 —α→ m/z 68 + C_2H_4

α → —$-C_4H_6O$, i→ $C_6H_{12}^{+\cdot}$ m/z 84 —α→ $C_4H_8^{+\cdot}$ m/z 56

α → m/z 139 —rH→ —rH, rd→ m/z 121

α → m/z 139 —i→ —i→ + ; —i→ CH_3CO^+ m/z 56

α → —i→ —r2H, $-H_2O$→ $C_8H_{13}^+$ m/z 109 —$-C_2H_4$→ $C_6H_9^+$ m/z 81

3）芳香醚

苯甲醚：$[M-CH_3]^+$，$[M-CH_3CO]^+$，$[M-CH_2]^+$，$[M-OCH_3]^+$。乙基或更高级烷基芳香醚：消去 C_nH_{2n}，给出特征的奇电子离子。芳香醚的 γ 碳上有氢的话会重排。

$$\text{PhO}^{+\cdot}\text{CH}_2\text{CH(H)R} \xrightarrow[-CH_2CHR]{rH} [\text{PhOH}]^{+\cdot}$$

7. 胺类

脂肪胺具有极低的电离能，但氨基引发的 α 断裂有巨大的驱动力，因此胺类的分子离子峰仍很低。不过脂肪胺的$[M+1]^+$可以存在，可以借助该准分子离子峰判断分子量。

$$H_2C(H)-CHCH_3-\overset{+}{N}(CH_3)=CH_2 \xrightarrow{rH} H_2C=CH-CH_3 + H\overset{+}{N}(CH_3)=CH_2 \quad (m/z\ 44)$$

$$C_2H_5CH(H)-CHCH_3-\overset{+}{N}(CH_3)=CH_2 \xrightarrow{rH} C_2H_5CH=CH_2 + H\overset{+}{N}(CH_3)=CH-CH_3 \quad (m/z\ 58)$$

铵盐不会汽化，无分子离子峰 $M^{+\cdot}$，但分解时有胺和 HCl（m/z 36）或 HBr（m/z 80, 82）存在，可用于判断是否为铵盐。

8. 酰胺类

酰胺类与酯或酸有相似之处，其分子离子峰比较明显，$[M+1]^+$准分子离子也较易出现。酰胺类失去烷基会产生 m/z 44, (58), 72, 86, …系列峰，$C_nH^+_{2n+1}$ 和 $C_nH^+_{2n-1}$ 存在但较弱，如果酰胺的 γ 碳上有氢的话会重排。

$$C_8H_{17}CH(H)CH_2CH_2C(=\overset{+\cdot}{O})NH_2 \xrightarrow{\text{麦氏重排}} C_8H_{17}CH=CH_2 + H-\overset{+}{O}=C(\cdot CH_2)NH_2 \quad (m/z\ 59)$$

9. 氰类

氰基的电离能很高，容易产生烃类等随机重排等过程。脂肪腈的分子离子峰很弱，有时会有$[M+1]^+$。$C_nH_{2n+1}CN^+$（$n=3\sim6$ 时很强），是经氢重排失去烯烃所致。

$$R-(CH_2)_n-C\equiv\overset{+\cdot}{N} \xrightarrow{rd} R^{\cdot} + (CH_2)_n\text{-}C\equiv\overset{+}{N}\ (\text{环})$$

$n=4(m/z\ 110)$时，强度最大

10. *脂肪卤化物*

一般有可测分子离子峰，但对于全卤化物，分子离子峰常是微不足道的，C—X 键断裂产生$[M-HX]^{+\cdot}$和$[M-X]^{+}$。

i 断裂：

$$CH_3-CH_2-\overset{+\cdot}{I} \xrightarrow{i} I^{\cdot}+C_2H_5^+$$

α 断裂：

$$R-\underset{}{\overset{R'}{\overset{|}{C}}}H-\overset{+\cdot}{X} \xrightarrow{\alpha} R-CH=\overset{+}{X}$$

i 断裂产生的 R^+可发生二次断裂，产生 $C_nH_{2n+1}^+$ 系列离子，与烃类似。

参 考 文 献

陈换文，胡斌，张燮. 2010. 复杂样品质谱分析技术的原理与应用[J]. 分析化学，38（8）：1069-1088.

陈维敏，陈芳. 2005. 谱学基础与结构分析[M]. 北京：高等教育出版社.

李文魁，张杰，谢励诚，等. 2017. 液相色谱-质谱（LC-MS）生物分析手册：最佳实践、实验方案及相关法规[M]. 北京：科学出版社.

盛龙生. 2016. 有机质谱法及其应用[M]. 北京：化学工业出版社.

台湾质谱学会. 2018. 质谱分析技术原理与应用[M]. 北京：科学出版社.

王光辉，熊少详. 2005. 有机质谱解析[M]. 北京：化学工业出版社.

叶宪曾，张新祥，等. 2007. 仪器分析教程[M]. 北京：北京大学出版社.

赵墨田. 2018. 分析化学手册：9B. 无机质谱分析[M]. 3 版. 北京：化学工业出版社.

Kermit K，Murray K K，Boyd R K，et al. 2013. Definitions of terms relating to mass spectrometry（IUPAC Recommendation 2013）[J]. Pure Appl Chem，85（7）：1515-1609.

第3章

一维核磁共振波谱分析法

3.1 核磁共振波谱法导论

3.1.1 核磁共振发展历史

核磁共振波谱（nuclear magnetic resonance spectrum，NMR）法是从20世纪发展起来的一种分子结构解析方法，是测量原子核对射频辐射（4～900 MHz）的吸收现象，这种吸收只有在高磁场中才能产生。早在1924年Pauli就预言了核磁共振的基本理论：有些核同时具有自旋和磁量子数，这些核在磁场中会发生能级分裂。20世纪20年代Stern-Gejacwh的分子束实验和20世纪50年代Rabi的磁共振实验都是创建核磁共振技术的先驱。1946年哈佛大学的E. M. Purcell研究团队以H_2O为试样获得了^1H的核磁共振信号；同时，斯坦福大学的F. Bloch团队用LiF作试样记录到了^{19}F的核磁共振谱，第一次实现了凝聚态试样的核磁共振实验，为此他们分享了1952年诺贝尔物理学奖。当时正在Bloch实验室工作的Varian预见到这一研究可以广泛应用的可能性，建议Bloch申请专利并使其将专利权转让，从而迅速开始了商用仪器的开发。随后，Knight第一次发现了化学环境对核磁共振信号的影响，并发现这些信号与化合物的结构有一定关系。1956年Varian公司制造出第一台高分辨率核磁共振商品仪器。值得一提的是，1936年C. J. Gorter也曾用LiF进行过核磁共振实验，只是因为试样过于纯净，共振很快达到磁饱和而未能记录到信号。并且他还进行过电子自旋共振实验，但仪器在关键阶段出现了故障而导致实验失败。结果发现电子自旋共振的荣誉在1945年由苏联物理学家获得。这些事实说明，核磁共振现象的发现到20世纪40年代末已经是瓜熟蒂落了。

20世纪60年代末以前，核磁共振实验以连续波方式为主，能方便测量的只有^1H。这一阶段的进展是比较缓慢的。1965年快速傅里叶变换计算机程序得到推广应用，使核磁共振向脉冲方式过渡。20世纪70年代中期以后进入了以脉冲方式为主的时期，核磁共振的潜力逐步得到开发和认识，成为推广速度和发展速度都居首位的一种结构分析方法。这一技术之所以能取得这样突出的地位，一个重要的原因为核磁共振是可以方便地在溶液中研究分子的结构并且唯一可以使试样不经受任何破坏的结构分析方法。到目前，核磁共振波谱法已是化学、生物以及医疗领域鉴定有机及无机化合物的重要工具之一，在某些场合也可以应用于定量分析。

3.1.2 核磁共振基本原理

1. 核自旋与核磁矩

原子核的自旋如同电流在线圈中运动一样会产生磁矩 μ，其大小与自旋角动量 P 和核的磁旋比 γ 有关，自旋角动量 P 与自旋量子数 I 有关。

$$\mu = \gamma P = \frac{h\gamma}{2\pi}\sqrt{I(I+1)}$$

式中，h 为普朗克常量，$6.63\times10^{-34}\text{J·s}$。

各种原子核的自旋量子数可为半整数、零和整数。$I = 1/2$ 的原子核是具有球形电荷分布的自旋核，在磁场中只能裂分成两个能级，可以容易获得简单的核磁共振现象，是目前研究最广泛的一类原子核。这样的核包括 ^{1}H、^{13}C、^{15}N、^{19}F、^{29}Si、^{31}P 等，它们也是目前可以检测的核。当原子核的原子序数和质量数均为偶数时，原子核不自旋，$I = 0$，不是 NMR 研究的对象。这样的核有 ^{12}C、^{16}O、^{32}S 等。当 I 为整数和大于 1/2 时，原子核为非球形电荷分布，具有电四极矩，在核磁共振中常得到宽峰。当 ^{1}H 与这些原子核相连时，由于电四极矩的作用而观察不到它们对 ^{1}H 核的耦合作用。

2. 核磁能级与核磁共振条件

在磁场的作用下，$I = 1/2$ 的原子核自旋存在两个取向，即在外磁场中会有两个分立的能级，如图 3.1 所示。较低能级的能量为 $E_{1/2} = -\frac{\gamma h}{4\pi}B_0$，较高能级的能量为 $E_{-1/2} = \frac{\gamma h}{4\pi}B_0$，能级差为 $\Delta E = \frac{\gamma h}{2\pi}B_0$。

与其他波谱法一样，此核可以吸收一定的辐射而发生能级跃迁，根据能量匹配原则，吸收的辐射频率 ν_0 为：

$$h\nu_0 = \frac{\gamma h}{2\pi}B_0$$

$$\nu_0 = \frac{\gamma}{2\pi}B_0$$

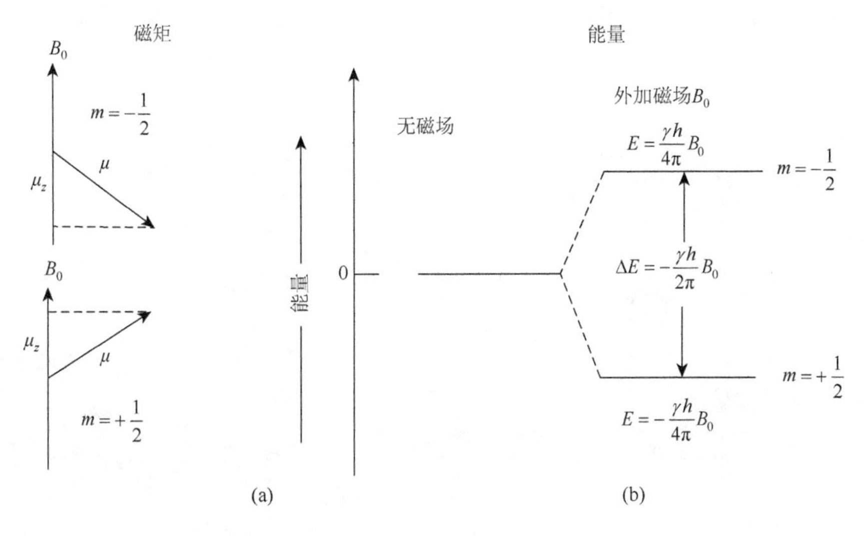

图 3.1　$I=1/2$ 的原子核在磁场中的行为

此外，根据经典的力学模型也可以获得吸收射频辐射的频率。自旋的原子核处于静磁场 B_0 中时，自旋磁轴并不与 B_0 重合，而是以固定夹角 54°24′围绕 B_0 做回转运动，称为拉莫尔进动（Larmor precession）。进动角速度 ω 与磁旋比 γ 和 B_0 有关，如图 3.2 所示。

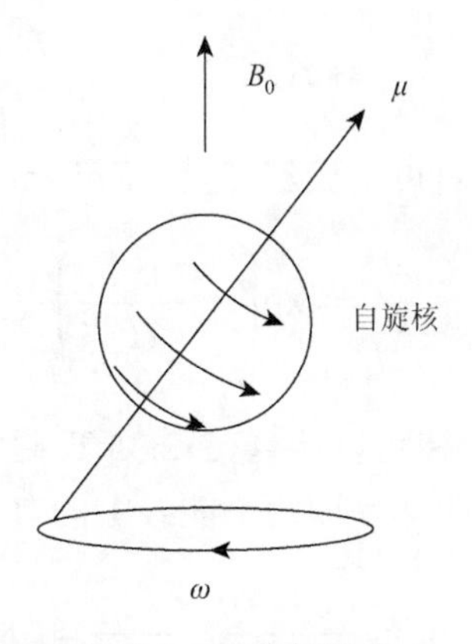

图 3.2　拉莫尔进动

进动的频率 ν_0 与自旋角速度 ω 及外加磁场强度 B_0 的关系可以用 Larmor 方程表示，即：

$$\omega = 2\pi\nu_0 = \gamma B_0$$

ν_0 又被称为 Larmaor 进动频率，在磁场中的进动核有两个相反的取向，可以通过吸收或放出能量而发生翻转（图 3.3）。

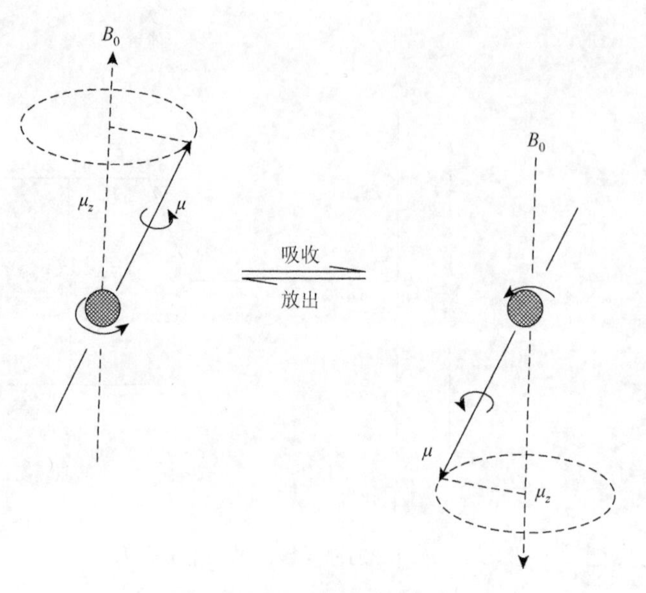

图 3.3 进动核的取向变化

因此，无论是量子力学还是经典力学模型都说明了有些核在磁场中存在不同的能级，可以吸收一定频率的辐射发生能级跃迁，即共振。

3.1.3 饱和与弛豫

不同能级分布的核的数目可由玻尔兹曼（Boltzmann）分布定律计算：

$$\frac{N_i}{N_j} = \exp\left(-\frac{E_i - E_j}{kT}\right)$$

根据 Boltzmann 分布定律可以计算在 2.35 T 磁场存在下，室温 25℃时 ^1H（$\gamma = 2.68\times10^8\ T^{-1}\cdot s^{-1}$）的吸收频率即两个能级上的自旋核数目之比。

$$\nu_0 = \frac{\gamma}{2\pi}B_0 = \frac{2.68\times10^8\times2.35}{2\times3.14} = 100\ \text{MHz}$$

$$\frac{N_{-1/2}}{N_{1/2}} = \exp\left(-\frac{E_{-1/2} - E_{1/2}}{kT}\right) = 0.999984$$

从计算结果可知，处于高低能态之间的原子数目差仅为 1.6×10^{-5}（百万分之十六），不过由于高低能态跃迁概率一致，其净吸收仍为正值。若用足够强的辐射照射质子，则较低能态的减少会带来信号减弱甚至消失，这种现象被称为饱和

(saturated)。若较高能态的核能够及时返回低能态，则可以保持信号的稳定，这种由高能态通过非辐射途径回复到低能态的过程称为弛豫（relaxation）。

其实，弛豫是一个物理学的概念，是指一个体系由不平衡状态恢复到平衡状态的过程。对于核自旋体来说，弛豫分为两种：其一是所谓“自旋-晶格”弛豫，又称纵向弛豫，指的是宏观磁化矢量 $\boldsymbol{M}$ 在 z 轴（纵向）的分量 M_z 由于自旋与晶格（环境）的相互作用而恢复到平衡值 M_0 的过程。表征这一过程快慢的时间常数称为自旋-晶格弛豫的时间，用 T_1 表示。其二是所谓的“自旋-自旋”弛豫，又称横向弛豫，指的是宏观磁化矢量 $\boldsymbol{M}$ 在 xy 平面（横向）的分量 M_x，M_y 由于核自旋之间的相互作用而消失的过程。表征这一过程快慢的时间常数称为自旋-自旋弛豫时间，用 T_2 表示。

3.2　氢核磁共振波谱分析

3.2.1　氢化学位移与核外电子的屏蔽效应

处于分子中的氢原子核不能独立存在，它的外面有可以屏蔽外加静磁场的电子云。根据楞次（Lenz）定律，核外电子云会感生磁场 B' 以屏蔽外加磁场，即氢原子核受到的净磁场为 B_0-B'，也可以使用电子屏蔽常数 σ 表示，为 $B_0(1-\sigma)$。则质子核磁共振频率可以改写为：

$$\nu_0 = \frac{\gamma}{2\pi} B_0(1-\sigma)$$

在恒定的静磁场作用下，质子的化学环境不同导致质子核外电子云密度不同，从而使得质子共振频率不同。但如果改变外加静磁场强度，同样的质子会有不同的共振频率，这样直接使用频率作为研究对象并不方便。因此，提出了化学位移的概念。

通常在样品中加入一种参比物质，一般为四甲基硅烷（tetramethylsilane，TMS）。把它的质子化学位移设为 0.0，化合物其他质子化学位移值可以计算如下：

$$\delta = \frac{V_{样品} - V_{\mathrm{TMS}}}{V_{\mathrm{TMS}}}$$

式中，δ 为样品质子与 TMS 中质子的相对位移，是无量纲的量。许多文献使用 ppm 表示化学位移的“单位”，其实 ppm 仅仅表示的是 10^{-6}。因为不同氢核共振频率相差并不大，但氢核在高强磁场的共振频率确能达到百万赫兹，因此这个相对位移值非常小，对于氢核而言，通常在 1×10^{-6}～15×10^{-6}。所以 ppm 仅仅是为表示方便才引入的书写形式。

大多数有机化合物的 ^{1}H 共振信号出现在 TMS 的左侧（正值），极少数化合物的信号会出现在 TMS 的右侧（负值），负值表示质子外电子云的屏蔽效应比 TMS 质子电子云的屏蔽效应还要强。

选用 TMS 作为化学位移标准物的优点有三个：①12 个氢处于完全相同的化学环境，只产生一个尖峰。②屏蔽强烈，位移最大，与常见有机化合物中的质子峰不重叠。③化学惰性；易溶于有机溶剂；沸点低，易回收。

3.2.2 自旋耦合和耦合常数

1. 自旋耦合

在高分辨率的 NMR 谱中，人们发现某些化学位移的质子峰，往往裂分成不止一个小峰（也称精细结构），例如碘乙烷中有 2 种化学环境不同的质子，但每种质子裂分成一组小峰，如图 3.4 所示。

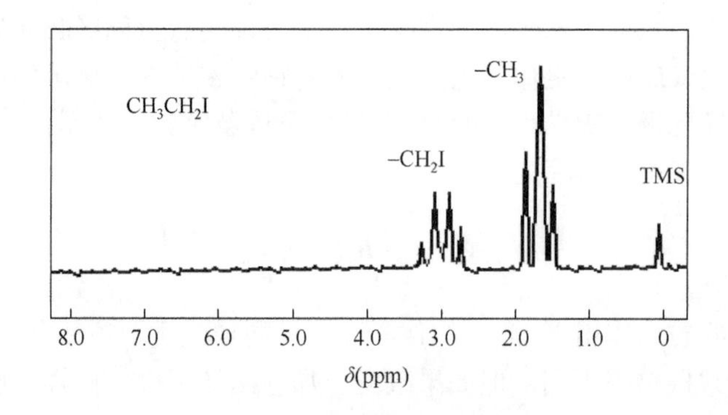

图 3.4 碘乙烷的核磁共振图谱

共振谱线的裂分原因是什么呢？首先排除化学位移不同的原因。因为化学位移应该与磁场强度和氢核的电子云屏蔽有关，但碘乙烷中甲基或乙基显然不是这种原因。也不应该用质子磁偶极之间的直接相互作用来解释。因为在液体样品中，由于分子的热运动，磁偶极矩之间的直接相互作用的平均结果为零。因此，应该从核与核之间的相互作用入手，考虑相邻核自旋产生磁场对所研究核的影响，即自旋-自旋耦合（spin-spin coupling）。

由上文可知，$I = 1/2$ 的原子核自旋存在两个取向，根据 Boltzmann 分布定律可知二者的个数比为 1∶1。自旋方向不同，在磁场中产生的感生磁场方向也不同，但大小相等。因此，它们对临近核自旋的影响也不同。如图 3.5 所示。

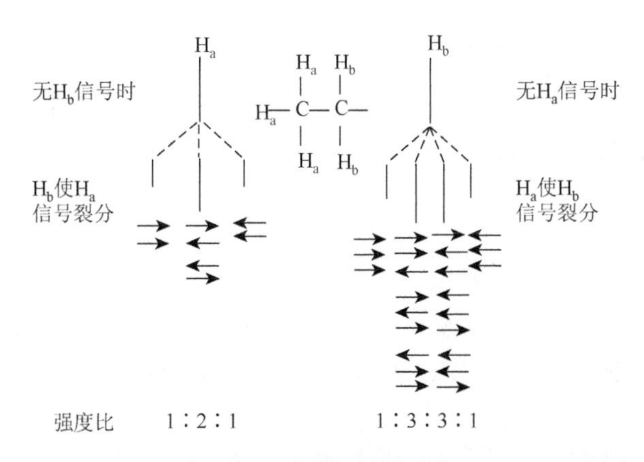

图 3.5　自旋耦合与耦合裂分

如果用 $B_{-1/2}$ 和 $B_{1/2}$ 来分别表示 $-1/2$ 和 $1/2$ 自旋态产生的磁场强度，则相邻氢核将受到 $B_0(1-\sigma)-B_{-1/2}$ 和 $B_0(1-\sigma)+B_{1/2}$ 两种磁场，分别在原共振频率的高场和低场方向发生共振，原 $B_0(1-\sigma)$ 处将会裂分成强度相等的双峰。如果相邻两个质子，则所研究的氢核将会受到 $B_0(1-\sigma)-2B_{-1/2}$、$B_0(1-\sigma)-B_{-1/2}+B_{1/2}$、$B_0(1-\sigma)+B_{-1/2}-B_{1/2}$、$B_0(1-\sigma)+2B_{1/2}$ 的磁场。若都是氢核，$B_{-1/2}$ 和 $B_{1/2}$ 数值相等，则所研究的质子会裂分成三重峰，其强度比为 1∶2∶1。

根据以上的分析，我们不难得到相邻氢之间耦合而产生的峰裂分数符合 $n+1$ 规律。即谱峰的裂分数等于邻碳上质子数 n 加 1。如在图 3.5 中，质子 H_a 连接一个亚甲基，裂分成 $2+1=3$ 重峰。而质子 H_b 裂分成 $3+1=4$ 重峰。

峰裂分后，其强度比符合二项式 $(a+b)^n$ 展开式各项的系数比，如图 3.6 所示。

n	二项式展开式系数	峰形
0	1	单峰
1	1　1	二重峰
2	1　2　1	三重峰
3	1　3　3　1	四重峰
4	1　4　6　4　1	五重峰
5	1　5　10　10　5　1	六重峰

图 3.6　邻近氢数 n 与裂分峰数及峰强度比的关系图

实际上，由于仪器分辨率有限或巧合重叠，实际测定的峰数小于计算值。此外，只有化学环境相同的氢核 n，才符合 $n+1$ 规律。若某组氢核与 n 个和 m 个化学环境不同的氢发生耦合，则这组氢核裂分成 $(n+1)(m+1)$ 重峰。如高纯乙醇，CH_2 被 CH_3 裂分成四重峰，每条峰又被 OH 中的氢裂分为双峰，共计八重峰。

在实际谱图中，相互耦合的核的二组峰的强度会出现内侧峰高、外侧峰低的情况。而且$\Delta\nu$越小，内侧峰越高，这种规律称向心规则。利用向心规则，可以找出 NMR 谱图中相互耦合的峰。

2. 耦合常数

由于核自旋之间的相互作用，发生自旋裂分，裂分峰之间的距离反映了核自旋之间相互作用的大小，即自旋耦合的大小，用耦合常数 J（coupling constant）来表示，单位是 Hz，一般用 $^nJ_{AB}$ 表示。A、B 为彼此耦合的核，n 为 A、B 核间间隔的化学键数目。例如，^2J 表示同碳耦合，^3J 表示邻碳耦合，大于三键间的耦合被称为远程耦合。一般来说，通过双数键的耦合常数（^2J、^4J）往往为负值。通过单数键（^3J、^5J）的耦合常数往往为正值，使用时均使用绝对值。

耦合常数有一些特点：

（1）在同一个自旋耦合系统中 J 相同。也就是说裂分峰间的距离是相等的，并且不同化学环境的质子，只要发生自旋耦合，那么 J 相同。例如乙醛分子 CH_3CHO 中，—CH_3 中质子的 $J = 2.85$ Hz，与—CHO 中四个裂分峰之间的裂分距离相等。

（2）由于 J 值是核磁间相互作用引起的，因而 J 值大小与外磁场 B_0 无关。根据这点，在实验上可以通过变化外磁场来确定吸收峰是属于化学位移，还是属于自旋裂分。

（3）耦合只发生在邻近质子之间，超过三个化学键，质子间的耦合作用可视为零。

3.2.3 影响质子化学位移的因素

凡能影响质子核外电子云密度的因素，均能够影响质子的化学位移。具体为当化学环境使质子的核外电子云密度增加，或者感应磁场的方向与外磁场相反，则质子的化学位移（δ）变小（向右）。反之，化学环境使质子的核外电子云密度减小，或者感应磁场的方向与外磁场相同，则质子的化学位移（δ）变大（向左）。质子的化学环境影响主要从以下几个方面考虑。

1. 诱导效应

质子相连的取代基电负性越大，质子核外的电子云密度越低，产生去屏蔽作用，化学位移向低场方向位移（δ 变大）。如图 3.7 所示。与 I 原子直接相邻的 CH_2 质子化学位移高于距离 I 原子更远一些的 CH_3 质子，这也说明诱导效应是通过成键电子沿键轴方向传递的，氢核与取代基的距离越大，诱导效应越弱。此外，

CH_3Cl、CH_2Cl_2、$CHCl_3$ 质子的化学位移分别为 3.05 ppm、5.33 ppm、7.24 ppm。通过这组数据可以发现，多个具有电负性的取代基对化学位移的影响是：电负性取代基越多，诱导效应越强。

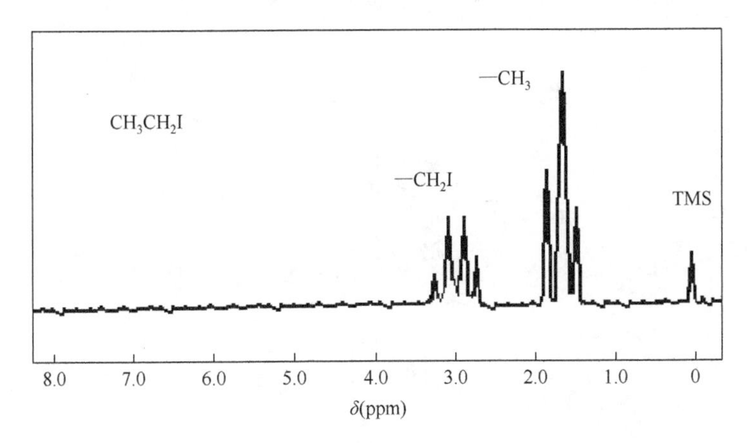

图 3.7 碘乙烷的核磁共振图

2. 共轭效应

有些取代基通过 n-π 共轭作用增加某些基团的电子云密度，则质子核外的屏蔽作用增强，共振吸收移向高场（δ 变小）。另有一些取代基具有吸电子性，通过 π-π 共轭作用减少质子核外的电子云密度，使其在低场共振（δ 变大）。如图 3.8 所示。

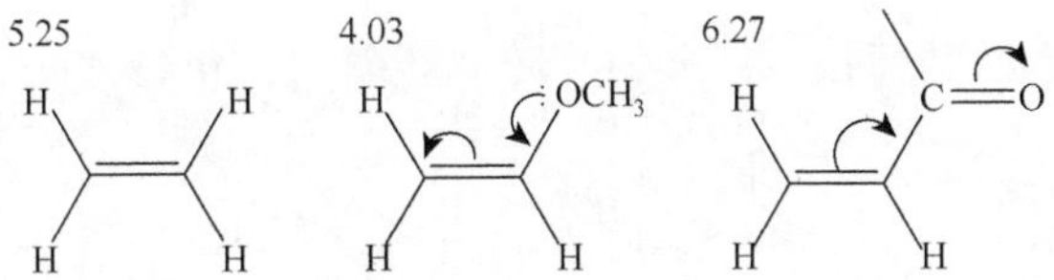

图 3.8 共轭效应对烯氢化学位移的影响

有时诱导和共轭作用可能同时出现在同一分子中。质子位移的方向要由两种作用的综合结果决定。如苯环上的硝基取代基，既有诱导作用又有共轭作用，综合作用的结果是使苯环上与硝基邻对位质子的电子云密度降低，在低场共振。

3. 磁的各向异性效应

当苯环平面与外磁场垂直时，由物理学中的洛伦兹（Lorentz）定律可知，苯环上的 π 电子在磁场中的环流运动产生如图 3.9 的闭合磁场。若有质子处于苯环的内侧和上下位置，由于感生磁场和外磁场方向相反，起到了减小磁场强度的作用，类似于核外电子云对质子的屏蔽作用，那么所研究质子的化学位移会减小。若有质子处于苯环平面的外侧，由于感生磁场和外磁场的方向相同，起到了加强磁场的作用，类似于去掉部分核外电子云对质子的屏蔽作用，那么所研究质子的化学位移会增加。这一效应在核磁共振波谱中被称为磁的各向异性效应。

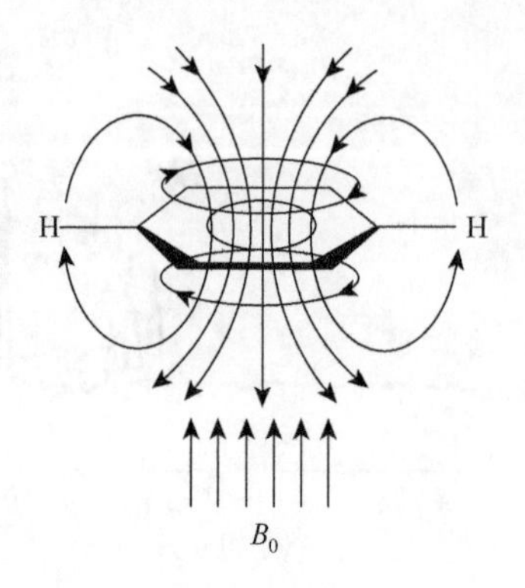

图 3.9　苯环 π 电子感生磁场

更为明显的例子如[18]-轮烯。如图 3.10 所示，处于[18]-轮烯分子外侧的质子的化学位移为 8.9 ppm，而处于内侧的质子的化学位移只有–1.8 ppm。

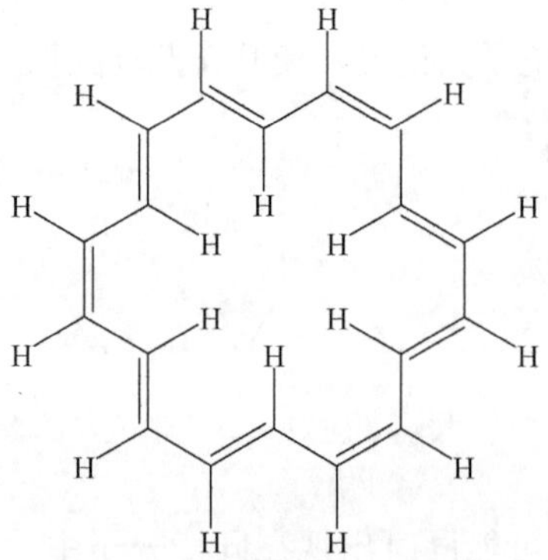

图 3.10　[18]-轮烯分子结构示意图

4. 氢键效应

氢键的形成能较大地改变与氧、氮元素直接相连质子的化学位移，一般使质子在低场共振。如乙醇的羟基，在稀 CCl_4 溶液中为 0.7 ppm，在纯乙醇溶液中位移至 5.3 ppm。此外，氢键的形成程度与浓度、温度有直接关系，因此不同条件下羟基、氨基质子的化学位移经常大范围变化。如羟基质子一般在 0.5～5 ppm，酚羟基质子为 4～7 ppm，氨基质子为 0.5～5 ppm。羧酸一般以二聚体形式存在，它的化学位移为 10～13 ppm。

5. 溶剂效应

固体样品的核磁峰很宽，想要获得高分辨率的核磁谱不易。但使用液体核磁测试就必须使用溶剂，而溶剂对化学位移也有很大的影响。首先，溶剂不应该含有质子，避免对样品中的质子产生干扰，一般使用氘代试剂。其次，溶剂选用应该满足对样品溶解度的要求，溶解度不够，样品的信号很弱，测试效果不好。再次，溶剂不应与样品分子生成配合物或发生化学反应。常见的溶剂有 CCl_4、CS_2、DMSO-d_6、$CDCl_3$、D_2O 等。

使用氘代试剂时，会因为氘代试剂纯度问题而观测到试剂的残余核磁峰。如果溶剂的残余峰对测试产生了影响，可以考虑更换溶剂。表 3.1 列出了常用溶剂的化学位移和裂分峰情况（有关碳核磁共振的数据请参考碳核磁共振部分）。

表 3.1　常用溶剂残余峰的化学位移和裂分情况

溶剂	^{1}H NMR			^{13}C NMR	
	化学位移	多重峰数	残余水峰	化学位移	多重峰数
三氟乙酸-d_1	11.34	1		115.7, 163.8	4, 4
乙酸-d_3	2.03, 11.59	5, 1		20.0, 178.4	5, 1
乙腈-d_3	1.94	5	2.16	1.32, 118.1	7, 1
丙酮-d_6	2.05	5	2.85	29.8, 206.1	7, 1
二甲基亚砜-d_6	2.50	5	3.32	39.5	7
N, *N*-二甲基甲酰胺-d_7	2.74, 2.95, 8.02	5, 5, 1	3.48	30.1, 35.2, 162.7	7, 7, 3
二氧六环-d_6	3.55	m	2.43	66.5	5
甲醇-d_4	3.31, 4.84	5, 1		49.0	7
乙醇-d_4	3.31, 4.84	br, br	5.26	17.2, 56.8	7, 5
硝基甲烷-d_3	4.33	5		62.8	7
二氯甲烷-d_2	5.35	3		53.8	5
三氯甲烷-d_1	7.26	1	1.54	77.2	3
苯-d_6	7.16	1	0.50	128.5	3
环己烷-d_{12}	1.38	br		26.4	5
吡啶-d_5	7.20, 7.57, 8.73	br, br, br	4.96	123.4, 135.4, 149.8	3, 3, 3
四氢呋喃-d_8	1.72, 3.57	br, br	2.23	25.3, 67.4	5, 5
甲苯-d_8	2.08, 6.97, 7.01, 7.09	5, m, m, m	0.52	20.4, 125.1, 128.0, 128.9, 137.6	7, 3, 3, 1

续表

溶剂	^{1}H NMR			^{13}C NMR	
	化学位移	多重峰数	残余水峰	化学位移	多重峰数
重水	4.79	1			
二硫化碳				192.8	1
四氯化碳				96.1	1
四氟乙烯				123.4	1

二甲基亚砜（DMSO-d_6）是一种广泛使用的氘代试剂，但常含有少量水分，会在化学位移 3.2～3.4 ppm 处产生水的宽吸收峰。同时它有很强的溶剂化作用，能与醇或糖中的羟基形成氢键而抑制羟基的交换，使 OH 由于 α-H 耦合而裂分成多重峰。有时用 DMSO-d_6 与 $CDCl_3$ 的混合溶剂（polsol），可明显增加某些样品的溶解度，注意此时的氯仿信号将从 7.26 ppm 移至 7.8～8.3 ppm。某些芳香溶剂，如苯、氯苯、吡啶等将使溶质分子产生选择性化学位移。重水也是常用的溶剂，但样品中的活泼氢（OH、NH_2、NH）将与 D_2O 交换而消失，在 4.7 ppm 处出现 HOD 质子的宽吸收峰。

3.2.4 自旋耦合体系与命名

1. 化学等价核

在分子中，如果一些原子可以通过快速旋转或任何一种对称操作（对称面、对称轴、对称中心等）实现互换，则这些核在分子中处于相同的化学环境，具有相同的化学位移，称为化学等价核。例如：

Cl—CH_2—CH_3 中，CH_2 中的两个质子或 CH_3 中的三个质子，通过 C—C 单键的快速选择可以互换，它们各自为化学等价核。

在对氯苯甲醛中，H_a 和 $H_{a'}$，H_b 和 $H_{b'}$ 有 C_2 对称轴，也分别是化学等价核。

CHO

$H_{a'}$ H_a

$H_{b'}$ H_b

Cl

2. 磁等价核

分子中有一组化学位移相同的核，它们对组外的任何一个核的耦合常数相等，则这组核被称为磁等价核。因此成为磁等价核的前提是化学等价核。如苯乙酮中 CH_3 的三个质子既是化学等价，又是磁等价的。对氯苯甲醛中 H_a 和 $H_{a'}$，H_b 和 $H_{b'}$ 两组只是化学等价核，但不是磁等价核。

一般来说判定是化学等价核后，有以下几个原则可以进一步判别是磁不等价核。首先，与手性碳原子连接的—CH_2—上的两个质子是磁不等价的。其次，双键同碳上的两个质子磁不等价。再次，单键带有双键性质时会产生不等价质子，如酰胺 NH_2 上两个质子是磁不等价的。最后，构象固定在环上的—CH_2 质子磁不等价。

3. 自旋体系命名

相互耦合的核组成一个自旋体系。体系内部的核相互耦合但不和体系外的任何一个核耦合，但体系内部并不是要求一个核和除它以外的所有核都耦合。由此可知，体系和体系之间是隔离的。例如化合物

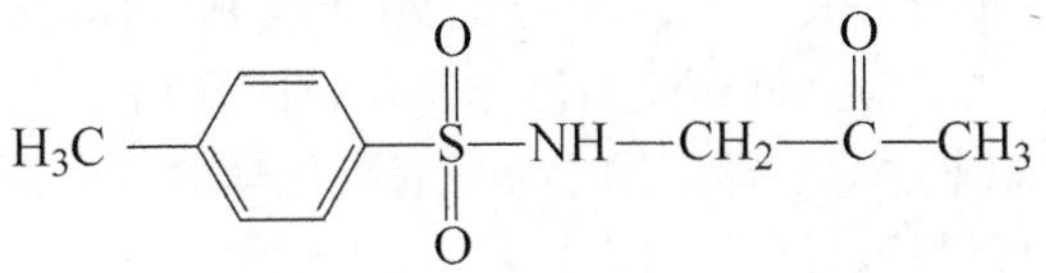

$H_3C-C_6H_4-SO_2-NH-CH_2-CO-CH_3$

有三个自旋体系，分别是：

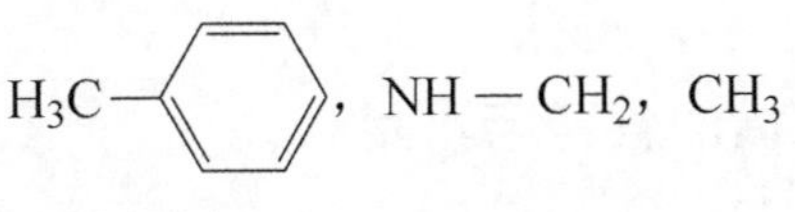

$H_3C-C_6H_4$，$NH-CH_2$，CH_3

自旋体系的命名按以下规则进行：

①化学位移相同的核构成一个核组，用一个大写英文字母标注。②几个核组之间分别用不同的字母标注，若它们化学位移相差很大，$\Delta\delta/J>6$，标注用的字母在字母表中的位序差距也大。如核组内质子间 $\Delta\delta/J>6$，则标为 AX 或 AMX 等，若 $\Delta\delta/J<6$ 则标注为 AB，或 ABC 系统。③若核组内核磁等价，则在大写字母右下角用阿拉伯数字标明该核组核的数目。例如 CH_3CH_2OH 分子，可以写成 $A_3M_2X_2$。④若核组内核磁不等价，只是化学等价，则用上角标′或″加以区别。如一个核组内有三个磁不等价核，则可以标为 AA′A″。

4. 复杂裂分

核磁共振谱图可以分为简单谱（$\Delta\delta/J>6$）和高级谱（$\Delta\delta/J<6$）。在高级谱中，峰的裂分数目不符合 $n+1$ 规则，且组内各峰之间的相对强度关系复杂。在一般情况下，$\Delta\delta$ 和 J 值都不能直接读出，必须通过计算才可以得出。此外，值得一提的是，使用高场强可以将高级谱转化为简单谱，因此追求高的场强，也是核磁共振仪器的发展方向之一。

3.3 碳核磁共振波谱分析

核磁共振碳谱与核磁共振氢谱有很大的不同。因为 ^{12}C 没有核磁共振信号，所以碳核磁共振检测的是 ^{13}C。但 ^{13}C 的天然丰度很低，仅为 ^{12}C 丰度的 1.1%，而 ^{13}C 的磁旋比 γ 约是 ^{1}H 核的 1/4。核磁共振信号的灵敏度与 γ^3 成正比，所以 ^{13}C NMR 的灵敏度仅相当于 ^{1}H NMR 灵敏度的 1/5800。因此常采用连续波扫描方式，但即使配合计算机对信号进行扫描、存储、处理，记录一张有实用价值的谱也需要很长的时间。这就是为什么在 1957 年首次观测到核磁共振碳谱信号，化学家也认识到其重要性，但直至 20 世纪 70 年代才能直接用于研究有机化合物，其原因就是无法获得足够强的 ^{13}C NMR 信号。20 世纪 70 年代 PFT-NMR 谱仪的出现以及去耦技术的发展，使 ^{13}C NMR 测试变得简单易行。目前 PFT-^{13}C NMR 已成为阐明有机分子结构的常规方法，广泛应用于涉及有机化学的各个领域。在结构测定、构象分析、动态过程讨论、活性中间体及反应机制的研究、聚合物立体规整性和序列分布的研究方面都显示了巨大的威力，成为化学、生物、医学等领域不可缺少的测试方法。

3.3.1 碳核磁共振波谱的优势与不足

1. 优势

（1）与 ^{1}H NMR 相比，^{13}C NMR 的化学位移范围更宽，分辨率更高。^{1}H NMR 常用的化学位移范围是 0～15 ppm; ^{13}C NMR 常用的化学位移范围是 0～250 ppm，约是氢谱的 20 倍，其分辨率远高于氢谱。

如图 3.11 所示，胆固醇的 ^{1}H NMR 只能识别出几个位于低场的烯氢、羟基及与其相连的碳上的氢。其余氢的共振吸收都集中在 0.9～2.4 ppm 范围内，重叠严重，无法同具体结构相联系。但 ^{13}C NMR 出现了 26 条谱线，如图 3.11 所示，可以解析胆固醇的碳链结构。

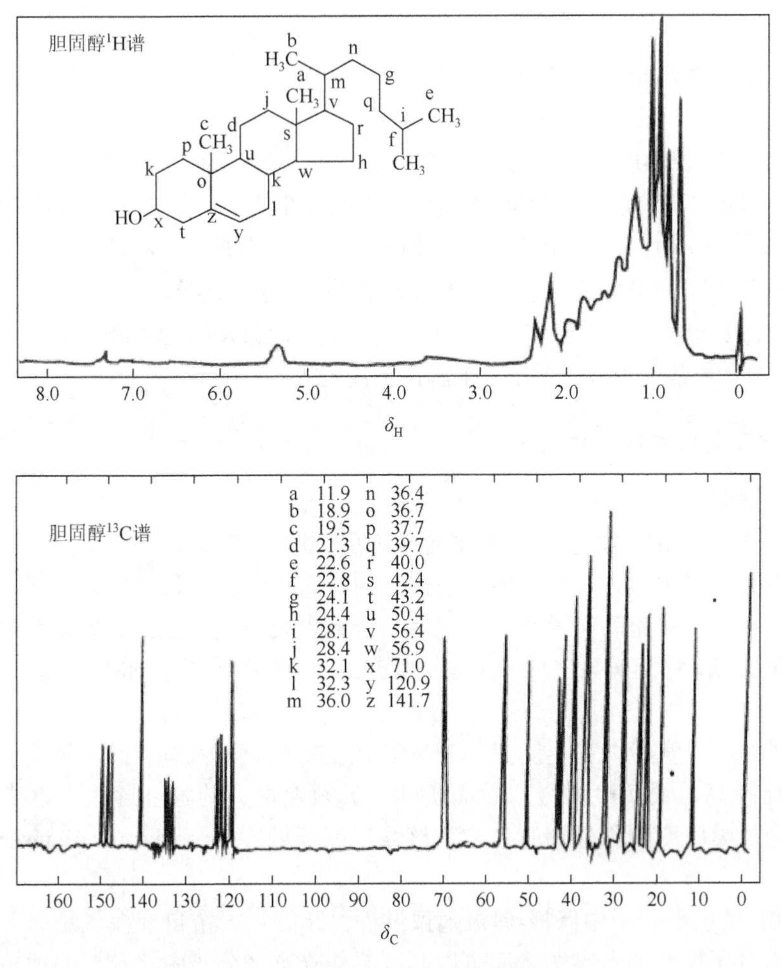

图 3.11　胆固醇的 ^{1}H NMR 和 ^{13}C NMR 谱

（2）^{13}C NMR 可以给出不与氢相连的碳的结构信息。这样的碳包括季碳、$>C=O$、$-C\equiv C-$、$-C\equiv N$、$>C=C<$ 等基团中的碳不与氢相连，在 ^{1}H NMR 谱中不能直接观测，只能靠分子式及其对相邻基团化学位移的影响来判断。而在 ^{13}C NMR 谱中，均能给出各自的特征吸收峰。

2. 不足

因为 ^{13}C NMR 的灵敏度较低，所以 ^{13}C NMR 不能像 ^{1}H NMR 那样给出 ^{1}H 的种类和各种 ^{1}H 的个数比信息，只能确定有几种碳，但不易定量各种碳的比例。

3.3.2 碳核磁共振谱去耦技术

在 ^{1}H NMR 谱中，由于 ^{13}C 的天然丰度很低，基本不用考虑 ^{13}C 对 ^{1}H 的耦合。但在 ^{13}C NMR 谱中，^{1}H 对 ^{13}C 的耦合是普遍存在的，不能忽略。而且 ^{1}H 对 ^{13}C 的 ^{1}J 可以达到几十至几百赫兹范围，加之有 ^{2}J ～ ^{4}J 的存在，虽然能给出更为丰富的结构信息，但谱峰相互交错，难以确定归属，给谱图解析及结构推导带来了极大的困难。此外，耦合造成的裂分更大大降低 ^{13}C NMR 谱图的灵敏度，因此，通常 ^{13}C NMR 都要采用去耦技术来解决上述问题。

1. 质子宽带去耦技术

质子宽带去耦（proton broad band decoupling）谱为 ^{13}C NMR 测试时的默认技术，是一种双共振技术。即在 ^{13}C 通道输入射频脉冲和采样的同时，在 ^{1}H 通道施加足够宽的去耦射频，使所有的质子快速翻转而达到磁饱和，使原来裂分的多重峰变成单重峰，从而简化了 ^{13}C NMR 谱。因此，质子宽带去耦又被称为全去耦或质子噪声去耦，每种碳只出现一个峰。如图 3.11 胆固醇的 ^{13}C NMR 谱图就是全去耦谱图。

此外，质子宽带去耦不仅使 ^{13}C NMR 谱图简化，而且耦合的多重峰合并，使其信噪比提高，灵敏度增大。然而实际上灵敏度增大的程度远大于谱峰的合并强度，这种灵敏度的额外增强被称为核欧沃豪斯效应（nuclear Overhauser effect, NOE）。

NOE 是由于分子中偶极-偶极弛豫过程引起的，一个自旋核就是一个小小的磁偶极。分子中两类自旋核之间可以通过波动磁场（分子中移动、振动核转动运动产生）传递能量。在质子宽带去耦 ^{13}C NMR 实验中，观测 ^{13}C 核的共振吸收时，照射 ^{1}H 核使其饱和，由于干扰场非常强，同核弛豫过程不足使其恢复到平衡，经过核之间的偶极-偶极相互作用，^{1}H 核将能量传递给 ^{13}C 核，^{13}C 核吸收这部分能量后，犹如本身被照射而发生弛豫。这种由双共振引起的附加异核弛豫过程，使 ^{13}C 核在低能级上分布的核数目增加、共振吸收信号的增强就是 NOE 本质。

2. 偏共振去耦技术

偏共振去耦（off resonance decoupling）技术是早期使用的一种识别碳级的实验技术。因为质子宽带去耦虽然简化了谱图，但也失去了 ^{1}H 对 ^{13}C 的耦合信息，无法识别伯、仲、叔、季不同级别的碳。偏共振去耦技术就是可以保持 $^{1}J^{1}$H 对 ^{13}C 耦合信息，而消除 ^{2}J 以上的 ^{1}H 对 ^{13}C 耦合，即只保留了与碳直接相连的质子的耦合信息。

根据 $n+1$ 规律，在偏共振去耦谱中，^{13}C 裂分 n 重峰，表明它与 $n-1$ 个质子直接相连，见图 3.12。图 3.12 中，裂分成三重峰的碳为 CH_2，不裂分的 C═O 碳。一般来说，用字母 s(singlet)、d(doublet)、t(triplet)和 q(quartet)分别表示单重峰、双重峰、三重峰和四重峰，也分别意味着 CH_3、CH_2、CH 和 C 碳。

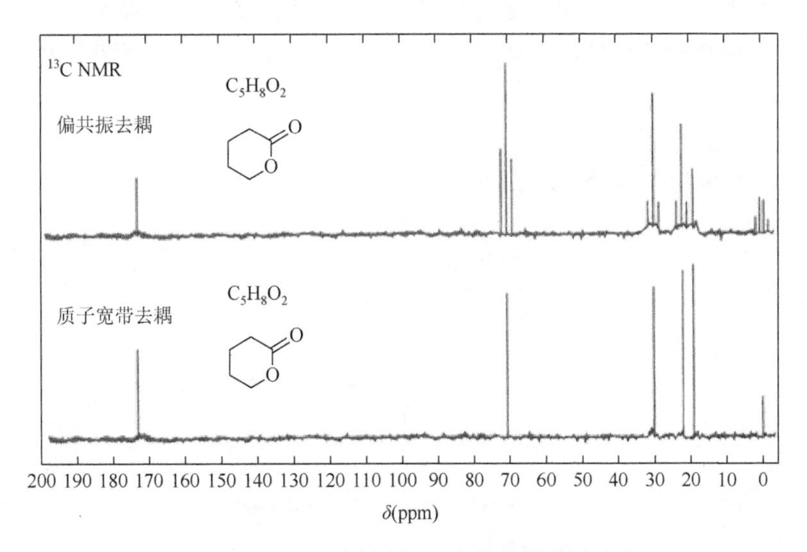

图 3.12　偏共振去耦和质子宽带去耦谱图对比

3. 质子选择去耦技术

质子选择去耦（proton selective decoupling）技术是偏共振去耦技术的特例。当测一个化合物的 ^{13}C NMR 谱，而又准确知道这个化合物的 ^{1}H NMR 各峰的化学位移值时，就可以选择性去除某个 ^{1}H 对 ^{13}C 耦合信息，以确定碳谱线的归属。

4. 门控去耦技术

质子宽带去耦失去了所有的耦合信息，偏共振去耦保留了 ^{1}H 对 ^{13}C 耦合信息，但都因分子中碳核受到的 NOE 不同而使信号相对强度与所代表的碳原子数目不成比例。为了测定真正的耦合常数或作各类碳的定量测定，可采用门控去耦的方法。

门控去耦（gated decoupling）技术是在 ^{13}C 通道采样过程中，可使质子去耦通道“开”或“关”而实现门控去耦。原理是在照射 ^{1}H 核时，随着 ^{1}H 核的饱和立即产生 ^{1}H 核的去耦效应，而 NOE 效应是弛豫产生后才逐渐增强的，在停止照射后又呈现指数关系衰减。因此只要采用适当的脉冲延迟时间，就可以得到无 NOE 的去耦谱。具体操作是在 ^{13}C 通道采样时，去耦通道“开”，采样结束至下一个脉冲开始前“关”，得到无 NOE 的去耦谱。

5. 反门控去耦技术

为了抑制 NOE 的门控去耦（gated decoupling with suppressed NOE），又被称为定量碳谱，是用加长脉冲间隔，增加延迟时间，尽可能抑制 NOE，是谱线强度等代表碳数多少的方法。即，延迟时间通常是 5 倍的 T_1，T_1 为待测样品中所有碳原子的最长纵向弛豫时间，去耦时间被控制最短，NOE 产生就随即终止，得到谱峰高度正比于碳核数目的全去耦谱。

3.3.3 碳化学位移与分子结构

在 ^{13}C NMR 谱中，化学位移仍以 TMS 为参考标准。但不同的 ^{13}C 分布在 0～250 ppm 范围内，一些主要基团的 ^{13}C 化学位移值如表 3.2 所示。

表 3.2 常见 ^{13}C 的化学位移（TMS 为基准）

碳的类型	化学位移(ppm)	碳的类型	化学位移(ppm)
CH_3—X	−36（I）～+35（Cl）	CH—O	60～76
CH_3—S—	10～30	CH—(叔碳)	30～60
CH_3—NR_2	20～45	R_3C—X	35(I)～+75(Cl)
CH_3—O—	40～60	R_3C—S	55～70
CH_3—(伯碳)	−19～+30	R_3C—NR_2	65～76
CH_2—X	−9（I）～+45（Cl）	R_3C—O	70～86
CH_2—S—	25～45	R_3C—(仲碳)	36～70
CH_2—NR_2	40～60	△	−4～+6
CH_2—O—	40～70	R_3C—CR_3	5～76
CH_2—(仲碳)	24～46	—C≡C—	70～110
CH—X	30（I）～+65（Cl）	>C=C<	110～150
CH—S	40～55	⌬	110～160
CH—NR_2	50～70	—O—C≡N(氰酸酯)	105～120
—N=C=O(异氰酸酯)	115～135	—COOR(酯)	150～170
—S=C≡N(硫氰酸酯)	110～120	(—CO)$_2$NR(二酰亚胺)	～165
—N=C=S(异硫氰酸酯)	120～140	—CONHR(酰胺)	155～180
—C≡N(腈)	110～130	—COCl(酰氯)	165～185
C≡N—(异腈)	130～150	—COOH(羧酸)	155～185
酸酐	150～170	醛	175～210
脲	150～170	酮	205～215

像 ^{1}H 一样，影响 ^{13}C 化学位移的因素较多，如碳原子的杂化、取代基电负性、共轭效应、体积效应等。虽然这些因素影响化学位移比较复杂，但也有一定规律可循。如 sp^3 杂化的碳化学位移在 0～100 ppm 区间，sp^2 杂化的碳化学位移在 100～210 ppm 区间，特别是羰基碳的化学位移在 170～210 ppm 区间内，化学位移由大到小依次为：醛、酮 > 酸 > 酯≈酰氯≈酰胺 > 酸酐。羰基邻位有吸电基团将使它向低场位移，芳香和 α,β-不饱和羰基化合物，由于共轭和诱导作用将增加羰基的电子云密度，使它向高场位移。

若从取代基电负性角度看，取代基对 ^{13}C 化学位移值影响较大，尤其是 α 位取代基的影响更为显著。如甲烷 ^{13}C 化学位移为 2.1 ppm，当一个氢被甲基取代，此时 ^{13}C 化学位移变为 5.9 ppm，两个氢被两个甲基取代，此时 ^{13}C 化学位移为 16.1 ppm。当烷基某碳的 β 或 γ 位有取代基时，该碳的化学位移也受影响，分别叫 β 或 γ 效应。根据已经积累的大量实验数据可以预测各类有机化合物 ^{13}C 的化学位移，先以直链烷烃为例：

$$\delta_i = -2.6 + 9.1n\alpha + 9.4n\beta - 2.5n\gamma + 0.3n\delta$$

式中，δ_i 为 i 碳原子的化学位移，$n\alpha$、$n\beta$、$n\gamma$ 和 $n\delta$ 分别为 α、β、γ 和 δ 位所连碳原子个数。如正己烷 C2 的化学位移可以计算如下：

$$H_3C—\overset{H_2}{C}—\overset{H_2}{C}—\overset{H_2}{C}—\overset{H_2}{C}—CH_3$$

$$\delta_2 = -2.6 + 9.1\times 2 + 9.4\times 1 - 2.5\times 1 + 0.3\times 1 = 22.8 \text{ ppm}$$（实测 22.7 ppm）

3.3.4　自旋耦合

^{13}C NMR 谱中的自旋-自旋耦合有 ^{13}C-^{1}H、^{13}C-^{13}C 和 ^{13}C-X（X 为 D、^{19}F、^{31}P 等）三种。由于 ^{13}C 核的自然丰度低，两个相邻的碳都是 ^{13}C 的概率很低，所以 ^{13}C-^{13}C 可以不用考虑。

1. ^{13}C-^{1}H 耦合

在质子噪声去耦的谱图中，是看不到 ^{13}C-^{1}H 的耦合的。在偏共振去耦的谱图上，^{13}C-^{1}H 耦合常数大小与分子结构有关，其耦合常数在 120～320 Hz 范围内。

1）碳原子杂化轨道中 s 成分的比例影响

耦合常数可以由下式近似计算：

$$^{1}J_{CH} = 5\times(s\%)\text{Hz}$$

CH_3-CH_3 的 ^{13}C，s% = 25

$$^{1}J_{CH} = 5\times 25 = 125 \text{ Hz}$$（实测 124.9 Hz）

C_6H_6 的 ^{13}C，s% = 33

$$^1J_{CH} = 5\times 33 = 165\ \text{Hz}\ （实测\ 159.0\ \text{Hz}）$$

HC≡CH 的 ^{13}C，s% = 50

$$^1J_{CH} = 5\times 50 = 250\ \text{Hz}\ （实测\ 249.0\ \text{Hz}）$$

2）取代基的影响

电负性取代基的诱导效应使耦合常数增大。

	CH_4	CH_3NH_2	CH_3OH	CH_3Cl	CH_2Cl_2	$CHCl_3$
$^1J_{CH}$(Hz)	125	133	141	150	178	209

3）环张力的影响

耦合常数与环张力有关，环张力增大，耦合常数也增大。因此，$^1J_{CH}$ 还可以给出环大小的信息。

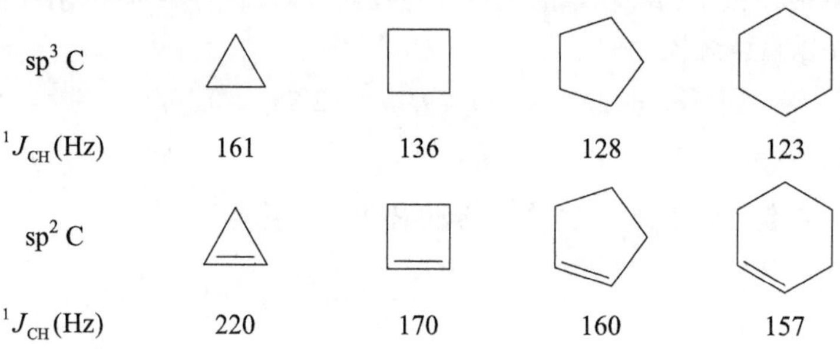

sp^3 C				
$^1J_{CH}$(Hz)	161	136	128	123
sp^2 C				
$^1J_{CH}$(Hz)	220	170	160	157

2. ^{13}C-X 耦合

1）当 X 为 D 时

D 即 ^2H（重氢）的耦合裂分来源于样品测试时使用的重氢溶剂。常用重氢溶剂的化学位移值和裂分情况见表 3.1。D 对 ^{13}C 的耦合符合（$2n+1$）规律，如 $CDCl_3$ 中 ^{13}C 的三重峰裂分比近似为 1∶1∶1，CD_3 基中 ^{13}C 的七重峰强度比近似为 1∶3∶6∶7∶6∶3∶1。

2）当 X 为 ^{19}F 时

^{19}F 对 ^{13}C 的耦合符合 $n+1$ 规律。^{19}F 对 ^{13}C 的耦合常数很大，且多为负值，在 –350～–150 ppm 区间，在谱图中以绝对值表示。^{19}F 对 ^{13}C 耦合的典型值见表 3.3。

表 3.3 ^{19}F 对 ^{13}C 耦合常数的典型值

化合物	$^1J_{CF}$(Hz)	$^1J_{CCF}$(Hz)	$^1J_{CCCF}$(Hz)	$^1J_{CCCCF}$(Hz)
CH_3F	–157			
CF_3CH_3	–287	41.5		

续表

化合物	$^{1}J_{CF}$(Hz)	$^{1}J_{CCF}$(Hz)	$^{1}J_{CCCF}$(Hz)	$^{1}J_{CCCCF}$(Hz)
CF_3CH_2OH	−287	35.3		
$F_2CHCOOC_2H_5$	−243.9	29.1		
CF_3COOH	−283.2	44		
$CH_3(CH_2)_3CH_2F$	−165.4	19.8	4.9	<2
$CF_2=CH_2$	−287			
$CF_3CH=CH_2$	−270	37.5	4	
C_6H_5F	−245.3	21.0	7.7	3.3

3）当 X 为 ^{31}P 时

^{31}P 对 ^{13}C 的耦合符合 $n+1$ 规律。有机膦化合物的价态不同，对 ^{13}C 的耦合常数亦不同，通常 5 价 P：$^{1}J_{CP}$ 50～180 Hz，$^{2}J_{CP}$、$^{3}J_{CP}$ 4～15 Hz；3 价 P：$^{1}J_{CP}$ < 50 Hz，$^{2}J_{CP}$、$^{3}J_{CP}$ 3～20 Hz。J_{CP} 的典型值见表 3.4。

表 3.4 ^{31}P 对 ^{13}C 的耦合常数的典型值

化合物	$^{1}J_{CP}$(Hz)	$^{1}J_{CCP}$(Hz)	$^{1}J_{COP}$(Hz)	$^{1}J_{CCCP}$(Hz)	$^{1}J_{CCOP}$(Hz)
$(CH_3O)_2P(O)CH_3$	144	6.3			
$(C_2H_5O)_2P(O)C_2H_5$	143.4	7.3	6.9		6.2
$(C_3H_7O)_2P(O)CH_2Cl$	158.6		7.4		4.9
$(C_6H_5)_3P=O$	105	10		12	
$(C_6H_5O)_3P=O$			7.6		5.0
$C_6H_5P(O)H(OH)$	100	14.6		12.3	
$P(CH_3)_3$	−13.6				
$P(C_6H_5)_3$	−12.4	19.6		6.7	
$P(OCH_3)_3$			9.7		
$P(OC_2H_5)_3$			10.6		4.5
$P(OC_6H_5)_3$			7.1		3.6
$P(C_6H_5CH_3)_3$	10.0	19.6		7.1	

3.4 固体核磁共振技术

固体核磁共振（solid state nuclear magnetic resonance，SSNMR）技术是以固态样品为研究对象的分析技术。固体核磁共振应用没有液体核磁共振普及的原因是：固体核磁共振的谱峰很宽，需要施加很多技术才能获得像液体核磁共振那样尖锐的谱线和高分辨率的谱图。例如，液态水的线宽为 0.1 Hz，而冰的线宽为 10^5 Hz。造成固体核磁共振谱峰变宽的原因是：对于固态样品，物质分子是各向异性的，它们的快速运动受到限制，化学位移的各向异性和偶极-偶极等相互作用的存在使固体核磁的谱峰增宽严重；而液体样品，上述那些作用可以通过分子的快速运动而平均掉，从而液体核磁可以获得尖锐的谱峰。因此，固体核磁共振主要用于难溶物或溶解后结构发生变化的化合物的定性分析。样品只要能溶于某种溶剂，就考虑使用液体核磁。

但从另一个方面来看，固体核磁共振由于对微观结构的变化非常敏感，已经被广泛应用于多相催化、能源、材料以及生物大分子等诸多领域。固体核磁共振的研究对象主要有晶态与非晶态、纯态和混合态的各种固态物质。随着磁共振谱仪技术的进步及实验方法的发展，应用固体核磁共振技术可以在原子、分子水平上获得更多关于凝聚态物质的结构、动力学行为和功能方面的信息。

对于测量固体核磁共振，关键问题是抑制核间强的相互作用，使吸收谱带尽量窄化。谱带增宽作用有两种：①均匀增宽。它是由偶极-偶极相互作用引起的，其谱带宽度比单纯由寿命增宽产生的自然宽度要大很多。②非均匀增宽。它是由化学位移各向异性增宽核四极矩作用引起的，是由许多窄线叠加而产生的非均匀增宽。科学家们经过长期的探索，采用高功率去耦、交叉极化和魔角旋转相结合，可以造成真实空间或自旋空间的快速运动而消除化学位移各向异性引起的谱峰增宽。这些特殊的技术简要介绍如下：

1. 高功率去耦技术

高功率去耦（dipolar decoupling，DD）技术也叫偶极去耦技术。不同于液体核磁共振去耦，窄化谱图的主要任务是去掉异核耦合作用。但固体状态质子的强偶极作用是一个均匀增宽体系，因而去耦的功率在 100～1000 W，相应的去耦频率范围在 40 kHz 以上，这比液体去耦要强大得多（液体核磁是由化学位移不同引起的非均匀变宽）。固体核磁共振中的高功率去耦技术的采用带来一个不可避免的注意事项就是要防止样品在照射过程中由于产生热而变性。

此外，在测定杂核的固体核磁共振实验过程中，采用魔角旋转等技术能够比较有效地去除同核间的偶极耦合作用（如 ^{13}C-^{13}C、^{15}N-^{15}N 等），但是对于这些核与氢核间的偶极耦合作用则比较有限。高功率去耦技术可以抑制这些杂核与氢核间的偶极耦合。

2. 交叉极化技术

^{1}H 与 ^{13}C 等核的耦合能引起交叉极化（cross polarization，CP）现象，使

^{13}C 极化能迅速恢复平衡，减少 ^{13}C 核的纵向弛豫时间。交叉极化将 ^{1}H 核较大的自旋状态极化转移给较弱的 ^{13}C 核，提高测试灵敏度。所以交叉极化是实现固体高分辨率谱的必要条件。在固体 NMR 谱中，通常旋转边带很强，它们干扰 NMR 谱的解析。在脉冲序列的 ^{13}C 通道中加入 TOSS（total suppression of spinning sidebands）就可以压制旋转边带。所以带有 TOSS 的 CP 技术会得到更好的结果。

3. 魔角旋转

上述两种技术都不能解决化学位移的各向异性增宽。通过魔角旋转（magic angle spinning，MAS）的方法可以解决这个问题。魔角 $\theta = 54.74°$，若使样品绕相对于 z 轴为魔角的方向轴做快速的机械转动，可以消除任何空间各向异性引起的谱线增宽，包括化学位移各向异性、电四极作用和偶极作用等，得到各向同性的高分辨固体谱（图 3.13）。

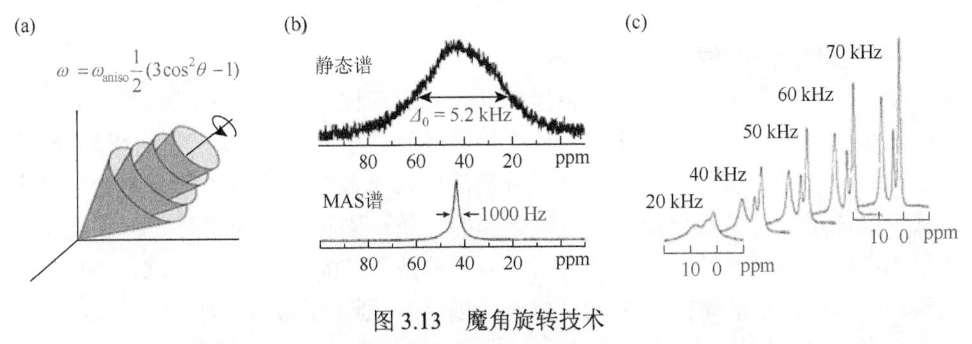

图 3.13　魔角旋转技术

（a）魔角旋转示意图；（b）有无施加魔角旋转技术核磁图对比；（c）不同魔角旋转速度下核磁图对比

在过去由于谱仪硬件的限制，通常能达到的最高转速也就是 40 kHz 以内，如今随着谱仪硬件技术的提高，现在商用谱仪最高转速已经可以达到 70 kHz，这种高转速的探头对于解析固体 NMR 实验研究有着重大意义。

固体核磁共振的特点：

（1）固体核磁共振技术可以测定的样品范围远远大于液体核磁，由于后者受限于样品的溶解性，对于溶解性差或溶解后容易变质的样品往往比较难以分析，但是这种困难在固体核磁中是不存在的。

（2）从所测定核子范围看，固体核磁同液体核磁一样不仅能够测定自旋量子数为 1/2 的 ^{1}H、^{19}F、^{13}C、^{15}N、^{29}Si、^{31}P，还可以是四极矩核，如 ^{2}H、^{17}O 等，所以固体核磁可分析样品核的范围比液体核磁要广。

（3）所测定的结构信息更丰富，这主要体现在固体核磁技术不仅能够获得液体核磁所测得的化学位移、耦合常数等结构方面的信息，还能够测定样品中特定原子间的相对位置（包括原子间相互距离、取向等）信息，而这些信息，特别对于粉末状样品或膜装样品，是无法用其他常规测试方法获得的。

（4）能够对相应的物理过程的动力学进行原位分析，从而有助于全面理解相关过程。

（5）能够根据所获得信息的要求进行脉冲程序的设定，从而有目的、有选择性地抑制不需要的信息而保留需要的信息。

3.5 核磁共振应用

3.5.1 氢核磁共振应用

1. 利用 ^{1}H NMR 获得化合物的结构信息

1）获得分子中各种质子的比例

质子比例信息可以通过计算各组峰面积的最简比获得。由每组峰的积分基线作一水平线，量积分面积之比即为化合物中各种质子的最简比。若积分最简比数字之和与分子式中氢数目相等，则积分最简比代表各组峰的质子数目之比。若分子式中氢原子数目是积分最简比数字之和的 n 倍，则积分最简比要同时扩大 n 倍才等于各组峰的质子数目之比。例如，1, 2-二苯基乙烷的分子式为 $C_{14}H_{14}$，^{1}H NMR 出现两组峰，积分最简比为 5∶2，14/(5 + 2) = 2，则质子数目之比为 10∶4，表明分子中存在对称结构。

2）获得质子间的连接关系

利用 $n+1$ 规律和向心规则，判断相互耦合的峰，从而判断相互耦合质子间的连接关系。如图 3.14 所示。分子中有 4 种氢，个数比为 5∶2∶2∶3，显然依次为苯环单取代的 5H，两组 CH_2 的 4H 和一组 CH_3 的 3H，上述每组峰依次裂分成单重峰、三重峰、三重峰和单重峰。根据 $n+1$ 规律，只有两组 CH_2 之间存在相互耦合，且互相裂分成三重峰，而苯环的 5H 和 CH_3 的 3H 均未直接相连。因此根据所给的分子式，该化合物只能有如下两种化合物的连接关系。

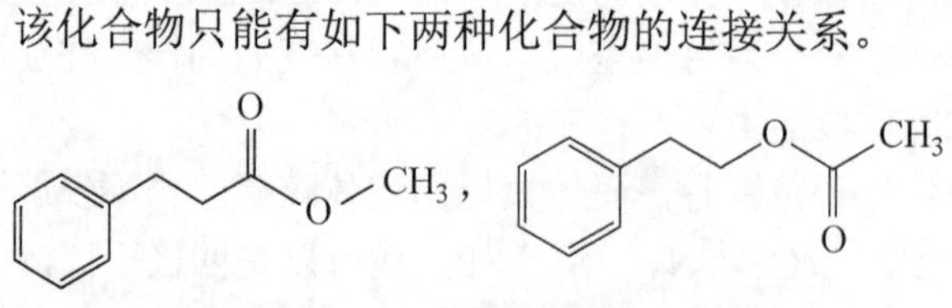

O, O—CH₃ , O, CH₃, O

具体为哪种化合物还需要结合各组峰的化学位移数据。

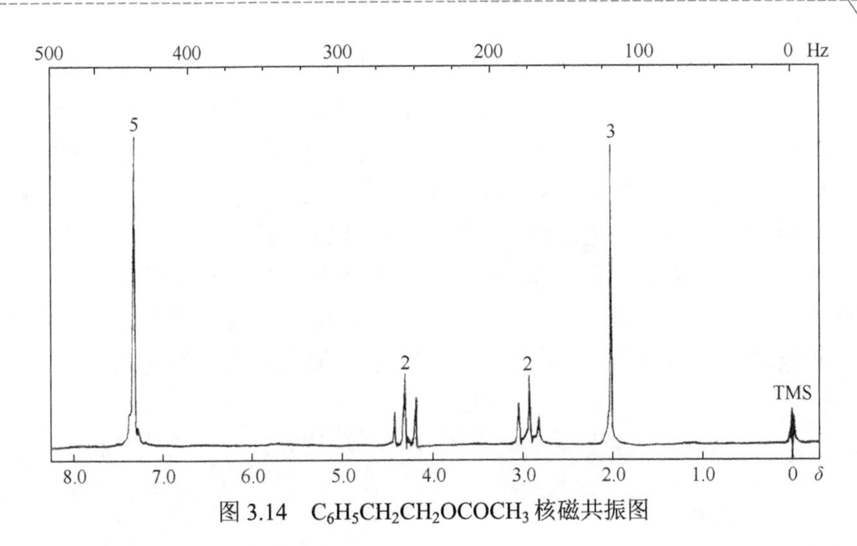

图 3.14　$C_6H_5CH_2CH_2OCOCH_3$ 核磁共振图

3）利用 ^{1}H NMR 识别特征官能团

根据 ^{1}H NMR 的化学位移、质子数目及一级谱的裂分峰形可识别某些特征基团。如 δ 3.3～3.9 ppm（s, 3H）为 CH_3O 的共振吸收，醚类化合物处于较高场，酯类化合物处于较低场，苯酯或烯酯处于更低场。常见官能团在 ^{1}H NMR 的化学位移分布如图 3.15 所示。

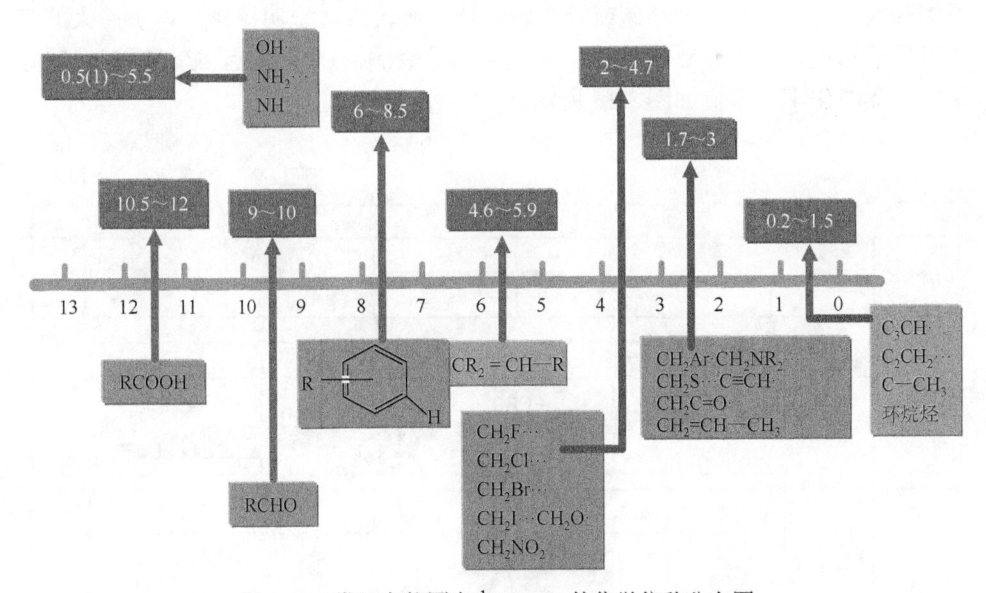

图 3.15　常见官能团在 ^{1}H NMR 的化学位移分布图

2. 利用 ^{1}H NMR 确定化合物的结构式

综合上述的化合物的结构信息，根据化合物的分子式、不饱和度和可能的基团及相互耦合情况，导出可能的结构式。需要提及的是：不含质子基团的信息（如 NO_2、C ═ O 等），^{1}H NMR 无法直接获得，可以通过不饱和度的信息、化学位移信息或 ^{13}C NMR 等其他方法获得。还有就是结构对称的化合物，^{1}H NMR 的谱图会大大简化，需要结合 MS 分子量信息来确定结构式。

验证所推导的结构式是否合理：组成结构式的元素种类和原子数目是否与分子式的组成一致，基团的 δ 及耦合情况是否与谱图吻合。若这两点均满足，可以认为结构合理。有的谱图会推导出一种以上的结构式，这时就需要同其他谱相互验证。根据对图 3.14 中各组峰化学位移的分析，确定可能的结构式为

3.5.2 碳核磁共振应用

1. 获得碳的杂化信息

由化学位移信息获得 ^{13}C 的杂化信息（sp^2＞100，sp^3＜100），判断是否符合不饱和度计算结果。若苯环碳或烯烃碳低场位移较大，说明该碳与电负性大的氧或氮原子相连。由 C ═ O 的化学位移值判断是醛酮类还是羧酸、酯、酰胺类羰基，常见的碳的化学位移值如图 3.16 所示。

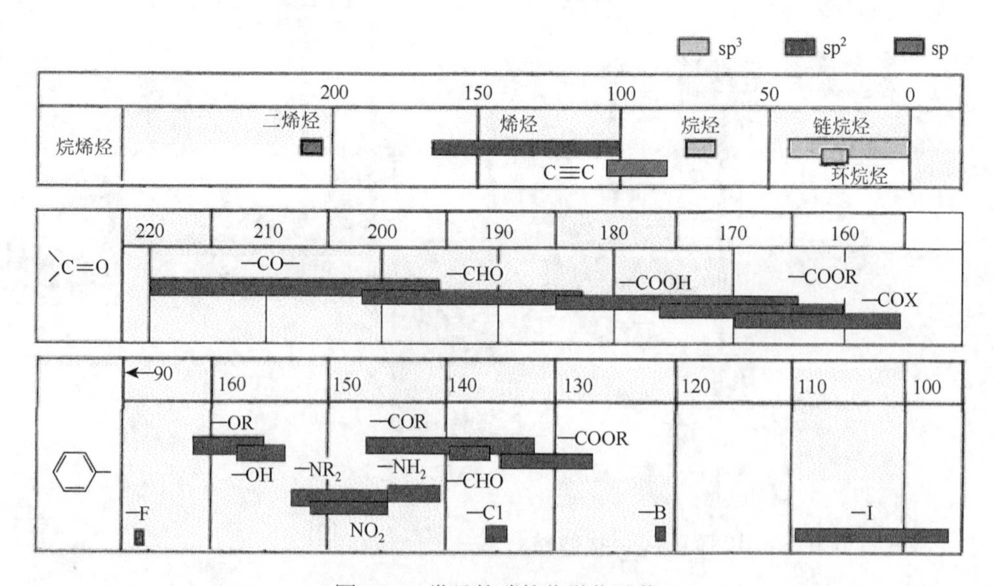

图 3.16 常见的碳的化学位移值

若化合物不含 F 和 P，而谱峰的数目又大于分子式中碳原子的数目，可能存在以下情况：

（1）异构体的存在会使谱峰数目增加。如 β-戊二酮，有酮式和烯醇式异构体存在，谱中出现 6 条峰，酮式 3 条峰（δ：30.6 ppm，58.4 ppm，201.9 ppm）；烯醇式（δ：24.7 ppm，100.5 ppm，191.3 ppm）。

（2）常用溶剂峰。样品在处理过程中常用到溶剂，若未完全除去，在 ^{13}C NMR 谱中会产生干扰峰。如残留高沸点溶剂 DMSO（δ: 40.9 ppm）及 DMF（δ: 30.9 ppm，36.0 ppm，167.9 ppm）都会出峰。

（3）样品不够纯，有其他组分干扰。

2. 获得与碳相关的氢的信息

由偏共振去耦谱图分析每种碳直接相连的氢原子数目，识别伯、仲、叔、季碳，结合化学位移值推导出可能的基团及其连接的可能基团。根据 $n+1$ 规律，^{13}C 裂分成 n 重峰，表明它与 n–1 个氢原子直接相连，如单峰（s）为季碳，双峰（d）为—CH，三重峰（t）为—CH_2，四重峰（q）为—CH_3。值得一提的是，如果分子中有 F、P 存在时，则上述推断不成立。若与碳直接相连的氢原子数目之和与分子中氢原子数目相吻合，则化合物不含—OH、—COOH、—NH_2，—NH—等，因这些基团的氢是不与碳直接连接的活泼氢。反之，则推断有上述基团存在。

参 考 文 献

孟令芝，龚淑玲，何永炳. 2012. 有机波谱分析[M]. 武汉：武汉大学出版社.

宁永成. 2010. 有机波谱学谱图解析[M]. 北京：科学出版社.

秦海林，于德全. 2016. 分析化学手册：7A 氢-核磁共振波谱分析[M]. 3 版. 北京：化学工业出版社.

第4章

二维核磁共振波谱分析法

4.1 二维核磁共振波谱法导论

4.1.1 二维核磁共振波谱法发展历史

核磁共振二维谱开辟了核磁共振分析的一个新时代，也是近代核磁共振波谱学最重要的里程碑。早在1971年，Jeener就提出了二维核磁共振的概念，但并没有引起足够的重视。后经过Ernst和Freeman等的努力，并进行了大量卓有成效的研究，为推动二维核磁共振的发展起到了重要的作用。1987年Ernst及其学生Bodenhausen和Wokaun合作出版《一维和二维核磁共振原理》一书，奠定了二维核磁共振谱的理论基础，也是因为对二维核磁共振的贡献，Ernst教授独自获得了1991年诺贝尔化学奖。

4.1.2 二维核磁共振波谱法原理

二维核磁共振是把一维谱在两个独立的频率域展开，消除了谱带的重叠，有利于谱图的解析，同时能提供丰富的有机化合物的结构和构型的信息。它是两个独立频率变量的函数，通过对两个时域函数FID（自由感应衰减，free induction decay）进行二维傅里叶变换得到。

通常二维谱时域函数包括四个区间：预备期、发展期、混合期和检测期（图4.1）。

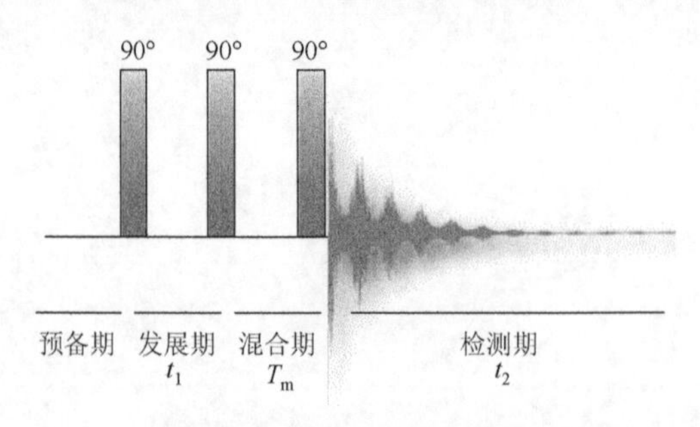

图4.1 二维谱时域函数图

预备期：预备期在时间轴上是一段较长的时间，它能使实验前体系回复到平衡状态，处于初始平衡或系列脉冲使各质子的磁矢量处于某种特定的相位调节状态。

发展期（t_1）：在 t_1 开始时，由一个脉冲或几个脉冲使体系激发，变为非平衡状态。发展期的时间 t_1 是变化的，磁化强度运动处于不断变化中。在该时间轴内，控制磁化强度运动，并根据各种不同化学环境的不同进动频率对它们的横向矢量作出标识，以便在检测期时间轴检测出信号。

混合期（T_m）：这个时期由一组固定长度的脉冲和延迟组成，通过相干或极化转移建立信号检出的条件。混合期有可能不存在，它不是必不可少的（视二维核磁共振谱的种类而定）。

检测期（t_2）：在此期间内，检测作为 t_2 函数的各种横向磁化矢量 FID 的变化，获得检测信号。

初始相位和幅度与 t_1 有关，逐渐改变 t_2，可在检测期内得到一组 FID 信号，它组成二维时域信号 $S(t_1, t_2)$，对此函数作二次傅里叶变换可得二维频域信号 $S(\omega_1, \omega_2)$。

二维核磁共振谱中，检测周期 t_2 与一维核磁共振谱学是完全对立的。在傅里叶变换后，t_2 时间提供了二维核磁共振谱的 ω_2 频率轴。二维核磁共振谱学的技巧在于引入了第二个时间变量及发展期 t_1。发展期 t_1 是逐级增长的，类似于检测期的 t_2。对每一个 t_1 增量，t_2 就检测一个 FID。这样获得的信号是两个时间变量 t_1, t_2 的函数：$S(t_1, t_2)$。每一条 FID 对 t_2 进行傅里叶变换后就获得一系列的 ω_2 谱。根据不同的 t_1 增量，这一系列的 ω_2 谱的信号在强度或相位上彼此不相同，对 t_1 进行第二次傅里叶变换获得的谱是两个频率域函数。

4.1.3　二维核磁共振常用知识

核磁共振二维谱有若干种，每种二维谱都需要应用特定的脉冲序列获得。核磁共振二维谱的外观一般为等高线图形（圈越多的地方表示峰越高，图 4.2），二维谱的周边轮廓为矩形。核磁共振二维谱的横坐标表示为 ω_2 或者 F_2，纵坐标为 ω_1 或者 F_1，ω 和 F 都是频率的意思。这也就是说，不管横坐标还是纵坐标都是核磁共振的频率，可能与氢谱相对应，或者与碳谱相对应。总之，核磁共振二维谱是把两种核磁共振谱图关联起来（如异核化学位移相关谱），或者揭示峰组之间的关系（如同核化学位移相关谱、NOE 相关谱）。因此，核磁共振一维谱因改变实验参数而形成的曲线簇、测定碳谱弛豫时间的曲线簇都不是核磁共振二维谱。

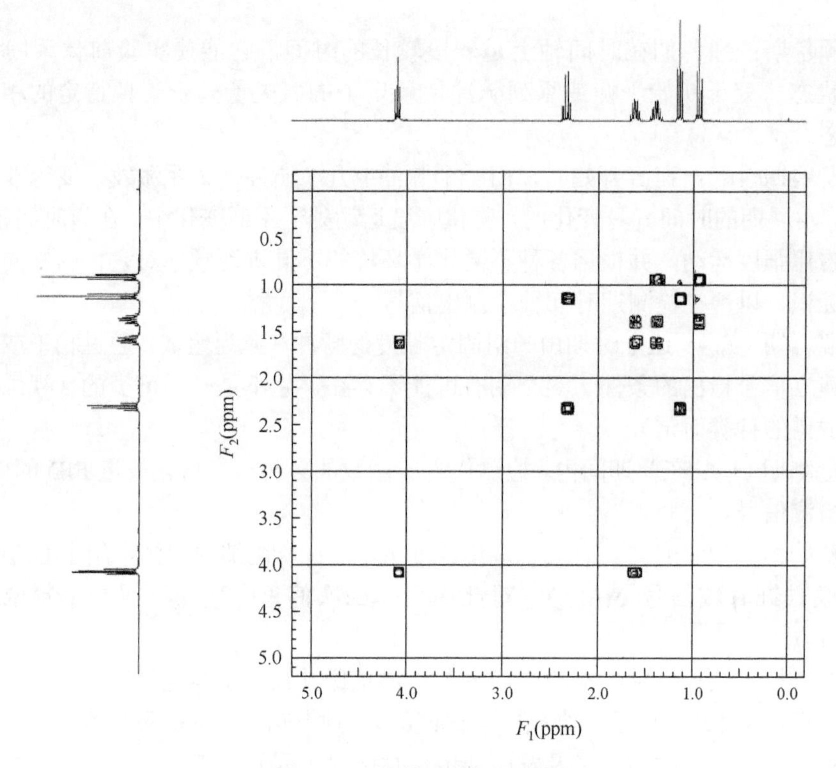

图 4.2 二维核磁共振图实例

核磁共振二维谱的横坐标所对应的核种类是二维谱实验时直接测定的核。例如，H,C-COSY（correlation spectroscopy）谱把（某化合物的）氢谱和碳谱关联起来，横坐标是碳谱，即在做这个实验时，核磁共振谱仪直接测的是 ^{13}C 核。在 H,C-COSY 谱中，纵坐标对应的是氢谱的频率。在这个实验中，核磁共振谱仪没有测定氢核，氢核的化学位移信息是通过特殊的脉冲序列核 ^{13}C 核的化学位移值联系起来的。

核磁共振二维谱的信息来自二维谱中的相关峰。相关峰的横坐标对应某个共振频率，纵坐标也对应某个共振频率，相关峰说明了这两个频率的相关性。

由于一些实验原因，核磁共振二维谱中会存在假峰。判断假峰最简单的办法就是看相关峰的横坐标或者纵坐标是否不对应共振频率，如果相关峰没有对准氢谱或者碳谱的峰组位置，那么这个相关峰就是假峰。

4.1.4 二维核磁共振波谱分类

二维谱可分为三大类：二维 J 分解谱、二维化学位移相关谱和多量子二维谱。

1. 二维 *J* 分解谱

二维 *J* 分解谱（*J* resolved spectroscopy）在发展期和检测期之间不存在混合期，不同核的磁化之间没有转移。二维 *J* 分解谱一般不提供比一维谱更多的结构信息，只是将化学位移核耦合作用分解在两个不同轴上，使重叠在一起的一维谱在平面上分解、展开，便于解析。包括同核 *J* 谱和异核 *J* 谱。

2. 二维化学位移相关谱

二维化学位移相关谱（chemical shift correlation spectroscopy）是由一组固定长度的脉冲核延迟组成，有混合期，在此期间通过相干或极化的传递建立检测条件。若不同核的磁化之间或转移是由 *J* 耦合作用传递的，这种二维相关谱称化学位移相关谱，其功能为通过 *J* 耦合来建立不同核间化学位移的联系。根据不同核磁化之间转移的不同，还可以得到 NOE 二维谱、多量子二维谱等。二维化学位移相关谱是二维核磁共振的核心。包括同核化学位移相关谱、异核化学位移相关谱、NOESY（nuclear Overhauser effect spectroscopy）和化学交换谱等。

3. 多量子二维谱（multiple quantum spectroscopy）

核磁共振的吸收线通常为单量子跃迁（$\Delta m = \pm 1$）。发生多量子跃迁时，Δm 为大于 1 的整数。利用合适的脉冲序列可以检测出多量子跃迁，得到多量子跃迁的二维谱。其功能为探测各核之间的交叉弛豫和动态交换。可以帮助解决以下问题：①多量子跃迁随着阶数的增加，跃迁数目迅速减少，应用高阶多量子谱使谱图得到简化。②利用多量子相关特征，选择性地探测一定阶数的多量子信号，使不同自旋系统得以分开。③多量子滤波可以简化为一维和二维谱，用脉冲序列可以检测出多量子跃迁，得到多量子跃迁的二维谱。

4.2　二维 *J* 分解谱

二维 *J* 分解谱反映了磁性核之间的耦合关系。以横轴（F_2 频率轴）为化学位移，纵轴（F_1 频率轴）为耦合常数，在平面上展开，得到相应于某化学位移核的耦合情况，分别用于测定 ^1H-^1H 和 ^{13}C-^1H 之间的耦合常数。

4.2.1　同核 *J* 分解谱

同核 2D *J* 分解谱的基本脉冲序列如图 4.3 所示，在发展期中间插入一个核选择 180°脉冲，由于 180°脉冲的重聚作用，在发展期末，消除了化学位移的影响，保留了耦合作用。

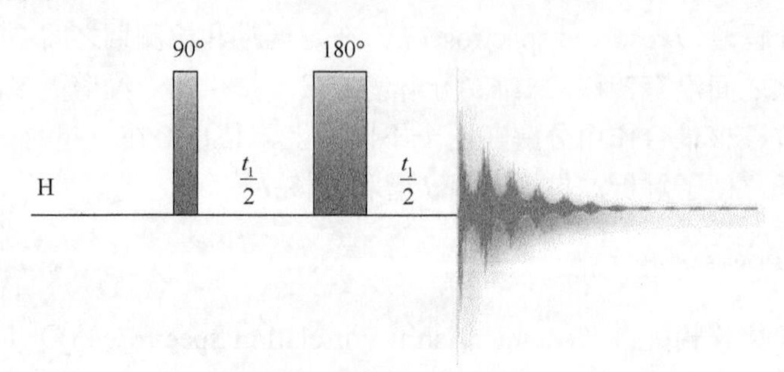

图 4.3 同核 2D *J* 分解谱脉冲序列

对甲氧基桂皮酸乙酯的 1D 核磁氢谱如图 4.4 所示，其同核 2D *J* 分解谱见图 4.5，化学位移和 ^{1}H-^{1}H 的耦合常数在图 4.5 展开。在图 4.4 中乙基的三重峰和四重峰和甲氧基的单重峰非常容易分开，但是苯环氢和烯烃氢区域发生了重叠，无法确定归属。在对甲氧基桂皮酸乙酯的 2D *J* 分解谱中，相互耦合的烯烃氢的耦合常数是 15.9 Hz，这个耦合常数是顺式烯烃氢相互耦合造成的。苯环对称的两种氢的耦合常数是 8.4 Hz，这一耦合常数符合苯环对位二取代的耦合常数。此外，乙基中的 CH_2 和 CH_3 裂分成四重峰和三重峰的耦合常数为 7.1 Hz，也非常容易地在 2D *J* 分解谱中识别出。

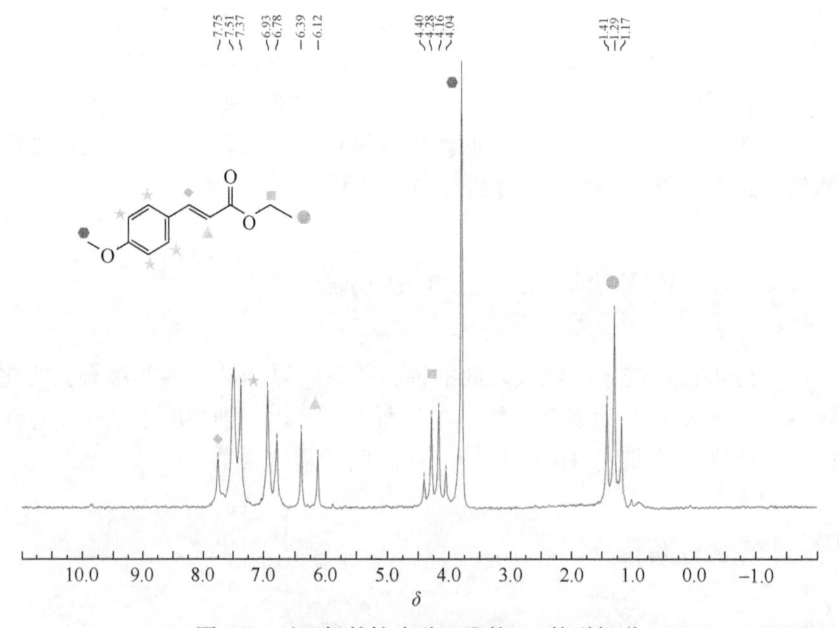

图 4.4 对甲氧基桂皮酸乙酯的 1D 核磁氢谱

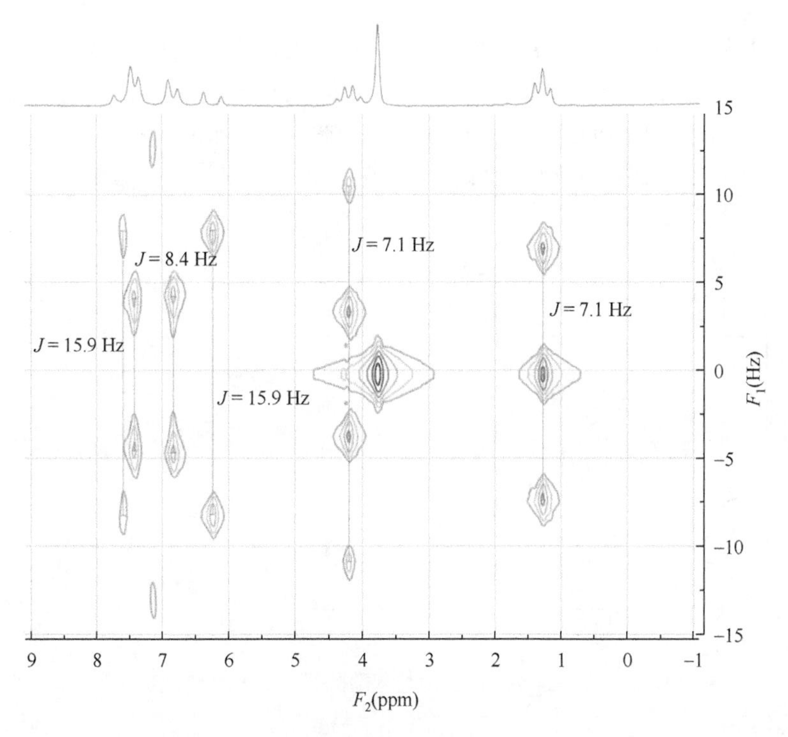

图 4.5　对甲氧基桂皮酸乙酯的 2 D J 分解谱

4.2.2　异核 J 分解谱

异核 2D J 分解谱的基本脉冲如图 4.6 所示。对异核耦合系统只加 ^{13}C 180°脉冲就会消除 J 的耦合作用，所以必须同时加 ^{1}H 180°脉冲才能保存异核间的耦合作用。

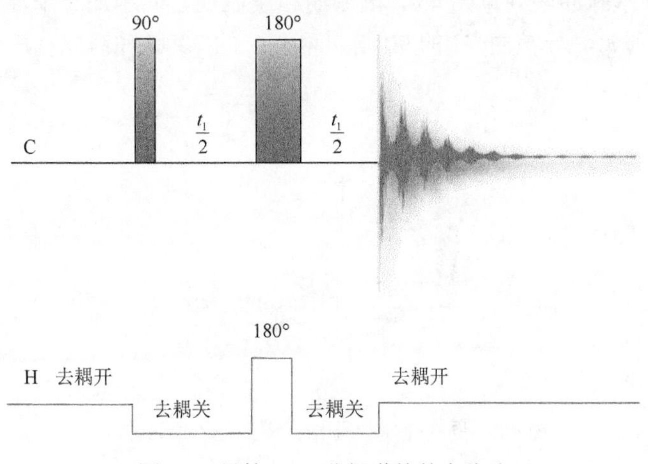

图 4.6　异核 2D J 分解谱的基本脉冲

图 4.7 为 5-甲基-2-异丙基苯酚的异核 2D J 分解谱。横轴是 1D ^{13}C NMR 全去耦谱图，可以看到各个 ^{13}C 的化学位移，但无法观测到 ^{1}H 对 ^{13}C 的耦合信息。2D J 分解谱的纵轴则可以很清楚地弥补这一缺陷。例如图中标示的 C9 裂分为四重峰，根据 $n+1$ 规律，C9 应该为 CH_3，并可以清晰地看出 $^{1}J_{CH}$ 值。

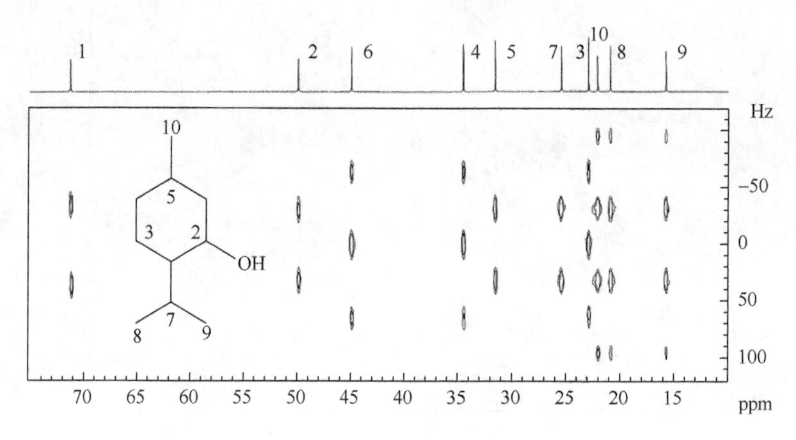

图 4.7 5-甲基-2-异丙基苯酚的异核 2D J 分解谱

4.3 二维化学位移相关谱

在 2D NMR 中，若不同核的磁化之间的转移是由 J 耦合作用传递的，则这种二维相关谱称为二维化学位移相关谱或 COSY（2D correlated spectroscopy）谱。其实 COSY 谱并不表示化学位移之间有什么相关，而是表示耦合核之间的联系。COSY 谱的基本脉冲序列见图 4.8，检测期和发展期之间施加一个混合脉冲，同核谱用一个 90°脉冲，异核由 ^{1}H 的 90°脉冲和 ^{13}C 的 90°脉冲组成。其作用是产生相干转移。

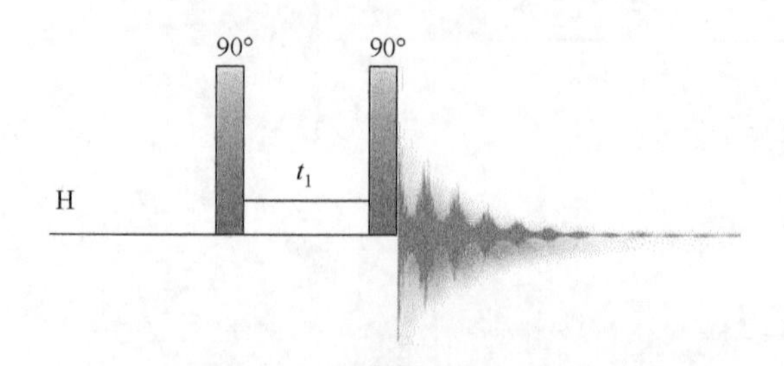

图 4.8 同核化学位移相关谱的基本脉冲序列

4.3.1　同核化学位移相关谱

同核化学位移相关谱是最常用的二维核磁共振谱。这是因为测定 COSY 谱很快，比做其他二维谱都快，而且 COSY 谱也很有用。

二维化学位移相关谱的两个频率轴均表示化学位移，如图 4.9 所示。在图 4.9 中，对角线上称为对角峰或自动相关峰，它们通常走向由左下到右上，产生的信号与一维谱相同。在偏离对角线的两侧可以获得交叉峰或称为相关峰，每一个相关峰都反映一组耦合信息。选取任意一个相关峰作为出发点，通过它作横纵轴的垂线，所对应的峰组（δ_A 和 δ_X）为相互耦合的峰。此外，由于 COSY 谱中从对角线划分为左上和右下两个部分，它们是沿着对角线对称分布的，两部分所含的信息相同，因此在 COSY 谱中，只分析其中一部分即可。此外，还有轴峰，即出现在 F_2 轴上的峰。轴峰是由发展期在 Z 方向上的磁化矢量转化成为检测期可观测的横向磁化分量，它不受 t_1 函数的调制，不含任何耦合关系的信息，但它含有在发展期中纵向弛豫过程的信息。轴峰的信号很强，尾部又长，使谱中许多有用的小信号被淹没而不能分辨，因此应尽量设法抑制轴峰。

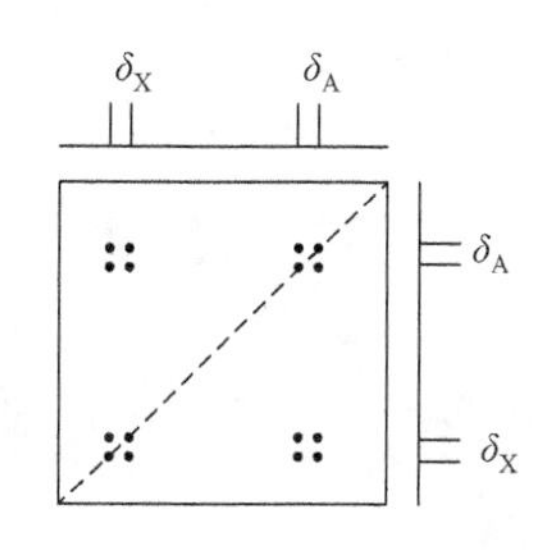

图 4.9　二维化学位移相关谱

同核化学位移相关谱通常是氢谱间的相互耦合谱。一般反映的是 ^3J 的耦合信息，如果 ^4J 的数值不小的话，也会在 ^{1}H-^{1}H COSY 谱中出现相关峰，这一现象在芳环体系中常见。在芳环体系中，甚至可能出现 ^5J 的耦合相关峰。另外，如果 ^3J 的数值小（如影响 ^3J 数值的二面角接近 90°），可能在 ^{1}H-^{1}H COSY 谱中的相关峰很弱，甚至消失。

图 4.10 为丙酸丁酯的同核化学相关位移谱。通过化学结构式，可以很容易地判断 δ 4.05 ppm 峰为与酯基相连的 4 号氢，4 号氢的另一侧是与 3 号氢相连，因此从相关峰判断，δ 1.65 ppm 的峰为 3 号氢，与 3 号氢耦合的另一个氢为 2 号氢，根据相关峰可以判断 δ 1.40 ppm 为 2 号氢，根据同样的方法，可以确定 δ 0.95 ppm 为 1 号氢。通过这样的方法，我们只通过 ^{1}H-^{1}H COSY 谱的相关峰就能确定分子结构式中氢的化学位移。另外，剩下乙基两种质子，根据诱导效应，化学位移大的为 CH_2（5 号氢），化学位移小的为 CH_3（6 号氢）。

值得注意的是 ^{1}H-^{1}H COSY 谱图中的对称性通常并不是十分完美，对角线边上的峰簇，尤其是非耦合的强峰的干扰，对谱图解析带来困难。这往往需要对实验进行精修或改进。

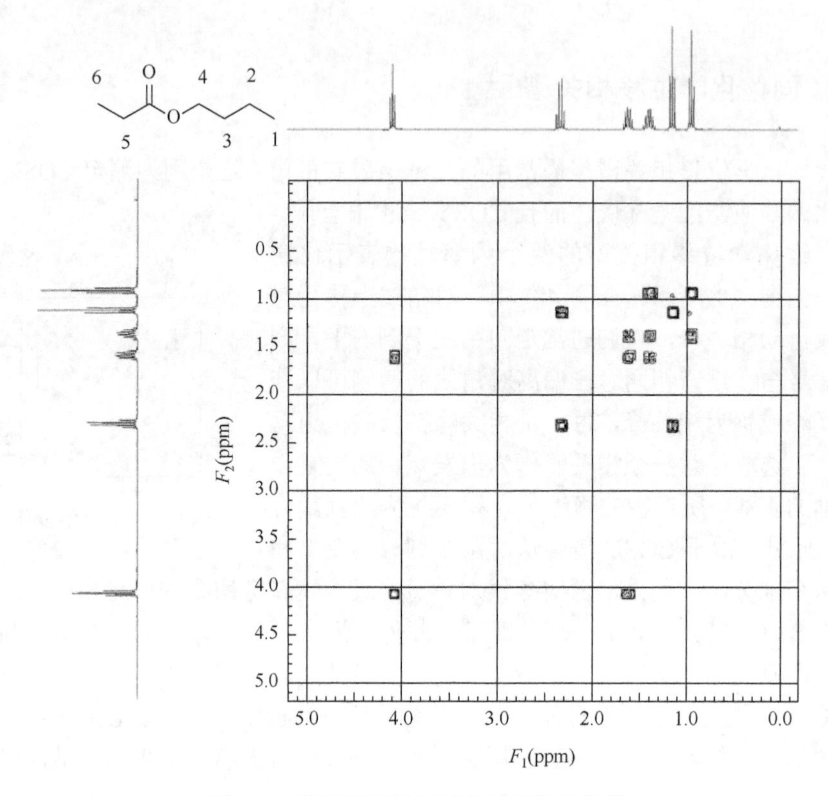

图 4.10 丙酸丁酯的同核化学相关位移谱

4.3.2 双量子滤波同核化学位移相关谱

双量子滤波同核化学位移相关谱（double quantum filtered correlation spectroscopy，DQFCOSY）从机理上属于双量子二维谱，但其谱图外观与 COSY 谱很接近，从应用考虑，在此对 DQF COSY 进行介绍。

针对有机化合物的 ^{1}H NMR 谱中有很强的单峰，如甲氧基、乙酰基、异丙基、叔丁基等的存在，影响 COSY 谱中弱相关峰的观测很难甚至检测不出时，DQF ^{1}H-^{1}H COSY 就显得尤为重要。DQF ^{1}H-^{1}H COSY 的脉冲序列是在 ^{1}H-^{1}H COSY（图 4.8）的第二个 90°脉冲之后紧接着再加一个 90°脉冲，使两者之间仅相差几微秒。第三个 90°脉冲的作用是除去或滤掉单量子过渡态，保留双量子或更高的过渡态。

DQF ^{1}H-^{1}H COSY 谱抑制了非耦合的强吸收单峰和溶剂峰，使其吸收信号大大降低；途中对角线与交叉峰峰形一致，均为吸收型，且对角峰的峰形有较大的改善，降低了对交叉峰的干扰。与 ^{1}H-^{1}H COSY 谱比较，DQF ^{1}H-^{1}H COSY 谱显得更加清晰，对谱图的解析也更加容易。小蠹烯醇的 ^{1}H-^{1}H COSY 谱和 DQF ^{1}H-^{1}H COSY 谱如图 4.11 所示。

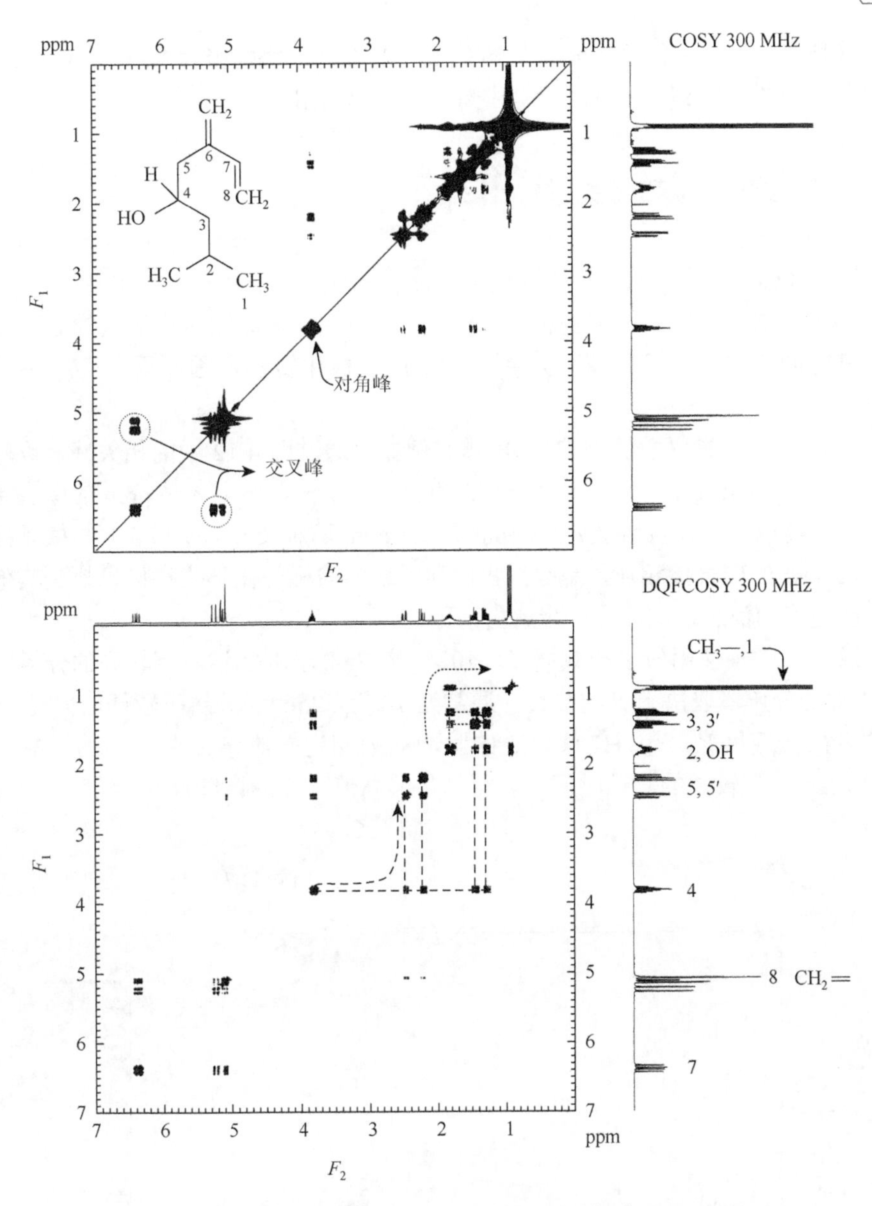

图 4.11　小蠹烯醇的 ^{1}H-^{1}H COSY 谱和 DQF ^{1}H-^{1}H COSY 谱

从图 4.11 可以看出，DQF ^{1}H-^{1}H COSY 谱比 ^{1}H-^{1}H COSY 谱更加清晰也更容易解析，唯一的缺点就是 DQF ^{1}H-^{1}H COSY 谱会降低检测灵敏度。在 1 D ^{1}H NMR 谱中，与—OH 基相连的 CH（δ 3.8 ppm）和 $2CH_3$（δ 0.95 ppm）的吸收峰容易识别，其他质子的吸收峰难以识别。但在图 4.11 中，根据相关峰的信息，我们可以推断与 δ 0.95 ppm $2CH_3$ 吸收峰相耦合的 2 号质子峰的化学位移为 1.80 ppm。与 2 位质子峰相关联的为 3 位质子峰，从相关峰可以读出化学位移为 1.23 ppm。依此类推，可以如图 4.11 纵轴标记，可以把小蠹烯醇识别出来。

4.3.3　异核化学位移相关谱

^{13}C-^{1}H COSY 谱又称 HETCOR 谱（heteronuclear correlation），其中 F_1 轴为一维 ^{1}H NMR 谱，F_2 轴为宽带去耦 ^{13}C NMR 谱，把 δ_H 与该氢相连的碳的 δ 联系起来。其脉冲序列是在发展期，大量的 $^{1}J_{CH}$ 用于极化转移，因此只有 $^{1}J_{CH}$ 能被检测到。

图 4.12 为小蠹烯醇的 HETCOR 谱。例如，通过图 4.12 中的相关峰，纵轴氢谱上 δ 1.3 ppm 和 1.4 ppm 两种质子（3 和 3′）与横轴碳谱上 δ 46 ppm 的碳直接相连，与此类似，纵轴氢谱上 δ 2.1 ppm 和 2.3 ppm 两种质子（5 和 5′）与横轴碳谱上 δ 42 ppm 的碳直接相连，等等。我们利用这样的相关化学位移信息找到其他质子与碳相连的信息，从而进一步解析谱图。

通常，F_2 轴使用较多的数据点（1024 或 2048），^{13}C 谱具有较高的分辨率；而 F_1 轴的分辨率取决于 t_1 的数目（通常为 128 或 256），分辨率较低，但对于 ^{1}H 谱的表征已经足够。用 HETCOR 的脉冲序列测定二维谱需要较高的样品浓度（≥0.1 mol）或较长的测试时间，以得到足够高信噪比的谱图。

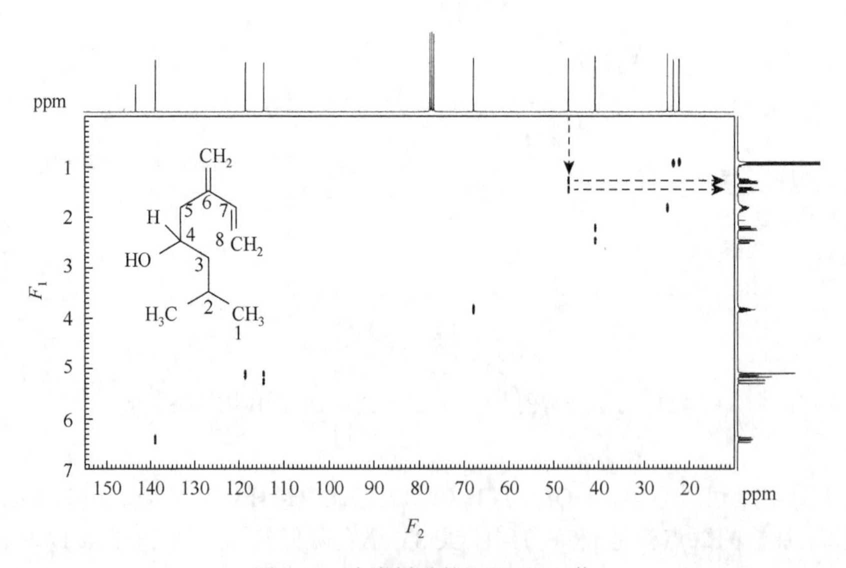

图 4.12　小蠹烯醇的 HETCOR 谱

为了提高样品检测的灵敏度，近年来发展了 ^{1}H 检测的 ^{13}C-^{1}H 异核化学位移相关谱（^{1}H detected heteronuclear single quantum coherence，HSQC）。HSQC 脉冲序列用于检测高灵敏度的 ^{1}H，同时消除连接到 ^{12}C 上的质子信号，留下连接到 ^{13}C 上的质子信号及与 ^{13}C 之间的化学位移相关信息。HSQC 谱图的数据解析类似于 HETCOR 谱，但 F_2 轴使用 ^{1}H 谱，使用较多的数据点（1024 或 2048），分辨率较高；F_1 轴取样点仅为 128 或 256，因而得到远低于 HETCOR 谱中 ^{13}C 谱的分辨率，所以通过交叉峰来鉴定某些密集的 ^{13}C 吸收峰可能会遇到一些。图 4.13 为小蠹烯醇的 HSQC 谱，具体峰的对应关系见 F_1 轴、F_2 轴侧面标注，小蠹烯醇分子式见图 4.12 中的分子结构式。

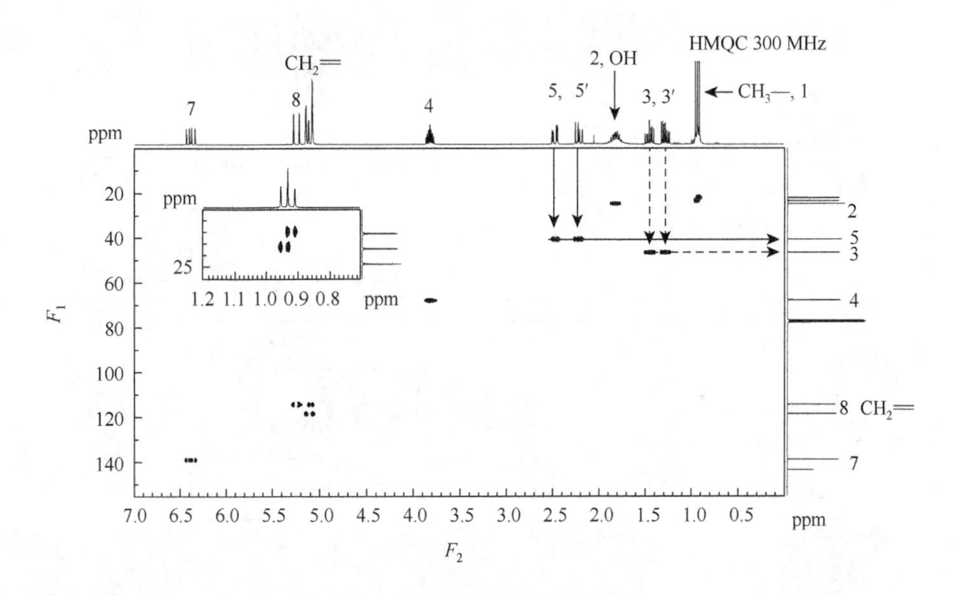

图 4.13　小蠹烯醇的 HSQC 谱

此外，其他 ^{1}H 检测的 ^{13}C-^{1}H 异核化学位移相关谱的脉冲序列还有异核多量子相关谱（^{1}H detected heteronuclear multiple quantum coherence，HMQC）。由于在 ^{1}H 谱轴上出现了 ^{1}H-^{1}H 之间的耦合，进一步降低了 ^{13}C 谱轴的分辨率核检测灵敏度。应用不如 HSQC 广泛。

^{1}H 检测的 ^{13}C-^{1}H 异核多键相关谱 HMBC（^{1}H detected heteronuclear multiple-bond coherence，HMBC）是近年来广泛使用的检测异核远程相关的 2 D 核磁谱图。HMBC 给出的是远程耦合的 ^{13}C-^{1}H 关系，采用较小的 $^2J_{CH}$ 或 $^3J_{CH}$ 进行调节，则可得相隔 2 个或 3 个键的 ^{13}C-^{1}H 相关谱（芳环体系中，可能出现跨越 5 根化学键的 C、H 原子的相关峰）。图 4.14 为小蠹烯醇的 HMBC 谱。

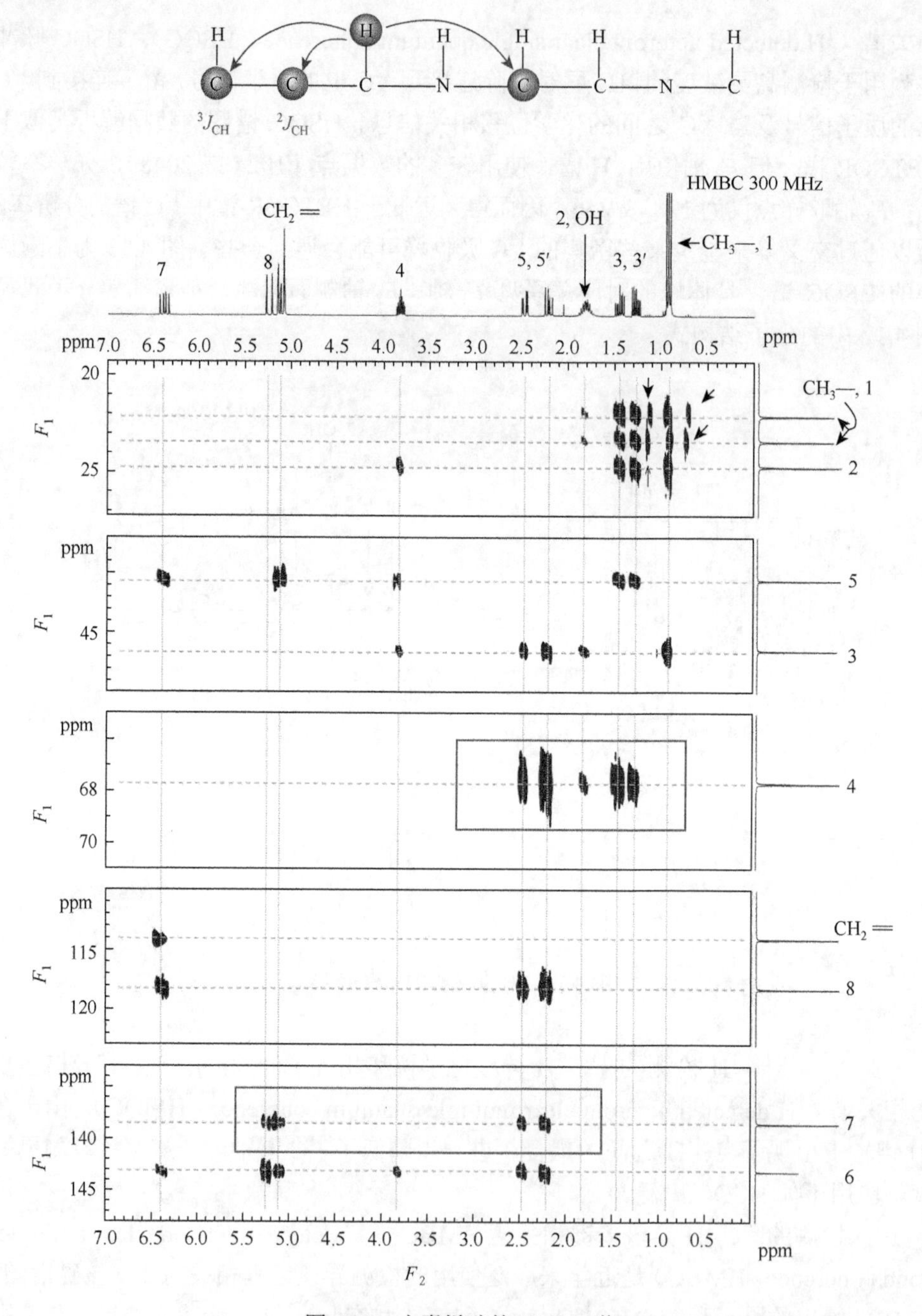

图 4.14　小蠹烯醇的 HMBC 谱

结合图 4.12 中小蠹烯醇分子式和图 4.14，4 位碳与 H-3，H-3′，H-2，OH，H-5 和 H-5′等质子相互耦合，7 位碳与 H-5，H-5′，═CH_2 等质子相互耦合。

值得一提的是，分子中的季碳原子均可以从交叉峰得到确认。令人感兴趣的是 HMBC 谱可以确定大部分化学位移非常接近的羰基碳原子的归属。

4.4　NOE 相关谱

1953 年，Overhauser 在 NMR 谱中观察到，当用射频场干扰某一核的信号使之饱和，则在空间上与之相近的另一核的信号强度会增加。这种现象称为核 Overhauser 效应（NOE）。它只与有关核之间的空间距离有关，而与成键电子无关。用 Bloch 方程可以推导这一关系：

$$k=\left(\frac{34.2\tau_c}{1+4\omega^2\tau_c^2}-5.7\tau_c\right)\times 10^{10}r^{-6}$$

式中，k 为交叉弛豫速率；r 为两个核间的距离，通常临界间距为 3.5×10^{-10} m，大于此值不易观察到 NOE；ω 为质子共振角速度；τ_c 为分子旋转相关时间（近似等于分子转动一周的平均时间）。最大 NOE 值为信号强度的 50%。如果 τ_c 已知，就可以根据测得的 k 值来估算耦合核间的距离 r。

在一维核磁共振谱中，可以通过第二射频场照射某一质子，由得到的谱图减去未照射的正常谱得到差谱，观察相关峰强度的变化来计算 NOE 值。如果一个化合物中有若干成对的氢原子空间距离相近，需要照射若干次，这样显然不方便。NOE 类的二维谱则是通过一张 NOE 类的二维谱找到一个化合物内所有空间距离相近的氢原子对。NOE 类的二维谱有 NOESY（nuclear Overhauser effect spectroscopy）谱和 ROESY（rotating frame Overhauser effect spectroscopy）谱。分子量在 1000～3000 之间的，建议使用 ROESY；而分子量小于 1000 和大于 3000 的化合物宜使用 NOESY。这是因为 ROESY 是旋转坐标系下的 NOESY。小分子的 NOE 是反相的，大分子是正相的。当分子量接近 2000 时，NOE 趋于 0。在旋转坐标系下 NOE 始终为正，故测 2000 左右的样品时须用 ROESY。

图 4.15 为香草醛的 NOESY 谱图。芳草醛有 3 种芳氢，它们两两互为邻位、间位和对位。NOESY 谱是一个有效的工具来研究芳草醛苯环上取代基氢（甲基氢、羟基氢和醛基氢）与上述 3 种氢的相互作用的。基于此，从图 4.15 可以看出：苯环上橙色的氢在空间上与甲基氢（绿色）和醛基氢（红色）接近；醛基氢（红色的）与蓝色的芳氢能耦合，但却不能和紫色的芳氢耦合，蓝色的芳氢和紫色的芳氢在空间也是接近的。

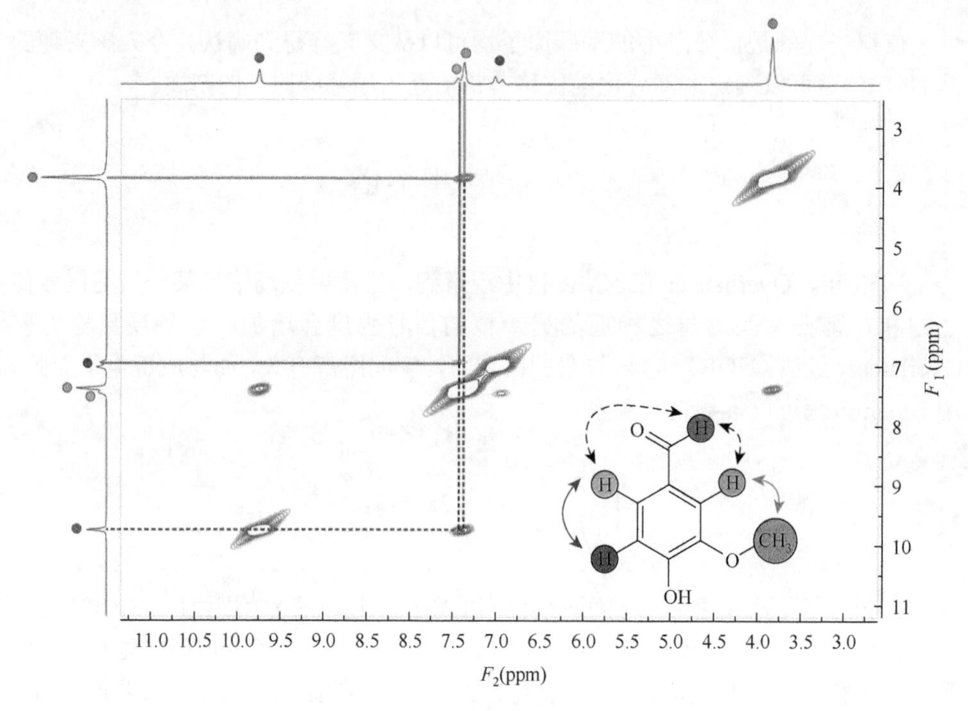

图 4.15 香草醛的 NOESY 谱图

请扫描封底二维码获取彩图

因此，NOESY 中的质子谱受到广泛的重视，是因为它能提供空间关系方面的结构信息。如 NOESY 能给出蛋白质中相邻氨基酸的信息。这是因为大分子运动速度缓慢，偶极-偶极相互作用不能有效地平均掉，导致谱线加宽，但这也提供了交叉弛豫的机制，因此特别适用于 NOESY 研究。NOESY 是确定生物大分子的构型、构象及解析生物大分子的二级结构等的重要手段。

4.5 多量子二维谱

1D NMR 通常只能检测 $\Delta m = \pm 1$ 的单量子跃迁。但若采用特殊的脉冲序列，可以提供多量子跃迁信息，得到多量子跃迁的 2 D NMR。

研究多量子跃迁（multiple quantum transition，MQT）核磁共振的主要目的是：①对于四极核固体谱，用 MQT 方法可以消除一阶四极相互作用。②对于多自旋耦合系统，随着 MQT 的阶数的升高，谱线数目大大减少，因此 MQT 是一种简化复杂谱的有效方法。③有些交叉弛豫过程只能用 MQT 方法研究。因此 MQT 可能提供弛豫动力学的更详细、更新的信息。例如，2D INADEQUATE（incredible natural abundance double quantum transfer experiment）可以通过 ^{13}C-^{13}C 耦合找出它们之间的连接关系。由于 ^{13}C 天然丰度极低，两个 ^{13}C 直接相连的概率只有几万分子之一，该实验的灵敏度很低。完成实验的关键是抑制样品中单个 ^{13}C 的信号，即消除无 ^{13}C-^{13}C 耦合的信号。

参 考 文 献

孟令芝，龚淑玲，何永炳. 2012. 有机波谱分析[M]. 武汉：武汉大学出版社.

宁永成. 2010. 有机波谱学谱图解析[M]. 北京：科学出版社.

孙东平，王田禾，纪明中，王丽. 2015. 现代仪器分析实验技术（下册）[M]. 北京：科学出版社.

张华. 2006. 现代有机波谱分析[M]. 北京：化学工业出版社.

赵天增，秦海林，张海艳，屈凌波. 2018. 核磁共振二维谱[M]. 北京：化学工业出版社.

第5章

红外和拉曼波谱分析法

5.1 红外和拉曼波谱导论

5.1.1 红外和拉曼波谱发展历史

红外与拉曼波谱（infrared and Raman spectra）都是研究分子振动能级跃迁的波谱。虽红外吸收波谱（IR）与拉曼散射波谱（Raman）二者理论基础不同，但在有机结构分析中，得到的信息是可以互补的，它们都是有机官能团鉴定及结构研究的常用方法。

红外吸收波谱发展至今已有一百多年的历史了。1892 年，Julius 利用岩盐棱镜和测热辐射计首先测到了红外吸收波谱。1905 年，Coblentz 发表了 128 种有机和无机化合物的红外吸收波谱，引起了化学家的极大兴趣。1947 年，世界第一台实用的双光束自动记录的红外分光光度计（棱镜作为色散元件）首先在美国投入使用，这就是通常所说的第一代红外分光光度计的雏形。20 世纪 60 年代，由于光栅刻划和复制技术以及多级波谱重叠干扰的滤光片技术的发展，红外波谱仪使用光栅代替棱镜作为色散原件，第二代红外分光光度计投入使用。20 世纪 70 年代，由于电子计算机技术和快速傅里叶变换技术的发展和应用，基于光相干涉原理而设计的干涉型傅里叶变换红外波谱仪投入了市场，至此红外分光光度计进入了第三代，快速测量红外波谱得以实现，同时一些联用技术，如气相色谱-红外波谱联用仪，热重分析-红外波谱联用仪也得以实现，红外波谱分析进入了一个崭新的阶段。

拉曼散射效应是印度物理学家 Raman 在 1982 年首先发现并以他的名字命名的。在光的非弹性散射过程中，光子被分子散射而失去部分能量，散射光的频率与入射光的频率差与样品分子的振动、转动能级有关，不随入射光频率变化。拉曼波谱分析就是基于拉曼散射效应，对入射光频率不同的散射波谱进行分析的方法。20 世纪 30 年代末，拉曼波谱曾用于分子结构研究，但由于当时使用的光源强度不高，产生的拉曼效应太弱，很快就被红外波谱所取代。从 20 世纪 60 年代起，随着激光技术的飞速发展，引入新型激光作为激发光源的拉曼波谱技术得到应用，相继出现了一些新的拉曼波谱技术以及其他分析方法的联用技术，如表面增强拉曼波谱、傅里叶变换拉曼波谱、拉曼显微镜等。目前，拉曼波谱技术已在化学化工、半导体电子、聚合物、生物医学、环境科学等领域得到了广泛的应用。

5.1.2 红外和拉曼波谱基本原理

红外光区按照波长由小到大的顺序分为近红外、中红外和远红外三部分。其中，0.75～2.5 μm 为近红外区，2.5～25 μm 为中红外区，25～1000 μm 为远红外区。红外和拉曼波谱主要利用中红外光区。之所以利用中红外区，是因为大多数有机化合物的基频振动的频率与中红外电磁波频率对应。

红外和拉曼波谱都和分子的偶极矩变化有关，不过红外产生自分子固有偶极矩（permanent dipole）的变化，而拉曼则是诱导偶极矩（induced dipole）的变化。固有偶极是由于极性分子的正、负电荷重心不重合，因此分子中始终存在一个正极和一个负极，这种极性分子本身固有的偶极矩称为固有偶极或永久偶极。诱导偶极是在外加电场下，正负电荷中心分离产生的偶极。固有偶极矩和诱导偶极矩示意图如图 5.1 所示。在图 5.1 中，水分子属于极性分子，其电荷乘位置矢量叠加后不为零，具有固有偶极矩。氧气分子在外电场下，导致电荷分离产生诱导偶极矩。

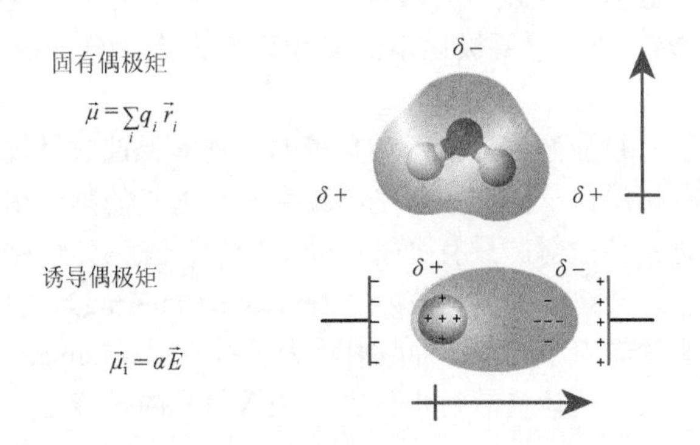

图 5.1 水分子的固有偶极矩和氧气分子的诱导偶极矩示意图

对于红外波谱来说，红外线在电场方向来看，其在传播过程中是来回振荡的（向上或者向下，如图 5.2 所示），而 HCl 分子的偶极矩是由分离的正负电荷产生的，其 H—Cl 键间的周期性振动会产生偶极矩周期性变化，那么当 HCl 分子的偶极矩变化与红外线电场振荡变化频率一致时就会发生共振，即 H—Cl 键吸收红外辐射能量转化为分子的振动能，实现分子的振动能级的跃迁。

通常，红外波谱以波长（μm）或波数（cm^{-1}）为横坐标，百分透过率（T%）或吸光度（A）为纵坐标。T%越低，吸光度就越强，谱带吸收就越大。根据 T%的大小，大致可以分为非常强的吸收峰（vs，T%＜10%）、强吸收峰（s，10%＜T%＜40%）、中强吸收峰（m，40%＜T%＜90%）、弱吸收峰（w，T%＞90%）和宽吸收峰（用 b 表示）。

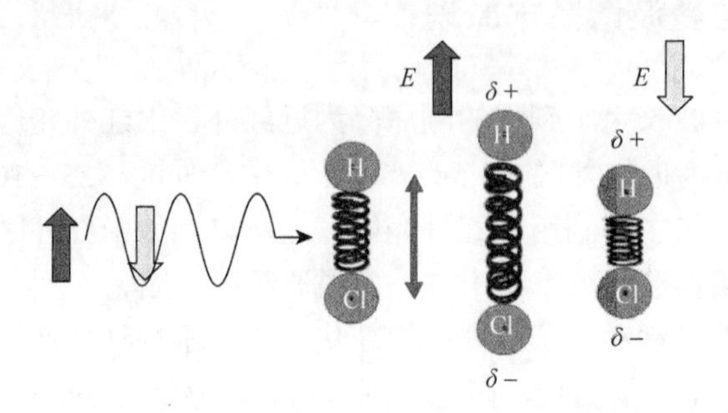

图 5.2　红外线电磁波与 HCl 红外吸收模型示意图

诱导偶极矩和极化率成正比，极化率越大，诱导偶极矩也就越大。极化率（polarizability）简单理解就是分子在外电场作用下产生变形能力。一般来说电子越多的分子，电子云分布越广，越容易产生形变，极化率越大。同时极化率也会随着分子的振动而变化，因为电子云分布或者弥散程度改变了。那么在外电场一定的情况下（拉曼的激发激光波长一定），要想得到诱导偶极矩变化，就需要极化率变化。换言之，只要极化率的变化率不为零，分子振动模式就是拉曼波谱可见的。

从机理上来说，拉曼波谱是分子对光子的一种非弹性散射效应。当用一定频率的激发光照射分子时，一部分散射光的频率和入射光的频率相等，这种散射是分子对光子的一种弹性散射。只有分子和光子间的碰撞为弹性碰撞时，才会出现这种散射。这种散射又被称为瑞利散射（Reyleigh scattering）。但还有一部分散射光的频率和激发光的频率不等，这种散射称为拉曼散射（Raman scattering）。拉曼散射的概率极小，最强的拉曼散射也仅占整个入射光的千分之几，而最弱的甚至小于万分之一。

一个光子与样品分子之间产生一种非弹性碰撞，非弹性碰撞有能量交换，产生的原因有如图 5.3 所示的两种情况。

一种情况是处于振动能态基态的分子（$v=0$）被射入光 hv_0 激发到一个虚想的较高的能级（一般停留 10^{-12}s）（因为入射光的能量不足以引起电子能级的跃迁），然后回到 $v=1$ 的振动能级，发射出一个较小能量的光子——拉曼散射，发射出来的这个光子的能量要比入射光的能量低。

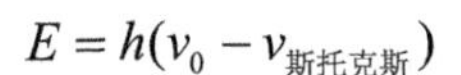

$$E = h(v_0 - v_{斯托克斯})$$

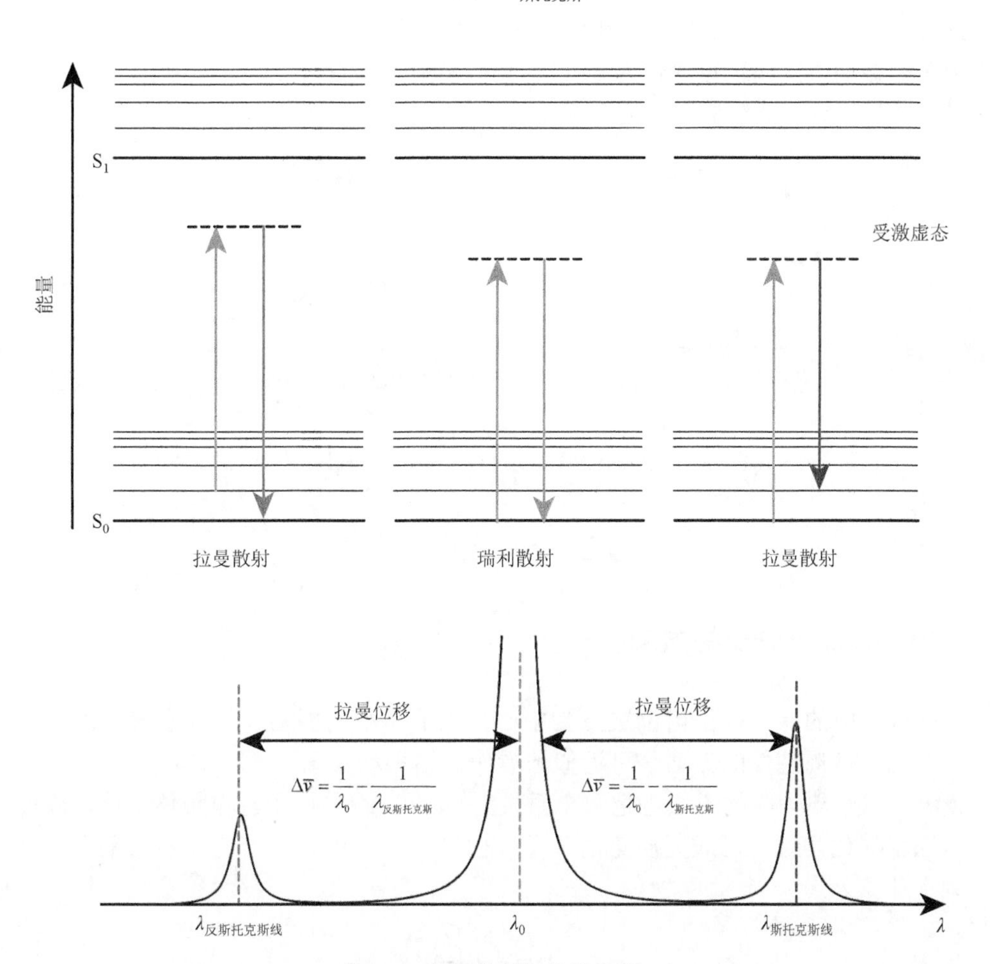

图 5.3　拉曼散射与拉曼位移

其频率则向低频位移，产生的谱线称为斯托克斯线（Stokes line），Δv（$v_0 - v_{斯托克斯}$）即拉曼位移。由图 5.3 可知，拉曼位移的数值相当于分子振动能级跃迁值。

另一种情况则是处于激发态（$v = 1$）的分子被入射光 hv_0 激发到受激虚态，然后回到了 $v = 0$ 的振动基态，产生能量 $E = h(v_{反斯托克斯} - v_0)$ 的拉曼散射。它的频率向高频方向位移，产生的谱线叫反斯托克斯线（anti-Stokes line）。同样 Δv（$v_{反斯托克斯} - v_0$）的数值也是拉曼位移。

红外波谱和拉曼波谱虽然都对应着分子振动能级变化，但二者检测振动形式却完全不同。例如 CO_2 的伸缩振动模式有两种，一种是对称伸缩振动（symmetric stretch vibration），一种是反对称伸缩振动（asymmetric stretch vibration）。它们在振动过程中的固有偶极矩变化和极化率变化如图 5.4 所示。从图 5.4 可以看出，其中对称振动模式偶极矩变化为零（$\mu = 0$），极化率变化不为零（$\alpha \neq 0$），红外不可见但拉曼可见，非对称振动刚好相反。

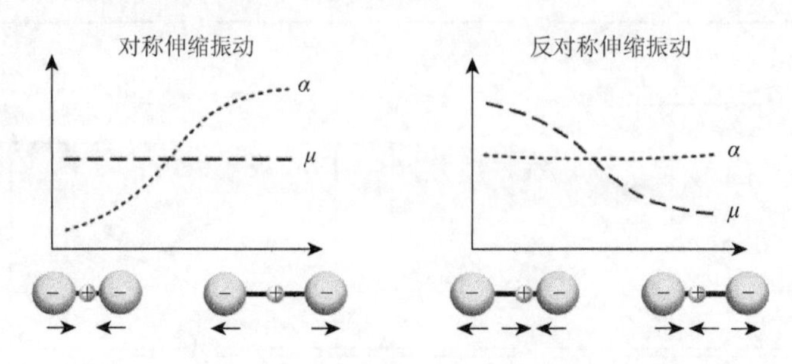

图 5.4 CO_2 的伸缩振动过程中偶极矩与极化率变化

5.2 分子的振动

5.2.1 双原子分子的振动

分子中的原子以平衡位置点为中心，以非常小的振幅（与原子核之间的距离相比）做周期性的振动，可近似地看作简谐振动（图 5.5）。这种分子振动的模型，以经典力学的方法可把两个质量为 m_1 和 m_2 的原子看作刚体小球，连接两原子的化学键设想成无质量的弹簧。由经典力学可以导出该体系的基本振动频率计算公式：

$$\upsilon = \frac{1}{2\pi}\sqrt{\frac{k}{\mu}}$$

式中，k 为化学键力常数，N/cm，其定义为将两原子由平衡位置伸长单位长度时的恢复力；μ 为折合质量，g，且

$$\mu = \frac{m_1 m_2}{m_1 + m_2}$$

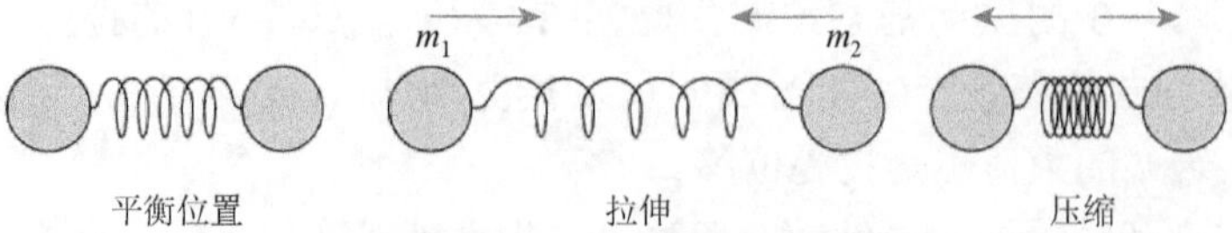

m_1 m_2

平衡位置 拉伸 压缩

图 5.5 双原子分子振动示意图

由双原子分子的振动频率计算公式可知，影响基本振动频率的直接因素是相对原子质量和化学键的力常数。化学键力常数越大，折合质量越小，则化学键的振动频率越高，吸收峰将出现在高波数区。

需要指出的是，上述用经典力学方法来处理分子的振动是宏观处理方法，或是近似处理方法。但一个真实分子的振动能量变化是量子化的。另外，分子中基团与基团之间，基团中的化学键之间都有相互影响，除了化学键两端的原子质量、化学键的力常数影响基本振动频率外，还与内部因素（结构因素）和外部因素（化学环境）有关。

5.2.2　多原子分子的振动

多原子分子由于组成原子数目增多，组成分子的键或基团和空间结构不同，其振动波谱比双原子要复杂得多。但可以把它们的振动分解成许多简单的基本振动，即简正振动。

所谓简正振动（normal vibration）的振动状态是，分子质心保持不变，整体不转动，每个原子都在其平衡位置附近做简谐振动，其振动频率和相位都是相同的，即每个原子都在同一瞬间通过其平衡位置，而且同时达到其最大位移值。分子中任何一个复杂振动都可以看成这些简正振动的线性组合。

简正振动的数目称为振动自由度。分子振动时，分子中各原子之间的相对位置称为该分子的振动自由度。一个原子在空间的位置可用 x, y, z 三个坐标表示，有三个自由度。n 个原子组成的分子有 $3n$ 个自由度，其中 3 个自由度是向 x, y, z 三个坐标轴的平移运动，3 个自由度是围绕 x, y, z 三个坐标轴的旋转运动，线型分子只有 2 个转动自由度（因有一种转动方式原子的空间位置不发生改变）。所以非线型分子的振动自由度为 $3n-6$，对应于 $3n-6$ 种基本振动方式。线型分子的振动自由度为 $3n-5$，对应于 $3n-5$ 种基本振动方式。

这些振动形式可以分成两类——伸缩振动（stretching vibration）和弯曲振动（bending vibration）。

1. 伸缩振动

键角不变，键长做周期性变化的振动称为伸缩振动，用符号 ν 表示。伸缩振动可分为对称伸缩振动和反对称伸缩振动，分别用 ν_s 和 ν_{as} 表示。CH_2 的对称伸缩振动和反对称伸缩振动如图 5.6 所示。

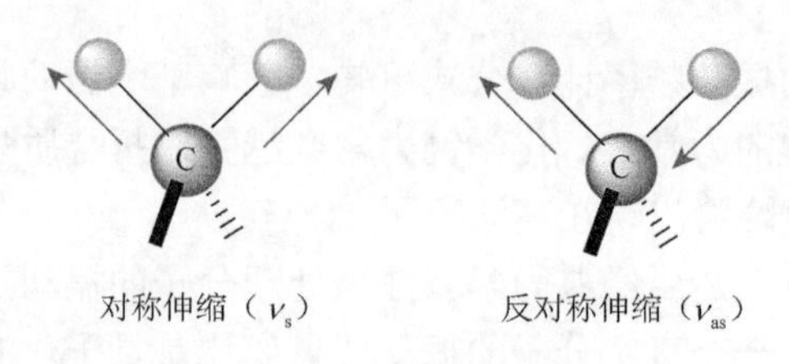

图 5.6 CH_2 的伸缩振动示意图

2. 弯曲振动

弯曲振动是指键长不变，键角做周期性变化的振动，又分为面内弯曲振动和面外弯曲振动，用 δ 表示。如果弯曲振动的方向垂直于分子平面，则称面外弯曲振动；如果弯曲振动完全位于平面上，则称面内弯曲振动。剪式振动和面内摇摆振动为面内弯曲振动，面外摇摆振动和扭曲振动为面外弯曲振动。图 5.7 为 CH_2 的各种弯曲振动示意图。

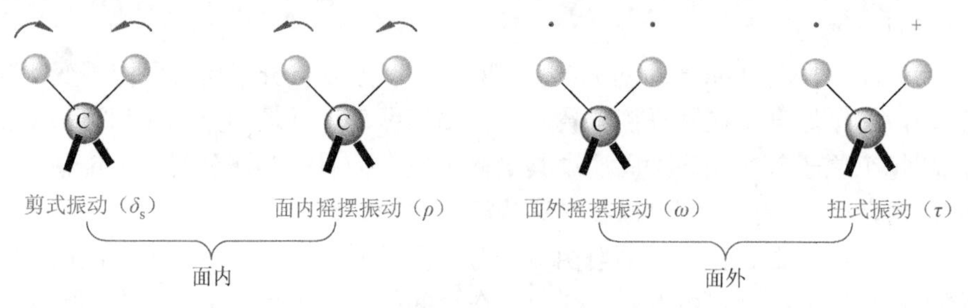

图 5.7 CH_2 的弯曲振动示意图

“+”表示运动方向垂直于纸面向里；“·”表示运动方向垂直于纸面向外

一般来说，同一种键型，其反对称伸缩振动频率大于对称伸缩振动频率，远大于弯曲振动频率，而面内弯曲振动频率一般又大于面外弯曲振动频率。

5.2.3 红外活性振动与红外吸收峰

红外光也是一种电磁波，它只能与电磁场发生作用。如果分子在振动的过程中没有电磁场变化，它就不能和红外辐射发生耦合作用而产生能级跃迁，也就不会出现红外吸收。因此，具有固有偶极（永久偶极）的分子，偶极矩做周期性变化可以产生周期性变化的偶极场，可以吸收红外辐射发生共振，偶极场的共振可以进一步作用于振动使得振动从低振动能级跃迁到高振动能级，即引发振动能级的跃迁。因此，具有偶极矩变化（$\Delta\mu \neq 0$）的振动，称为红外活性振动。在振动过程中偶极矩不发生变化（$\Delta\mu = 0$）的振动称为非红外活性振动，这种振动不吸收红外光，在 IR 谱图中观测不到，如非极性的双原子分子 N_2，O_2 等。但有些分子既有红外活性振动，又有非红外活性振动，如 CO_2：

$\overleftarrow{\overrightarrow{O}}=C=\overleftarrow{\overrightarrow{O}}$：对称伸缩振动，$\Delta\mu=0$，非红外活性振动；

$\overrightarrow{O}=\overleftarrow{C}=\overrightarrow{O}$：反对称伸缩振动，$\Delta\mu\neq0$，红外活性振动，2349 cm^{-1}。

此外，需要详细说明的是，分子振动当作谐振子模型处理，其跃迁选率为 $\Delta\nu=\pm1$。实际上，分子振动为非谐振子，所以跃迁选率不再局限于 $\Delta\nu=\pm1$，它可以是任何整数值。所以 IR 谱不仅可以观测到较强的基频带，还可以观测到较弱的泛频吸收带。

所谓基频指的是分子吸收光子后从一个能级跃迁到相邻的高一能级产生的吸收，即 $\nu=0\rightarrow\nu=1$。倍频峰和组合频峰统称为泛频峰。倍频是分子吸收比原有能量大 1 倍的光子之后，跃迁两个以上能级产生的吸收峰，出现在基频峰波数 n 倍处。倍频峰为弱吸收。组合频峰是在两个以上基频频率之和（组频 $\nu_1+\nu_2$）或差（差频 $\nu_1-\nu_2$）处出现的吸收峰。组合频峰均为弱峰。

基频峰是红外波谱上最主要的一类吸收峰，是红外波谱的主要研究对象。泛频峰可以观察到，但很弱，可提供分子的“指纹”，是红外波谱中的跃迁禁阻峰，如取代苯的泛频峰出现在 2000～1600 cm^{-1} 区间，主要由苯环上碳-氢面外的倍频峰等构成，特征性较强，可用于鉴别苯环上的取代位置，但峰强常常较弱，也有可能被淹没。泛频峰的存在增加了红外波谱的复杂性，但是增强了红外波谱的特征性。

除了上述红外吸收峰之外，还有振动耦合峰（vibration coupling peak）。当分子中两个或两个以上基团有共用原子或共用键，其振动吸收带常发生裂分，形成双峰，这种现象称为振动耦合。有伸缩振动耦合、弯曲振动耦合以及伸缩和弯曲振动耦合三类。如 IR 谱在 1380 cm^{-1} 和 1370 cm^{-1} 附近的双峰是异丙基碳氢弯曲振动耦合引起的。又如酸酐的 IR 谱中，在 1820 cm^{-1} 和 1760 cm^{-1} 的双峰是两个羰基伸缩振动耦合产生的。

费米共振吸收峰（Fermi resonance peak）是特殊的振动耦合峰，是一种振动的基频和它自己或另一个连在一起的化学键的某一种振动的倍频或组合频很接近时，可以发生耦合，这种耦合出现的双峰称为费米共振吸收峰。如醛的 2820 cm^{-1} 和 2720 cm^{-1} 双峰为醛 C—H 伸缩振动的基频和其弯曲振动的二倍频耦合而形成，极具特征性，可以辨别醛类化合物。又如环戊酮的 1746 cm^{-1} 和 1728 cm^{-1} 处双峰，为 C═O 伸缩振动吸收基频和环戊酮骨架振动倍频耦合而成。

5.2.4 拉曼活性振动和拉曼峰

拉曼波谱产生于分子的诱导偶极矩的变化。非极性基团或全对称分子，其本身没有偶极矩，当分子中的原子在平衡位置附近振动时，由于入射光子的外电场作用，分子的电子壳层发生变形，分子的正负电荷中心发生了相对移动，即电子云的移动使分子极化。可形成诱导偶极矩：

$$\mu = \alpha E$$

式中，μ 为诱导偶极矩；α 为极化率；E 为入射光子的电场强度。

伴有极化率变化的振动是拉曼活性振动。表 5.1 和表 5.2 是 CO_2 和 H_2O 的基本振动形式和选律。

表 5.1　CO_2 的基本振动形式和选律

振动模式	O═C═O	极化率	Raman	偶极矩	红外
对称伸缩	O→C←O	变化	活性	不变	非活性
反对称伸缩	O→←C←O	不变	非活性	变化	活性
	O C O	不变	非活性	变化	活性
弯曲振动	+·+ ↑ O C O ↓ ↓	不变	非活性	变化	活性

表 5.2　H_2O 的基本振动形式和选律

振动模式	 H–O–H	极化率	Raman	偶极矩	红外
对称伸缩	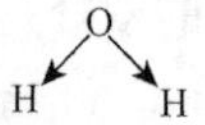 H←O→H	变化	活性	变化	活性
反对称伸缩	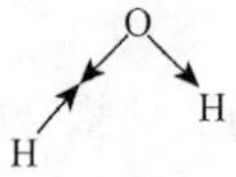 H→O→H	变化	活性	变化	活性
弯曲振动	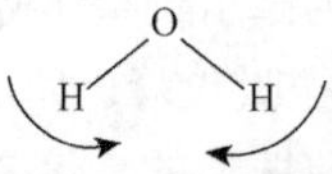 H–O–H	变化	活性	变化	活性

一般可用下面的规则来判别分子的拉曼或红外活性：

（1）凡具有对称中心的分子，如 CS_2 和 CO_2 等线型分子，红外和拉曼活性是互相排斥的，若红外吸收是活性的则拉曼散射是非活性的，反之亦然。

（2）不具有对称中心的分子，如 H_2O、SO_2 等，其红外和拉曼活性是并存的。当然，在两种谱图中各峰之间的强度比可能有所不同。

（3）少数分子的振动其红外和拉曼都是非活性的。例如平面对称分子乙烯的扭曲振动，既没有偶极矩变化，也不产生极化率的改变。

5.3　红外特征频率区和指纹区

5.3.1　红外特征频率区

红外波谱的最大特点就是具有特征性，这种特征性与各种类型化学键振动的特征相联系。对于大多数化合物的红外波谱与其结构的关系，实际上还是通过大量标准样品的测试，从实践中总结出一定的官能团总对应一定的特征吸收频率。也就是说，在研究大量的化合物的红外波谱后，发现不同分子中同一类型的基团振动频率是非常相近的，都在一个较窄的频率区间出现谱峰，这些红外吸收谱带称为特征频率，特征频率所处的红外波谱区间称为特征频率区。

特征频率区又称基团频率区或官能团区，通常认定在 4000～1300 cm^{-1}，区内的峰是由伸缩振动产生的吸收带，比较稀疏，容易辨认。例如，—CN 的吸收峰在 2250 cm^{-1} 附近，—OH 伸缩振动的强吸收峰在 3200～3700 cm^{-1} 等。

通常特征频率区可以细分以下面三个区域：

1）X—H 伸缩振动区（4000～2500 cm^{-1}）

X 可以是 C、O、N 或 S 原子，这个区域主要是 C—H、O—H、N—H 和 S—H 键伸缩振动频率区。O—H 的伸缩振动出现在 3650～3200 cm^{-1} 范围内，它可以作为判断有无醇类、酚类和有机酸类的重要依据。游离 O—H 伸缩振动在 3650～3580 cm^{-1}，峰形尖锐，且没有其他吸收峰干扰，易于识别。缔合 O—H 伸缩振动吸收峰向低波数方向位移，在 3400～3200 cm^{-1} 出现一个宽而强的吸收峰。有机酸中的羟基缔合能力更强，其缔合 O—H 伸缩振动吸收峰可以从 3300 cm^{-1} 延伸到 2500 cm^{-1}。胺和酰胺的 N—H 伸缩振动也出现在 3500～3100 cm^{-1}，因此会对 O—H 基团的识别产生干扰。但是仲胺和伯胺很容易区分，因伯胺的 N—H 伸缩振动出现双峰。

3000 cm^{-1} 是饱和 C—H 和不饱和 C—H 的分水岭。饱和 C—H 伸缩振动通常出现在 3000 cm^{-1} 以下，在 3000～2800 cm^{-1} 之间，取代基对它们的影响很小。例如，—CH_3 的伸缩振动出现在 2960 cm^{-1}(ν_{as})和 2870 cm^{-1}(ν_s)附近；—CH_2 的吸收在 2930 cm^{-1}(ν_{as})和 2850 cm^{-1}(ν_s)附近。

不饱和 C—H 一般出现在 3000 cm^{-1} 以上。其中 3000～3100 cm^{-1} 是与碳碳双

键相连的C—H，包括烯氢、芳氢、芳杂环碳氢和稠环C—H等。端烯C—H出现在3080 cm^{-1}附近，是判断端烯的标识红外吸收峰。与碳碳三键相连的C—H（炔氢）在3300 cm^{-1}附近，也是判断端炔的特征红外吸收峰。

环张力会影响C—H的伸缩振动频率，环丙烷的C—H会在3000 cm^{-1}以上，就是因为有环张力影响到C—H键的强度，从而导致红外振动频率变高。

醛类中与羰基的碳原子直接相连的氢原子组成在2720 cm^{-1}和2820 cm^{-1}的费米共振双峰，虽然强度不大，但具有特征性，很有鉴定价值。

2）三键和累积双键区（2500～1900 cm^{-1}）

这个区域出现的吸收主要包括—C≡C、—C≡N等三键的伸缩振动，以及—O═C═C、—C═C═O等累积双键的不对称伸缩振动。对于炔类化合物，可以分成R—C≡CH和R_1—C≡C—R_2两种类型，前者的伸缩振动出现在2100～2140 cm^{-1}附近，后者出现在2190～2260 cm^{-1}附近。如果$R_1 = R_2$，因为分子是对称的，则是红外非活性的，不会产生红外吸收峰。—C≡N基的伸缩振动在非共轭的情况下出现在2240～2260 cm^{-1}附近，当与不饱和键或芳香核共轭时，该峰位移到2220～2230 cm^{-1}附近。若分子中含有C、H、N原子，—C≡N基吸收比较强而尖锐。若分子中含有O原子，且O原子离—C≡N基越近，—C≡N基的吸收越弱，甚至观察不到。

3）双键伸缩振动区（1900～1200 cm^{-1}）

这个区域主要是C═O和C═C键伸缩振动频率区。C═O伸缩振动出现在1900～1650 cm^{-1}，是红外波谱中最特征的谱带，且峰强度往往也是最强的。根据C═O伸缩振动的谱带可以大致判定是酮类、醛类、酸类、酯类以及酸酐等有机化合物。酸酐和酰亚胺中的羰基吸收带由于振动耦合而呈现出双峰。

C═C伸缩振动主要是烯烃和芳环两类物质。烯烃C═C伸缩振动在1620～1680 cm^{-1}附近，一般很弱。单核芳烃的C═C伸缩振动在1600 cm^{-1}和1500 cm^{-1}附近产生两个峰，但通常这两个峰会根据芳环取代的不同而裂分成4个峰，这些芳烃的C═C伸缩振动峰又被称为是芳环的呼吸振动，用于确认有无芳环的存在。取代苯的芳氢（═C—H）变形振动的倍频谱带在1650～2000 cm^{-1}范围内产生吸收峰，虽然强度很弱，但它们的谱带形状在确定芳环取代位置上有很强的借鉴意义。

5.3.2 红外指纹区

指纹区通常在红外波谱的1300～400 cm^{-1}区域内，除单键的伸缩振动外，还有因弯曲振动而产生的谱带。这些谱带同分子的结构变化相关，且响应非常灵敏。

分子的结构稍有不同，该区的吸收峰就会有所体现，就如同人的指纹一样，因此红外的这一区间被称为指纹区。

指纹区的谱峰分布比较密集，难以辨认。虽难以解析但却有利于指认结构类似的化合物，可以作为化合物存在某种基团的旁证。例如，某些同系物或光学异构体的“指纹”特征峰可能会有所区别；不同的制样条件也可能引起指纹区吸收谱带的变化等。

指纹区也可以分成两个区域：

1）1300～900 cm^{-1} 区域

这个区域是 C—O、C—N、C—F、C—P、C—S、P—O、Si—O 等单键的伸缩振动和 C═S、S═O、P═O 等双键的伸缩振动吸收。其中甲基碳氢的对称弯曲振动约在 1380 cm^{-1} 附近产生吸收峰，对判断是否存在甲基十分有价值。此外 C—O 的伸缩振动在 1000～1300 cm^{-1} 范围内产生吸收峰，通常来说是该区最强吸收峰，非常容易辨识。

2）900～400 cm^{-1} 区域

这个区域是一些重原子伸缩振动和一些弯曲振动的吸收频率区。利用这一区域苯环的═C—H 面外弯曲振动吸收峰和在 1650～2000 cm^{-1} 范围的倍频峰可以共同确证苯环的取代类型。

5.3.3　常见官能团的特征吸收频率

各种官能团的特征频率与化合物的结构是有紧密联系的，通过大量的红外波谱数据，可以证明官能团的特征频率出现的位置是有迹可循的。表 5.3 列出了常见官能团的特征频率，更为详细数据可以参考有关参考书。

表 5.3　常见官能团的特征频率数据

化合物类型	振动形式	波数范围（cm^{-1}）
烷烃	C—H 伸缩振动	2975～2800
	CH_2 弯曲振动	～1460
	CH_3 弯曲振动	1385～1370
	CH_2 弯曲振动（4 个及以上）	～720
烯烃	═CH 伸缩振动	3100～3010
	C═C 伸缩振动（孤立）	1690～1630
	C═C 伸缩振动（共轭）	1640～1610
	C—H 面内弯曲振动	1430～1290

续表

化合物类型	振动形式	波数范围（cm^{-1}）
烯烃	C—H 弯曲振动（—CH═CH_2）	～990 和～910
	C—H 弯曲振动（反式）	～970
	C—H 弯曲振动（C═CH_2）	～890
	C—H 弯曲振动（顺式）	～700
	C—H 弯曲振动（三取代）	～815
炔烃	≡C—H 伸缩振动	～3300
	C≡C	～2150
	≡C—H 弯曲振动	650～600
芳烃	═C—H 伸缩振动	3020～3000
	C═C 骨架伸缩振动	～1600 和～1500
	C—H 弯曲振动和 δ（环）（单取代）	770～730 和 715～685
	C—H 弯曲振动（邻位二取代）	770～735
	C—H 弯曲振动和 δ（环）（间位二取代）	～880，～780 和～690
	C—H 弯曲振动（对位二取代）	850～800
醇	O—H 伸缩振动	～3650（游离）/3400～3200（缔合）
	C—O 伸缩振动	1260～1000
醚	C—O—C 伸缩振动（脂肪）	1300～1000
	C—O—C 伸缩振动（芳香）	～1250 和～1120
醛	C═O—H 伸缩振动	～2820 和～2720
	C═O 伸缩振动	～1725
酮	C═O 伸缩振动	～1715
	C—C 伸缩振动	1300～1100
羧酸	O—H 伸缩振动	3400～2500
	C═O 伸缩振动	1760（游离）/1710（缔合）
	C—O 伸缩振动	1320～1210
	O—H 弯曲振动	1440～1400
	O—H 面外弯曲振动	950～900
酯	C═O 伸缩振动	1750～1735
	C—O—C 伸缩振动（乙酸酯）	1260～1230
	C—O—C 伸缩振动	1210～1160
酰卤	C═O 伸缩振动	1810～1775
	C—Cl 伸缩振动	730～550

续表

化合物类型	振动形式	波数范围（cm^{-1}）
酸酐	C═O 伸缩振动	1830～1800 和 1775～1740
	C—O 伸缩振动	1300～900
胺	N—H 伸缩振动	3500～3300
	N—H 面内弯曲振动	1640～1500
	C—N 伸缩振动（烷基碳）	1200～1025
	C—N 伸缩振动（芳基碳）	1360～1250
	N—H 面外弯曲振动	～800
酰胺	N—H 伸缩振动	3500～3180
	C═O 伸缩振动	1680～1630
	N—H 弯曲振动（伯酰胺）	1640～1550
	N—H 弯曲振动（仲酰胺）	1570～1515
	N—H 面外弯曲振动	～700
卤代烃	C—F 伸缩振动	1400～1000
	C—Cl 伸缩振动	785～540
	C—Br 伸缩振动	650～510
	C—I 伸缩振动	600～485
氰基	C≡N 伸缩振动	2260～2210
硫氰	C≡N 伸缩振动	2175～2140
硝基化合物	N═O 不对称伸缩振动（脂肪族）	1600～1530
	N═O 对称伸缩振动（脂肪族）	1390～1300
	N═O 不对称伸缩振动（芳香族）	1550～1490
	N═O 对称伸缩振动（芳香族）	1355～1315
亚硝基化合物	N═O 伸缩振动	1600～1500
硝酸酯	N═O 不对称伸缩振动	1650～1500
	N═O 对称伸缩振动	1300～1250
亚硝酸酯	N═O 对称伸缩振动	1680～1610
	N—O 对称伸缩振动	815～750
巯基化合物	S—H 伸缩振动	～2550
亚砜	S═O 伸缩振动	1070～1030
砜	S═O 不对称伸缩振动	1350～1300
	S═O 对称伸缩振动	1160～1120

续表

化合物类型	振动形式	波数范围（cm^{-1}）
磺酸酯	S═O 不对称伸缩振动	1370～1335
	S═O 对称伸缩振动	1200～1170
	S—O 伸缩振动	1000～750
硫酸酯	S═O 不对称伸缩振动	1415～1380
	S═O 对称伸缩振动	1200～1185
磺酸	S═O 不对称伸缩振动	1350～1342
	S═O 对称伸缩振动	1165～1150
磺酸盐	S═O 不对称伸缩振动	～1175
	S═O 对称伸缩振动	～1050
膦	P—H 伸缩振动	2320～2270
	P—H 弯曲振动	1090～810
磷氧化合物	P═O 伸缩振动	1210～1140
异氰酸酯	—N═C═O 不对称伸缩振动	2275～2250
	—N═C═O 对称伸缩振动	1400～1350
异硫氰酸酯	—N═C═S 伸缩振动	～2125
亚胺	—N═C—伸缩振动	1690～1640
烯酮	C═C═O 不对称伸缩振动	～2150
	C═C═O 对称伸缩振动	～1120
丙二烯	C═C═C 不对称伸缩振动	2100～1950
	C═C═C 对称伸缩振动	～1070
硫酮	—C═S 伸缩振动	1200～1050

5.3.4 影响红外波谱吸收频率的因素

前文讨论过基团频率主要由基团中原子的质量及化学键力常数决定。然而分子的内部结构和外部环境的改变对它也有影响，虽然这给解析红外谱图带来了麻烦，但也在另一个方面为了解分子的结构提供了更多的信息。

1. 外部因素

影响红外波谱吸收的外部因素包括试样的聚集态、粒度、溶剂、重结晶条件及制样方法等。当与标准谱图对照时，必须在外部条件一致的情况下才能比较。

1）物理聚集态的影响

同一个样品不同的聚集态（固态、液态、气态）其波谱有较大的差异。这是因为固态、液态、气态分子间相互作用是不一样的。气态分子间相互作用很弱，分子可以自由旋转，而液态、固态分子间的作用就要强一些，所以它们的特征频率就有差异。一般来说，气态样品中同样特征频率测得的最高，甚至可以观察到转动的精细结构。固态样品频率最为稳定，因此几乎所有的标准谱图都是以样品的固态形式来测试。

2）溶剂的影响

同一物质在不同溶剂中，由于溶剂和溶质的相互作用不同，因此测得波谱吸收带的频率也不同。有一个规律：极性基团如O—H、N—H、C═O、C≡N等的伸缩振动频率随着溶剂极性的增大（相互作用增强）而向低波数移动，且强度增强，而变形振动则向高波数移动。

3）晶态、晶型和结晶颗粒大小的影响

固体样品还会由于混磨时间的差异和颗粒大小的不同，导致波谱发生改变。粒度的影响主要是由散射引起的。粒度越大，基线越高，尤其是高频部分（波长较小，容易散射），峰宽而强度低；随着粒度变小，基线下降强度增高，峰变窄。通常样品粒度要小于2.5 μm（中红外的起始波长）。

样品用不同溶剂结晶，可产生不同的结晶形状，波谱有明显差异。另外晶态与非晶态红外波谱图也有不同。由于原子在晶格内规则排列，相互作用均一，往往使谱带裂分。例如长链的烃 $-\!\!(CH_2)_n\!\!-$ 面内摇摆振动，液体时在约720 cm^{-1}有一个峰，当晶态时裂分为双峰，晶态聚乙烯中就可以看到约 720 cm^{-1} 的双峰。

2. 内部因素

1）电子效应

电子效应包括诱导效应和共轭效应，它们都是由于化学键的电子分布不均匀而引起的。

诱导效应（I效应） 由于取代基具有不同的电负性，通过静电诱导作用，引起分子中电子分布的变化，从而改变了化学键力常数，使基团的特征频率发生位移。例如，电负性大的基团（或原子）吸电子能力强，与烷基酮羰基上的碳原子相连时，由于诱导效应就会发生电子云由羰基的氧原子转向双键中间，增加了C═O键的力常数，使C═O的振动频率升高，吸收峰向高波数移动。相关数据如表5.4所示。

表 5.4 诱导效应引起 C═O 伸缩振动频率的变化

C═O 波数(cm^{-1})	1715	1800	1828	1928
化合物	R—C(═O)—R′	R—C(═O)—Cl	Cl—C(═O)—Cl	F—C(═O)—F

共轭效应（C 效应） 共轭效应使共轭体系中的电子云密度平均化，结果使原来的双键略有伸长、化学键力常数减小，使其红外吸收频率向低波数方向移动。例如表 5.5 中羰基共振频率由于共轭效应影响而逐渐降低。

表 5.5 共轭效应引起 C═O 伸缩振动频率的变化

化合物	C═O 波数（cm^{-1}）
R—C(═O)—R′	1710～1725
R—C(═O)—C₆H₅	1695～1680
C₆H₅—C(═O)—C₆H₅	1667～1661
C₆H₅—C(═O)—CH═CH—R	1667～1653

2）氢键效应

氢键的形成使电子云密度平均化，从而使伸缩振动频率降低。最明显的是羧酸的情况，羰基和羟基之间很容易形成氢键，生成二聚体，使羰基的频率降低。因此，游离羧酸的 C═O 频率出现在 1760 cm^{-1} 左右；而在液态或固态时，C═O 频率都在 1700 cm^{-1}，因为此时羧酸分子是以二聚体形式存在。

分子内氢键不受浓度影响，分子间氢键则受浓度影响较大。例如，以 CCl_4 为溶剂测定乙醇的红外波谱，当乙醇浓度小于 0.01 mol/L 时，分子间不形成氢键，而只显示游离的 O—H 的吸收（3640 cm^{-1}）；但随着溶液中乙醇浓度的增加，游离羟基的吸收减弱，而二聚体（3315 cm^{-1}）和多聚体（3350 cm^{-1}）的吸收相继出现，并显著增加。当乙醇浓度为 1.0 mol/L 时，主要是以多聚体形式存在。

3）空间效应

空间效应可以通过影响共面性而消弱共轭效应来起作用，也可以通过改变键长、键角产生某种“张力”来起作用。

场效应（F 效应）　场效应是通过分子中基团之间的作用，引起基团的特征频率位移，只有相互靠得很近的基团之间才能产生场效应。例如：

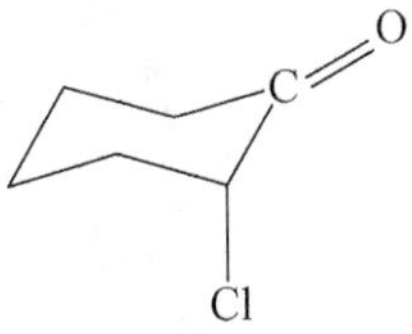

$1725\ cm^{-1}$(a键) 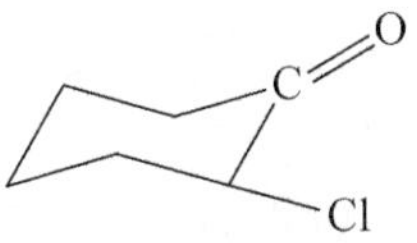　　$1745\ cm^{-1}$(e键)

2-氯环己酮的两个构象异构体，当氯处于 e 键时的 C═O 频率比处于 a 键时要大。这是因为C═O 和 C—Cl 两个偶极之间的相互作用，使 C═O 双键性增强，从而向高波数位移。

空间位阻效应　由于空间位阻的影响，分子间羟基不容易缔合（形成氢键），而形成氢键时特征羟基的吸收频率向低波数位移。如下例中羟基伸缩振动频率随着空间位阻变大，羟基伸缩振动频率向高波数位移。

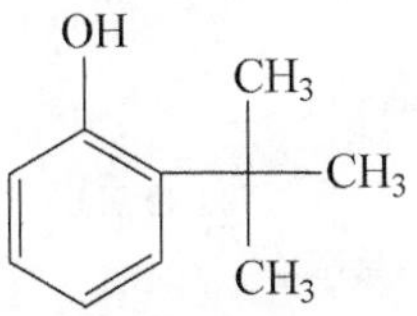

$3380\ cm^{-1}$ 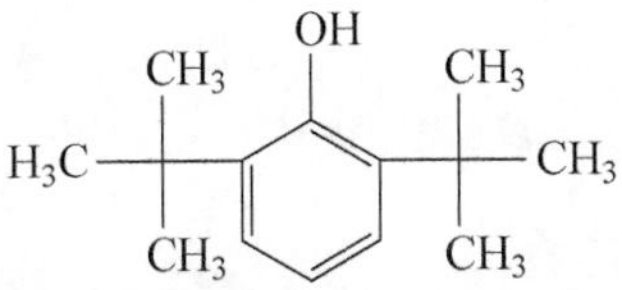　　$3510\ cm^{-1}$ 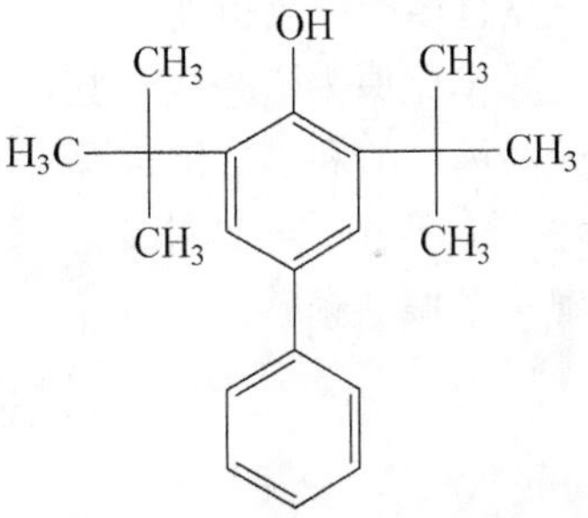　　$3530\ cm^{-1}$

又如在下例中，随着邻位引起甲基的增多，空间位阻变大，羰基不能与环己烯中的双键很好地共平面，共轭不完全，所以羰基伸缩振动频率向高波数位移。

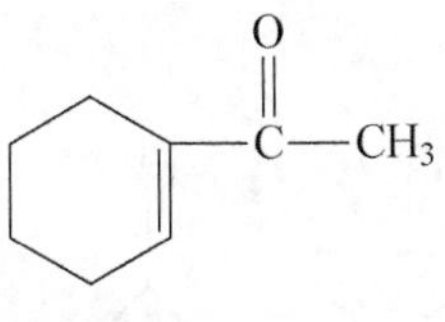

$1663\ cm^{-1}$ 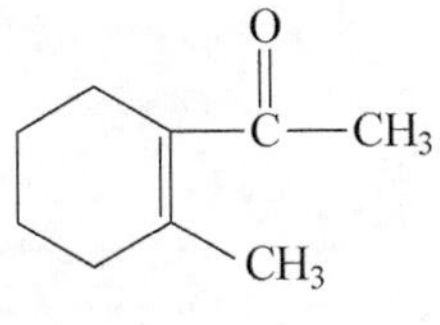　　$1668\ cm^{-1}$ 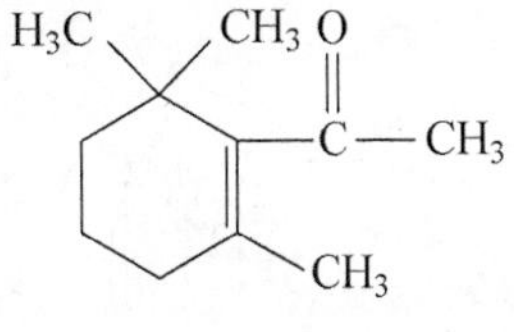　　$1693\ cm^{-1}$

环张力效应　环张力即键角张力，环越小环张力越大。处于环内的键，环张力越大，该键伸缩振动频率向低波数位移。反之，处于环外的键，则随着环张力变大，该键的伸缩振动频率向高波数位移。如环外的 C═O 双键的伸缩振动频率随着环张力增加，则振动频率向高波数位移。

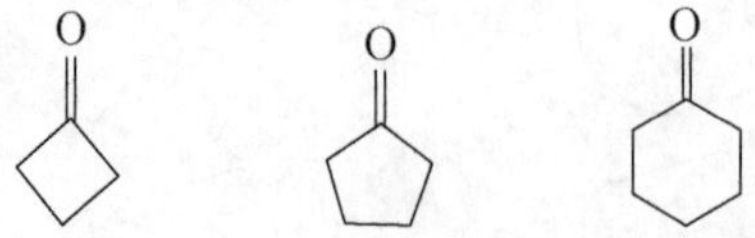

1784 cm^{-1}　　1745 cm^{-1}　　1715 cm^{-1}

再如处于环内的 C═C 双键的伸缩振动频率随着环张力增加，则振动频率向低波数位移。

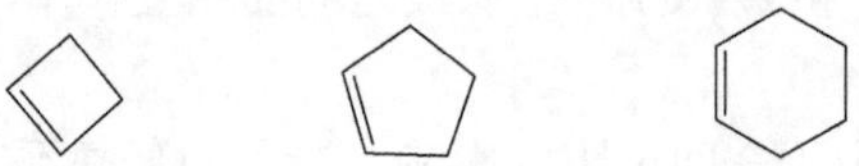

1576 cm^{-1}　　1611 cm^{-1}　　1644 cm^{-1}

振动的耦合效应　当两个化学键或基团的振动频率相近（或相等），位置上它们又是直接相连或相接近时，它们之间的相互作用会使原来的谱带裂分成两个峰，一个频率比原来谱带高一些，另一个频率则低一些，这就称为振动的耦合。例如二元酸丙二酸和丁二酸的两个 C═O 伸缩振动发生耦合，都出现两个吸收峰，当 $n \geqslant 3$ 时，两个 C═O 相距较远，相互作用就较小，基本上不会发生振动耦合，只出现一个振动频率。

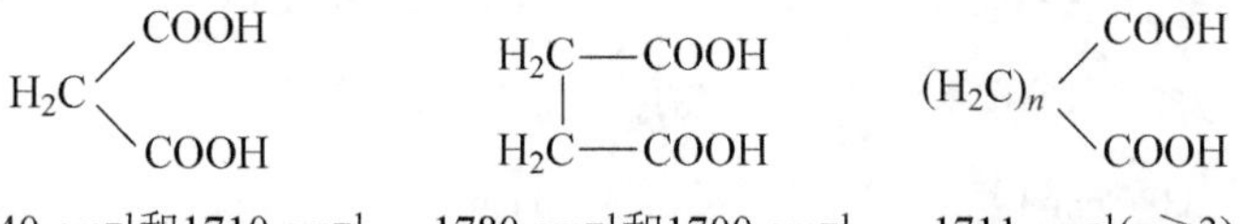

$H_2C(COOH)_2$　　$H_2C—COOH$ / $H_2C—COOH$　　$(H_2C)_n(COOH)_2$

C═O波数　1740 cm^{-1}和1710 cm^{-1}　　1780 cm^{-1}和1700 cm^{-1}　　1711 cm^{-1}($n \geqslant 3$)

互变异构　如果分子存在互变异构现象，则也会对基团的红外吸收峰产生干扰，但这时分子的吸收波谱基本上是两种异构体的叠加，这与分子内部结构导致的频率位移影响是不同的。例如，乙酰乙酸乙酯羰基的伸缩振动频率如下：

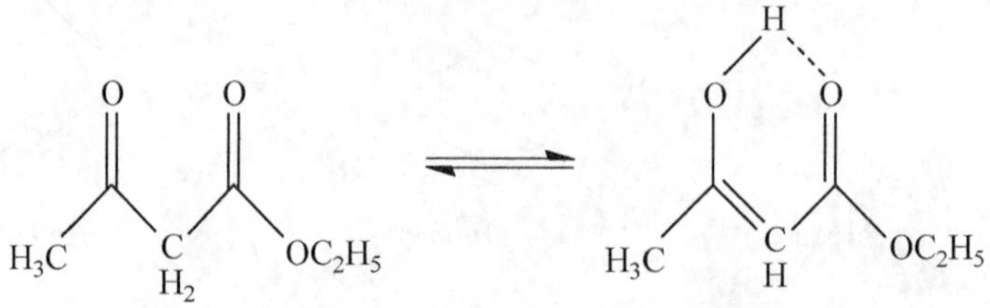

H_3C—CO—CH_2—CO—OC_2H_5 ⇌ H_3C—C(OH)═CH—CO—OC_2H_5

酮式　　　烯醇式

C═O波数　1738 cm^{-1}和1717 cm^{-1}　　1650 cm^{-1}

5.3.5　影响红外波谱吸收强度的因素

红外吸收峰的强度取决于两个因素：一是跃迁概率；二是具有相近吸收频率基团的数目。跃迁概率越大，吸收越强；相近吸收频率的基团数目越多，吸收越强。根据理论计算：

$$\text{跃迁概率} = \left(\frac{4\pi^2}{h^2}\right)\left|\mu_{ab}\right|^2 E_0^2 t$$

式中，E_0 为红外电磁波的电场矢量；μ_{ab} 为跃迁偶极矩。μ_{ab} 不同于分子的永久偶极矩 μ_0，它反映了振动时偶极矩变化的大小。因此，红外波谱跃迁概率与跃迁偶极矩变化的大小有关，偶极矩变化越大，吸收越强，从而红外吸收越强。而跃迁偶极矩的变化与分子结构有关。分子的电负性对称性越高，振动中跃迁偶极矩的变化越小，谱带越弱。典型的例子就是 C═O 和 C═C 基团，C═O 的红外吸收非常强，常常是红外谱图中的最强谱带；而 C═C 吸收强度较弱，有时甚至不会出现。

在 3000～2800 cm^{-1} 之间是 CH_3 和 CH_2 的 C—H 伸缩振动峰的范围，分子中饱和 C—H 键越多，该范围内的峰的强度越大，还因 C—H 键的化学环境稍稍不同，该范围的峰也会显著变宽，因此，3000～2800 cm^{-1} 范围内的峰越宽越强，是分子中具有大量烷烃的标志。

5.4　红外波谱实验技术

5.4.1　红外波谱样品的处理

能否获得一张满意的图谱，试样的处理和制备十分重要。虽然红外属于无损分析，固液气态样品均能测试，但还是要符合一定的要求。包括：

（1）试样应该尽量使用纯样品，纯度至少大于 98%，这样才能同标准物的红外波谱进行对照。因此多组分样品在测定前尽量预先分馏、萃取、重结晶或用色谱法进行分离提纯，否则各组分波谱会相互重叠，难以确定谱峰归属。

（2）试样不应该还有游离水。因为水本身有很强的红外吸收，会严重干扰样品的红外波谱测定。另外，水也会对红外波谱仪的光学元件产生“腐蚀”，造成红外波谱的损坏。

（3）试样的浓度应该适当，以使红外波谱图中的大多数峰的百分透过率（$T\%$）处于 90%～10%之间。

气态样品一般不需特别制样，可以直接灌入气槽内进行测定。气槽的两端有红外透光窗片。窗片的材质一般为 NaCl 或 KBr，所以不能用水清洗窗片。

液体或溶液样品制样的常用方法有液体池法和液膜法两种。

（1）液体池法一般应用于沸点较低、挥发性较大的试样。将液态样品注入封闭的液体池中，液层厚度一般为 0.01～1 mm。

（2）液膜法通常应用于沸点较高样品的测试，一般直接滴在两块盐片之间，形成液膜。对于一些吸收很强的液体，当用调整液层厚度的方法也不能获得满意的红外谱图时，可使用适当的溶剂配成稀溶液来测定。一些固体可以用溶液的形式来进行测定。常用的溶剂有 CS_2（适用于 1350～600 cm^{-1}）和 CCl_4（适用于 4000～1350 cm^{-1}）等。

固体试样的制样方法有压片法、糊状法和薄膜法。

（1）压片法是固体样品使用最为广泛的方法。将 2～4 mg 试样与 200 倍的 KBr 混合研磨，当粒径小于 2 μm 时（过 300 目筛子），置于$(5\sim10)\times10^7$ Pa 压力的压片机上，压制成透明的薄片。试样和 KBr 在使用之前均需要进行干燥处理。KBr 在 4000～400 cm^{-1} 光区不产生吸收，因此压片法可以绘制中红外全波段的波谱图。

（2）糊状法顾名思义即是把干燥后的样品制成糊状物，是将研细的样品与液体石蜡或全氟代烃混合制成糊状物，夹在盐片中进行测试的方法。液体石蜡是饱和烷烃的混合物，谱图简单，易于扣除。但此法不能用于研究饱和烃类化合物。

（3）薄膜法主要用于高分子化合物的测定。可将高分子化合物直接熔融或溶解涂制或压制成膜。若是采用溶剂溶解成液膜，需要等待溶剂完全挥发后形成固体膜再进行红外波谱测定。

当样品量特别少或样品面积特别小时，必须采用光束聚光器，并配有微量液池、微量固体池和微量气体池，采用全反射系统或用带有卤化碱透镜的发射系统进行测量。

5.4.2 红外波谱附件

红外波谱的附件较多，而且应用也十分广泛。衰减全反射（attenuated total reflection，ATR）、漫反射（diffuse reflection，DIR）、镜反射（mirror reflection，MR）、光声附件（photoacoustic attachment，PAS）和各种液体池及气体池等附件用于不同状态（固、液、气）、各种形状和类型的样品分析。红外偏振器、振动圆二色（vibratory circle dichroism，VCD）和振动线性二色（vibrational linear dichroism，VLD）等附件用于分子取向及构型和构象的研究。近红外和中红外光导纤维及其探头可对样品进行原位测量。高压金刚石砧型池、变温波谱附件（低温、高温）等可用于极端条件下物质性质变化的研究。

1. 衰减全反射附件

ATR 测定的波谱又称内反射波谱。当对某些特殊样品（如难溶、难熔、难粉碎等的试样）的测试存在困难时，可以采用衰减全反射技术而代替常规的投射法测量物质表面的红外波谱。如图 5.8 所示，从光源发出的红外光经过折射率大的晶体再投射到折射率小的试样表面上，当入射角大于临界角时，入射光线就会产生全反射。事实上红外光并不是全部被反射回来，而是穿透到试样表面内一定深度后再返回表面，在该过程中，试样在入射光频率区域内有选择吸收，反射光强度发生减弱，产生与透射吸收相类似图，从而获得样品表层化学成分的结构信息。

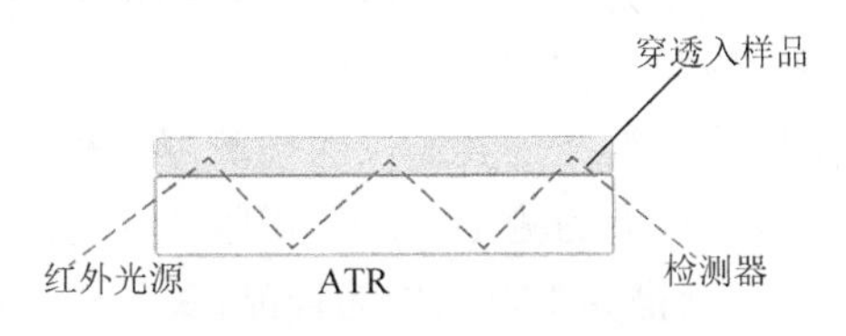

图 5.8　固体全反射原理图

ATR 通过样品表面的反射信号获得样品表层有机成分的结构信息，它具有以下特点：

①制样简单，无破坏性，对样品的大小、形状、含水量没有特殊要求。②可以实现原位测试和实时跟踪。③检测灵敏度高，测量区域小，检测点可为数微米。④能得到测量位置处物质分子官能团空间分布的红外波谱图像。⑤能进行红外波谱数据库检索以及化学官能团辅助分析，确定物质的种类和性质。⑥在常规 FTIR 上配置 ATR 附件即可实现测量，仪器价格相对低廉，操作简便。

2. 漫反射附件

漫反射（DIR）又称粉末反射法。一般用于粉末样品以及表面涂层等分析。照射到粉末样品上的光首先在其表面反射，一部分直接进入检测器，另一部分进入样品内部多次透射、散射后再从表面射出，后者称为扩散反射光。DIR 法就是利用扩散反射光获取红外波谱的方法。与压片法相比，DIR 法由于测定的是多次透过样品的光，因此两者的波谱强度比不同，压片法中的弱峰有时会增强。在利用 DIR 法进行定量分析时要进行 Kubelka-Munk 变换，即漫反射率和样品的浓度关系可由 Kubelka-Munk 方程来描述：

$$f(R_\infty)=\frac{(1-R_\infty)^2}{2R_\infty}=\frac{K}{S}$$

式中，$f(R_\infty)$ 为 K-M 函数；R_∞ 为样品层无限厚时的漫反射率（实际上几毫米厚度就可以了）；K 为样品的吸光系数；S 为样品的散射系数（与样品的粒度有关，粒度一定时为常数）。由于 K 与粉末样品浓度成正比，由此可知，$f(R_\infty)$ 与浓度成正比，这是漫反射定量分析的基础，一般仪器软件可以自动进行。

3. 光声附件

它是将样品放置于密闭的充满不吸收红外光气体（He 气）的光声池内，在红外光的作用下，样品吸收红外光能量，转化为热量，热量传到样品表面，再传到气体中，导致光声池内气体压力的变化，由此产生的声音经微音器检测后，放大输入 FTIR 波谱仪，获得吸收波谱图。傅里叶变换红外光声红外波谱仪采用光声池、前置放大器代替傅里叶变换红外波谱仪的检测器，样品置于光声池中测定。红外光声波谱主要用于以下样品的测定：①强吸收、高分散的样品（如深色催化剂、煤样等）；②橡胶、高聚物等难以制样的样品；③不允许加工处理的样品。

近红外超声成像技术的原理：当近红外脉冲激光照射到生物组织上，生物组织吸收光能量而产生热膨胀，在脉冲间隙释放能量发生收缩。伴随着热胀冷缩的过程会产生高频超声波，吸收光能量的多少决定了产生的超声波的强度。因为不同的组织对近红外光的吸收不同，于是就会产生不同强度的超声波，这个技术对于血管成像十分理想，因为血红蛋白是近红外超声成像内源性的造影剂。利用这个技术，在肿瘤学的研究中可以用来区分正常组织和病变组织（因为癌症组织的血管十分丰富）。另外，光声成像技术检测的是超声信号（该技术克服了纯光学成像技术在成像深度与分辨率上不可兼得的不足），反映的是光能量吸收的差异（补充纯超声成像技术在对比度和功能性方面的缺陷），结合近红外光学和超声这两种成像技术各自的优点，能实现对组织体较大深度的高分辨率、高对比度、高灵敏度的结构成像和功能成像的结合，并且能对感兴趣区域（肿瘤部位）做断层成像，效果要优于小动物 CT。近红外成像由于其穿透力较深和组织背景低等特点，特别适合于体内的成像；并且该系统所配备的近红外实时成像系统，可实时指导小动物乃至大动物的手术操作，在造影剂的辅助下，可完成靶向部位的探测成像，指导手术的细微操作。因此，该成像平台不仅可以完成无标记的组织结构和功能成像（光声部分），又可在造影剂的增强效果下完成手术的导航（近红外光学部分），是科研定量研究和转化医学的结合产物。

4. 欧米采样器

欧米采样器是美国热电公司推出的通用型单次反射水平全衰减反射制样附

件，几乎可以应用到所有种类的样品，所以也称为“万能采样器”。与其他具有平板型制样表面 ATR 附件相比，采用了晶体与样品的“点对点”接触方式和压力柱装置的欧米采样器大大提高了波谱质量。晶态的材料和形状使得欧米采样器成为一个非常不错的红外附件。液体池更加拓宽了欧米采样器的用途。“池”的设计具有小体积并且容易清洗的特点。

5.5　拉曼波谱图与特征谱带

5.5.1　拉曼波谱图

如图 5.9 为 CCl_4 液体的拉曼波谱图，入射光是 22938 cm^{-1} 的可见光。CCl_4 产生的拉曼散射光也是可见光，中心位置是 Rayleigh 散射，它是弹性碰撞，产生的强度很强，频率同入射光一致（22938 cm^{-1}），因此它的拉曼位移（Raman shift）值为 0。负拉曼位移为 Anti-Stokes 线，正拉曼位移为 Stokes 线。一般来说，拉曼波谱不记录 Rayleigh 线和 Anti-Stokes 线，只记录 Stokes 线。

拉曼波谱的横轴是相对于单色激发光（入射光）频率的位移，把入射光频率位置作为零，那么拉曼位移的数值正是相对于分子振动能级跃迁的频率。由于入射光是可见光，所以拉曼方法的本质是在可见光区测定分子振动波谱。拉曼波谱一般采用氩离子激光器作为激发光源，所以又称为激光拉曼波谱。此外，在拉曼波谱中所测量的基团振动频率和红外波谱中测量的基本相同，如酮类羰基的伸缩振动频率在红外波谱中位于 1710 cm^{-1}，而在拉曼波谱中不管激光光源的频率如何，它总是在 1710 $cm^{-1}\pm3$ cm^{-1}。

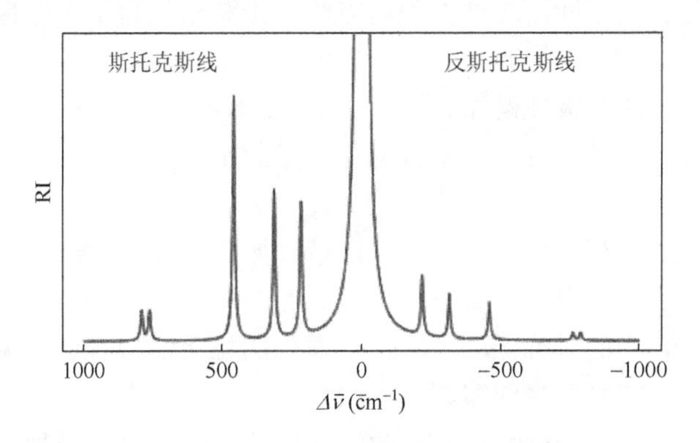

图 5.9　CCl_4 液体的拉曼波谱

拉曼波谱的纵轴与振动的拉曼活性有关。前文讲过拉曼活性与振动的极化率

α 变化有关，振动的极化率变化越大，拉曼活性越强，拉曼峰越强。振动极化率变化振动前后电子云形变有关，振动前后电子云形变越大，则极化率变化越大。以线型三原子分子 CS_2 为例，它有 $3N-5=4$ 种振动形式（图 5.10）。对称伸缩振动由于分子在振动平衡前后电子云形状是不一样的，极化率发生了改变，因此对称伸缩振动频率 ν_1 是拉曼活性振动。但不对称振动（ν_2）和弯曲振动（ν_3 和 ν_4）在振动平衡前后电子云形状是一样的，因此它们是非拉曼活性振动。而它们的振动偶极矩在不断变化着，所以它们是红外活性振动。在另一个方面来看，对于描述分子的振动来看，拉曼波谱和红外波谱是互补的。

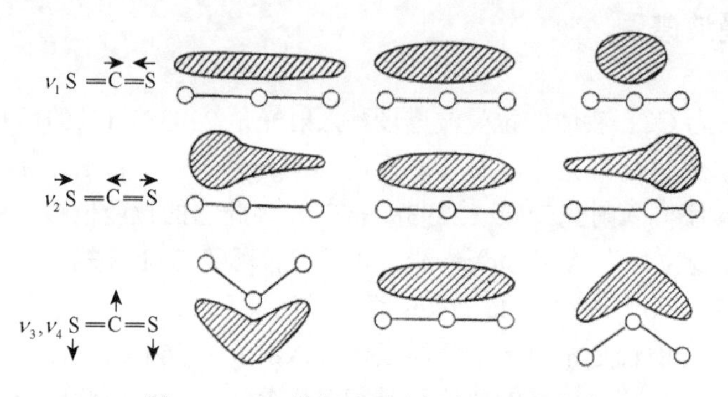

图 5.10　CS_2 的振动形式与电子云变化

具有对称中心的分子如 CO_2、CS_2 等，其对称振动是拉曼活性的，红外非活性的；非对称振动是红外活性的，拉曼非活性的。这种极端情况称为选律互不相容性，但这只适用于具有对称中心的分子。对于无对称中心的分子如 H_2O、SO_2 等不满足选律互补相容性，它的三个振动形式都是具备拉曼活性和红外活性的。至于较复杂的分子就不能用这种直观的方法讨论波谱选律了。但也有一些特征可循，例如：

（1）同种原子的非极性键如 S—S、C═C、N═N、C≡C 产生的强的拉曼谱带，从单键、双键再到三键，由于含有可变形的电子数目逐渐增加，拉曼谱峰强度也逐渐增加。

（2）强极性基团在拉曼波谱中是弱谱带，如极性基团 C═O 在红外波谱中是强谱带，但在拉曼波谱中是弱谱带。

（3）环状化合物的对称振动，常常是最强的拉曼谱带。这种振动形式是形成环状骨架的所有键同时发生伸缩。

（4）C—C 在红外波谱中是弱吸收峰，但在拉曼波谱中是强吸收峰，广泛产生耦合。

（5）醇和烷烃的拉曼波谱是相似的，这是由于 C—O 键与 C—C 键的化学键力常数或键的强度差别不大；羟基（$M=17$）与甲基（$M=15$）质量仅相差 2 个单位；O—H 拉曼谱带比 C—H 拉曼谱带弱。

5.5.2　拉曼特征谱带

有机化合物中常见基团的拉曼波谱特征谱带及强度见表 5.6。

表 5.6　有机化合物中常见基团的拉曼波谱特征谱带及强度

基团振动	频率范围（cm^{-1}）	拉曼强度	基团振动	频率范围（cm^{-1}）	拉曼强度
ν(O—H)	3650～3000	w	ν(C—H) 芳香	1600～1580	s～m
ν(N—H)	3500～3300	m		1500，1400	m～w
ν (≡C—H)	3300	w	ν_{as}(C—O—C)	1150～1060	w
ν (=C—H)	3100～3000	s	ν_s(C—O—C)	970～800	s～m
ν (—C—H)	3000～2800	s	ν_{as}(Si—O—Si)	1110～1000	w
ν (—S—H)	2600～2550	s	ν_s(Si—O—Si)	550～450	vs
ν (C≡N)	2255～2220	m～s	ν(O—O)	900～845	s
ν (C≡C)	2250～2100	vs	ν(S—S)	550～430	s
ν (C=O)	1820～1680	s～w	ν(Se—Se)	330～290	s
ν (C=C)	1900～1500	vs～m	ν(C—S) 芳香	1100～1080	s
ν (C=N)	1680～1610	s	ν(C—S) 脂肪	790～630	s
$\delta(CH_2), \delta_{as}(CH_3)$	1470～1400	m	ν(C—F)	1400～1000	s
ν(N =N)脂肪	1580～1550	m	ν(C—Cl)	800～550	s
ν(N =N)芳香	1440～1410	m	ν(C—Br)	700～500	s
ν(C — Si)	1300～1200	s	ν(C—I)	660～480	s
ν(C — Sn)	600～450	s	ν(C—Hg)	570～510	vs

注：ν 伸缩振动，δ 弯曲振动，ν_s 对称伸缩振动，ν_{as} 反对称伸缩振动；vs 很强，s 强，m 中等，w 弱

5.6　拉曼波谱实验技术

拉曼波谱较红外波谱简单，制样容易，一般来说固、液、气态试样可以直接测试。拉曼波谱仪器的基本组成有激光光源、样品池、单色器、检测器以及数据

处理系统等。其中激光光源最为重要，主要使用连续式气体激光器，常选主要波长为632.8 nm He-Ne激光器和主要波长为514.8 nm和488.0 nm的Ar离子激光器。20世纪70年代以来，随着可调谐激光技术的发展，开发了很多新的拉曼波谱法，如表面增强拉曼波谱法（surface-enhanced Raman spectrometry，SERS）、共振拉曼波谱法（resonance Raman spectrometry，RRS）、非线性拉曼波谱法（nonlinear Raman spectrometry，NRS）等

1. 表面增强拉曼波谱法

在金属良导体、金属溶胶或掺和物等活性基质的粗糙表面上，测量吸附分子的拉曼信号，其灵敏度可提高 10^4～10^7 倍。使用的活性基质有银电极、氧化银、氯化银溶胶等。SERS 已广泛用于表面配合物，吸附界面表面状态，生物大分子的界面取向及构型、构象研究，痕量有机物和药物分析。

2. 共振拉曼波谱法

激发光频率与待测分子的电子吸收频率接近或重合时，会产生共振拉曼效应，引起分子的特征拉曼谱带增强 10^4～10^6 倍。可在波谱上观测到正常的拉曼效应中难以出现的泛频和组合频振动，从而得到有关分子对称性、分子振动与电子运动相互作用的信息。RRS 在低浓度样品的检测和配合物的结构表征中发挥着重要的作用。结合表面增强拉曼波谱，灵敏度以达到单分子水平。

3. 非线性拉曼波谱法

非线性拉曼波谱法是以二级和高场诱导极化为基础的拉曼波谱法，其中应用最为广泛的是相关反 Stokes 拉曼波谱。NRS 表现出高灵敏度、高选择性和高抗荧光干扰能力，在微量化学和生物样品检测与结构表征中已被应用。

5.7　拉曼波谱与红外波谱的比较

由前文可知，红外波谱和拉曼波谱在化学领域的研究对象大致相同，但是在产生波谱的机理、选律、实验技术和波谱解释等方面有较大的差别。

（1）红外波谱和拉曼波谱两者的产生机理不同。红外吸收是由于振动引起分子偶极矩或电荷分布变化产生的。拉曼散射是由于键上电子云分布产生瞬间变形引起暂时极化，产生诱导偶极，当返回基态时产生的散射。散射的同时电子云也恢复原态。

（2）红外波谱的入射光及检测光均是红外光，而拉曼波谱的入射光大多数都

是可见光，散射光也是可见光。红外波谱测定的是光的吸收，横坐标用波数或波长表示，而拉曼波谱测定的是光的散射，横坐标是拉曼位移。

（3）拉曼波谱波数的常规范围是 4000～40 cm^{-1}，一台拉曼波谱仪包括了完整的振动频率范围。红外波谱包括近红外、中红外和远红外，通常需要用几台仪器或一台仪器分几次扫描才能完成整个波谱的测量。

（4）虽然红外波谱可用于任何状态的样品（固、液、气），但对于水溶液、单晶和聚合物是比较困难的。拉曼波谱就比较方便，几乎可以不必特别制样就可以进行拉曼波谱测量。拉曼波谱也可以分析固态、液态和气态的试样。固态试样可以直接进行测定，不需要研磨或制成 KBr 薄片。但在测定过程中样品可能被高强度的激光束烧焦，所以应该检查样品是否变质。拉曼波谱法的灵敏度很低，因为拉曼散射很弱，只有入射光的 10^{-6}～10^{-8}，所以早期的拉曼波谱需要采用相当浓缩的溶液，其浓度可以由 1 mol/L 至饱和溶液，采用激光作为光源后样品可以减少到毫克级。

（5）红外波谱不能用水作为溶剂，因为水本身就有很强的红外吸收，且红外光学附件一般都为金属卤化物，水会“腐蚀”光学镜面。但水的拉曼散射是极弱的，所以水是拉曼波谱的一种良好溶剂。因为水很容易溶解大量无机物，因此无机物的拉曼波谱研究很多。可以用于研究多原子无机离子配合物。同样还可以通过拉曼谱带的积分强度测定溶液中物质的浓度，因此可以用于研究溶液的配位平衡。

（6）拉曼波谱是利用可见光获得的，所以拉曼波谱可以使用普通的玻璃毛细管作为样品池（也可以用石英池）。红外波谱的样品池需要用特殊材料做成。

当然红外波谱和拉曼波谱也有共同点。它们的共同点在于，对于一个给定的化学键，其红外吸收频率与拉曼位移相等，均代表第一振动能级的能量。因此，对于某一个化合物来说，某些峰的红外吸收波数与拉曼位移完全相同，二者均反映分子的振动结构信息。

5.8　红外和拉曼波谱应用

5.8.1　红外波谱应用

1. 定性分析

1）已知物的鉴定

将试样的谱图与标样的谱图进行比对，或者与文献上的标准谱图进行比对。如果两张谱图各吸收峰的位置和形状完全相同，峰的相对强度一样，就可以认为样品是该种标准物。如果两张谱图不一样，或峰位不一样，则说明两者不是同一种物质，或样品中有杂质。如果用计算机谱图检索，则采用相似度来判别。最常见的红外波谱标准谱图有 Sadtler 标准红外波谱图库、Aldrich 红外波谱图库和 Sigma Fourier 红外波谱图库，此外还有一些仪器厂商开发的联机检索谱图库。但应用最为广泛的还是 Sadtler 标准红外谱图库，它收集了十三万多张红外波谱，并可以使用多种检索方法，例如分子式索引、化合物名称索引、化合物分类索引和相对分子质量索引等，而且还可以同时检索紫外、氢核磁共振波谱和碳核磁共振波谱。使用文献上的谱图，应对注意试样的物态、结晶状态、溶剂、测定条件以及所用仪器类型等。

下面列举几类典型有机化合物的标准红外波谱来了解一下官能团的鉴定。

例 1 烯烃的红外波谱

图 5.11 为 1-戊烯的红外波谱。烯烃和烷烃的主要谱峰归属见表 5.7。

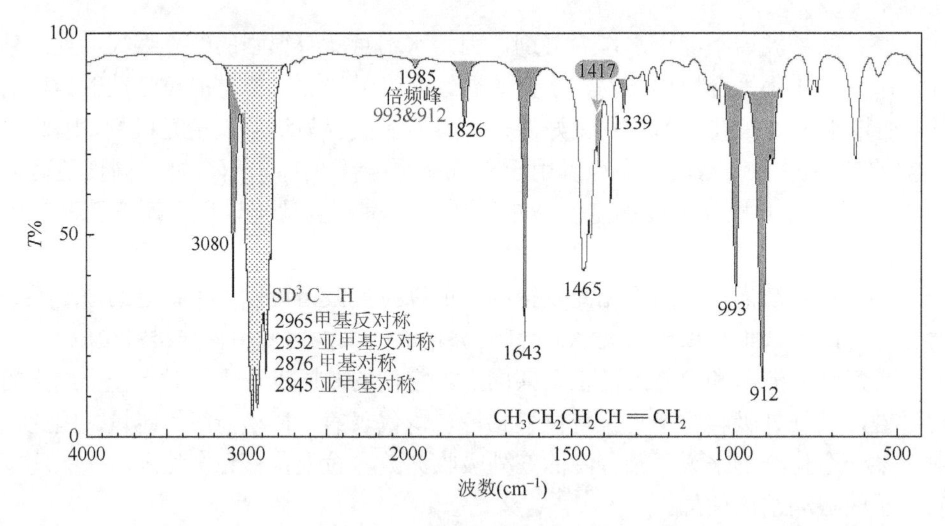

图 5.11 1-戊烯的红外波谱

表 5.7 烯烃和烷烃的主要谱峰归属

波数（cm^{-1}）	归属	结构单元
3080	ν(C—H) 不饱和	
1643	ν(C=C)	H(R)C=CH$_2$（H、R 与 H、H 分列 C=C 两端）
993	δ(C—H) 乙烯型	
912		
1996	δ(C—H) 的倍频	
1826		

续表

波数（cm^{-1}）	归属	结构单元
2965, 2876	ν(C—H) 饱和	
1465	δ_{as}(C—H)	CH_3
1339	δ_s(C—H)	
2932, 2845	ν(C—H)	CH_2
1465	δ_s(C—H)	

例 2　苯环的红外波谱

图 5.12 为甲苯的红外波谱。苯环的主要谱峰归属见表 5.8。

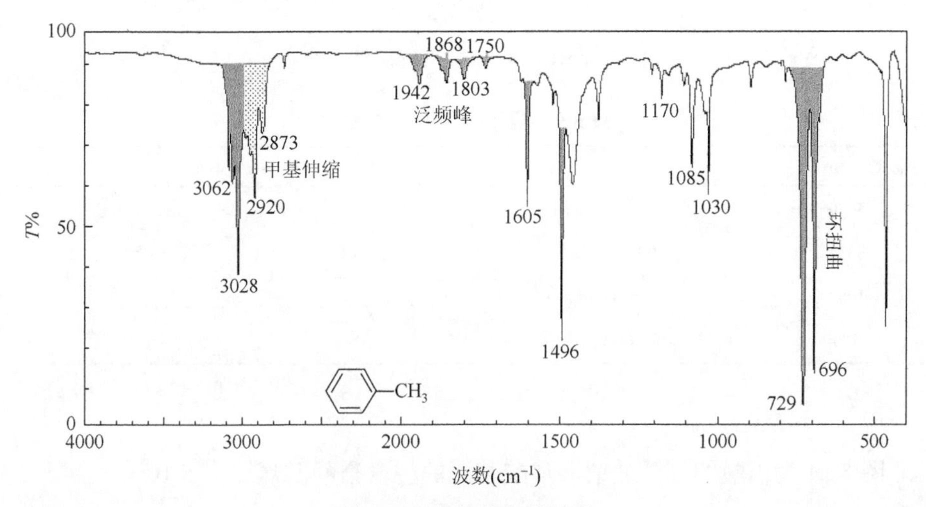

图 5.12　甲苯的红外波谱

表 5.8　苯环的主要谱峰归属

波数（cm^{-1}）	归属	结构单元
3062, 3028	ν(C—H) 不饱和	
729	δ(Ar—H)	
696	δ(C═C)	
1942, 1868 1803, 1750	δ(Ar—H), δ(C═C) 泛频区	
1605, 1496	ν(C═C)	

例 3　羟基的红外波谱

图 5.13 为环己醇的红外波谱。羟基的主要谱峰归属见表 5.9。

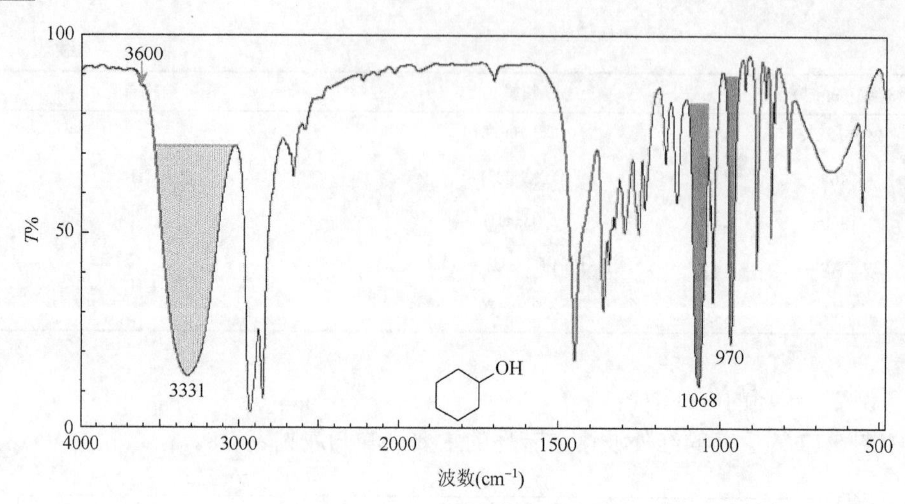

图 5.13　环己醇的红外波谱

表 5.9　羟基的主要谱峰归属

波数（cm^{-1}）	归属	结构单元
3600	ν(O—H) 游离	a键
3331	ν(O—H) 缔合	e键
1068	ν(C—O) a 键构象	OH，
970	ν(C—O) e 键构象	OH

例 4　羧酸的红外波谱

图 5.14 为丙酸的红外波谱。羧酸基团的主要谱峰归属见表 5.10。

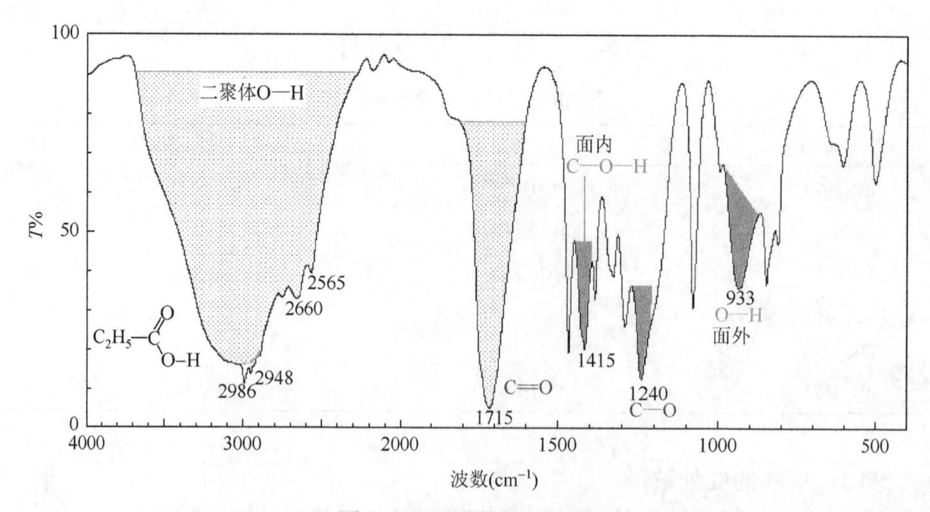

图 5.14　丙酸的红外波谱

表 5.10　羧酸基团的主要谱峰归属

波数（cm^{-1}）	归属	结构单元
3300～2500	ν(O—H) 缔合	
1415	δ(O—H) 面内	R—C(=O)—OH
933	δ(O—H) 面外	
1715	ν(C═O) 二聚体	
1240	ν(C—O)	

例 5　胺的红外波谱

图 5.15 为苯胺的红外波谱。氨基的主要谱峰归属见表 5.11。

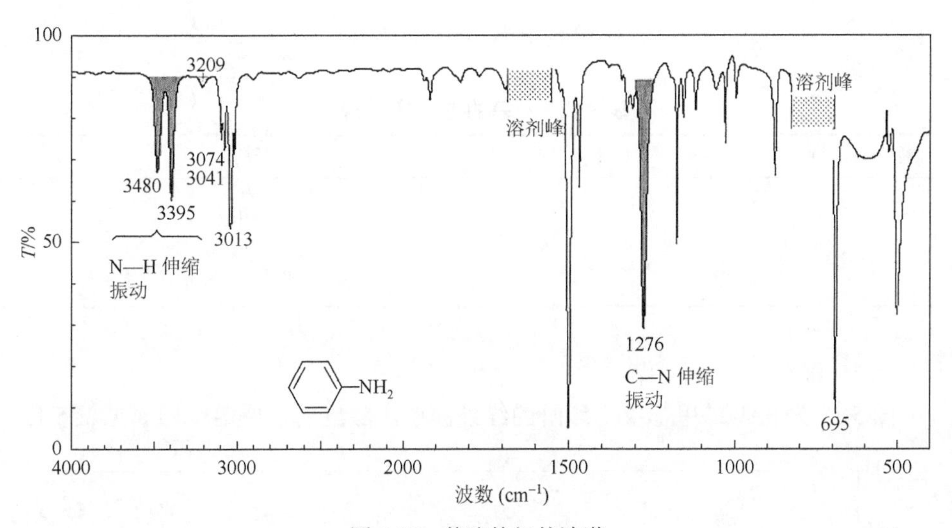

图 5.15　苯胺的红外波谱

表 5.11　氨基的主要谱峰归属

波数（cm^{-1}）	归属	结构单元
3429，3354	ν(N—H) 缔合	
1621	δ_s(N—H) 剪式振动	R—N(H)—H
700	δ(N—H) 摇摆振动	
1277	ν(C—N)	

例 6　酯类的红外波谱

图 5.16 为丁酸乙酯的红外波谱。酯基的主要谱峰归属见表 5.12。

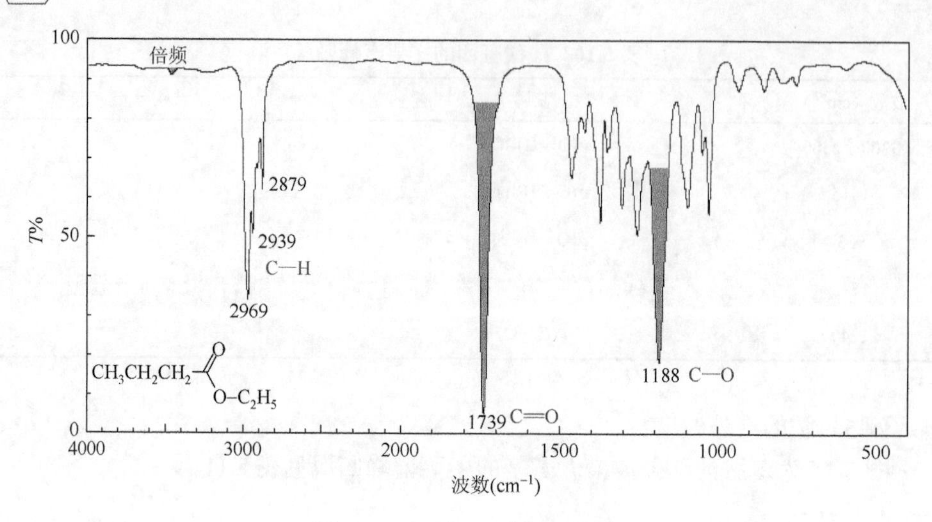

图 5.16 丁酸乙酯的红外波谱

表 5.12 酯基的主要谱峰归属

波数（cm^{-1}）	归属	结构单元
1739	ν(C═O)	R—C(═O)—OR′
1188	ν(C—O)	

例 7 酸酐的红外波谱

图 5.17 为 3, 3-二甲基戊二酸酐的红外波谱。酸酐的主要谱峰归属见表 5.13。

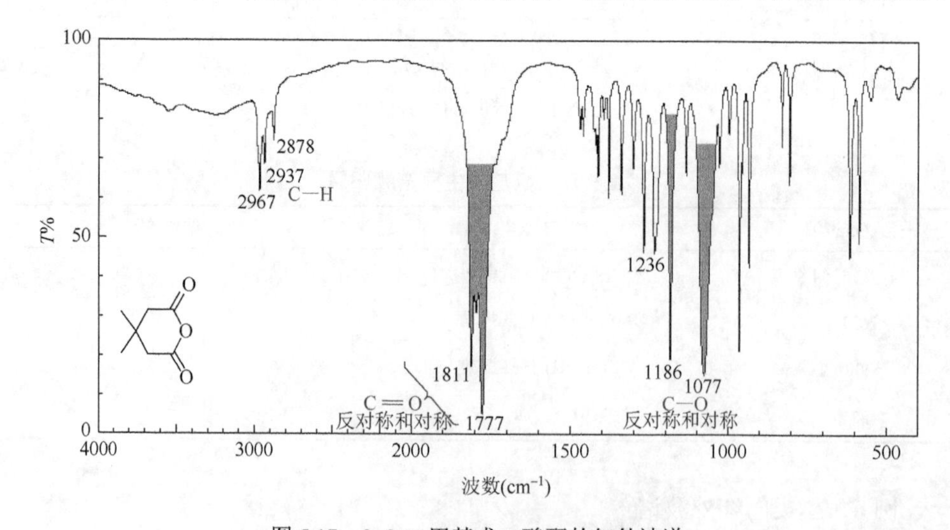

图 5.17 3, 3-二甲基戊二酸酐的红外波谱

表 5.13 酸酐的主要谱峰归属

波数（cm^{-1}）	归属	结构单元
1811	ν(C═O) 反对称伸缩振动	$R'-C(=O)-C-C(=O)-R$
1777	ν(C═O) 对称伸缩振动	

2）未知物的结构解析

测定未知物的结构，是红外波谱法定性分析的一个重要用途。对波谱解析前，应尽可能多收集样品信息，诸如样品的来源及制备方法，了解其原料及可能产生的中间产物或副产物，样品的熔点、沸点、溶解性、旋光性等物理化学性质以及其他分析手段测得的数据等。根据元素分析及摩尔质量的测定，求出化学式并计算化合物的不饱和度。

$$\Omega = 1 + n_4 + \frac{n_3 - n_1}{2}$$

式中，n_1 和 n_3 分别为分子中所含的一价、三价和四价元素原子的数目。不饱和度 Ω 表示分子含有环或双键的个数。当计算得 $\Omega = 0$ 时，表示分子是饱和的，并且不含有环状结构。当计算得 $\Omega = 4$ 时，分子中有可能含有 1 个苯环，因为苯环结构中有 3 个双键和 1 个环。值得注意的是，二价元素不参加计算，即 O、S 等元素对不饱和度没有贡献。

红外谱图解析一般先从特征频率区入手，首先解析最强的谱峰，推测未知物可能含有的基团，排除不可能含有的基团。再从指纹区的谱带来进一步验证，找出可能含有的基团的相关峰，用一组相关峰来确定一个基团的存在。对于较复杂的化合物，则需要结合紫外波谱、质谱、核磁共振等手段才能获得较为可靠的分子结构。

2. 定量分析

红外波谱的定量分析是依据物质组分的吸收峰强度进行的，它的理论基础是 Lamber-Beer 定律：$A = \log_{10}\left(\frac{I}{I_0}\right) = \log_{10}\frac{1}{T} = \varepsilon lc$，当一束单色光通过溶液时，溶质分子就要吸收一部分光能，那么透过光的强度就要减弱。减弱多少是和溶液的浓度有关。

用红外波谱做定量分析实际上与大家所熟悉的比色法是一样的。进行定量分析时要选一个分析波长，由于红外波谱的谱带较多，选择余地大，所以能方便地对单一组分和多组分进行定量分析。此外，用红外波谱做定量分析有许多谱带可供选择，有利于排除干扰。由于红外波谱法不受样品状态的限制，能定量测定气体、液体和固体样品，其中采用试样溶液进行定量最为普遍。对于物质的化学性质相近，而用气相色谱法进行定量分析又存在困难的试样（如沸点高，或气化时要分解的试样）往往可采用红外波谱法定量。

红外定量的缺点是红外波谱的灵敏度较低，不能用于微量组分的测定。

5.8.2 拉曼波谱应用

1. 有机物结构分析

拉曼波谱和红外波谱互补，二者均反映分子的振动的信息，可互相补充用于有机化合物的结构鉴定。如—N≡N—、—C≡C—、—C═C—等基团，由于它们振动时偶极矩的变化均不大，因此红外吸收一般较弱，而它们的拉曼谱线一般较强。因此可以用拉曼谱对这些基团的鉴定提供更为明确的证据。对碳链或环的骨架振动，拉曼波谱较红外波谱具有较强的特征性。此外，拉曼波谱测定的是拉曼位移，即相对于入射光频率的变化值，在可见光波段，如使用第三单色器，拉曼位移可以测到很低的波数。

与红外波谱不同的是，拉曼波谱可以测定去偏振度，以它可以确定分子的对称性，从而有助于解析有关分子的结构信息。拉曼波谱测定分子去偏振度的原理可以解释如下：当电磁辐射与分子相互作用时，偏振态常发生改变。在拉曼散射中，这种改变与被照分子的对称性有关。拉曼波谱仪常采用激光作为光源，而激光是偏振光。入射光为偏振光时，去偏振度的测量如图 5.18 所示。

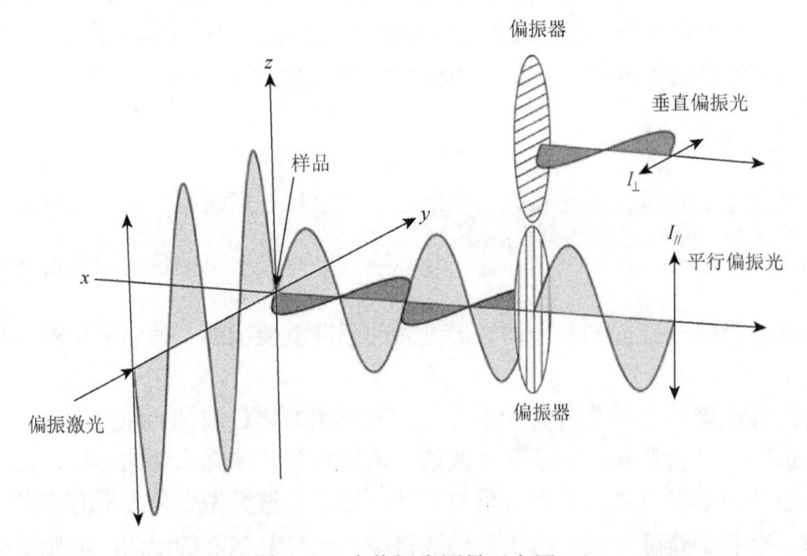

图 5.18 去偏振度测量示意图

偏振激光在 yz 平面照射样品，现在 x 轴上检测散射光的强度。但在检测器之前放置了一个偏振器（如 Nicol 棱镜），它只允许某一方向的偏振光通过。当偏振器与偏振激光方向平行时，在 yz 平面内的散射光可以通过偏振器，检测器只能检测到与偏振激光平行的散射光，记为 $I_{//}$；当偏振器与激光偏振光垂直时，在 xy 平面的散射光可以通过偏振器，则可以检测到的散射光强度为 $I_{\perp}$。去偏振度 ρ 的定义为：

$$\rho = \frac{I_{\perp}}{I_{//}}$$

去偏振度与分子的极化率有关。设极化率的各向同性部分用 $\bar{\alpha}$ 表示，各向异性部分用 $\bar{\beta}$ 表示，则去偏振度与 $\bar{\alpha}$ 和 $\bar{\beta}$ 有以下的关系：

$$\rho = \frac{3\overline{\beta^2}}{45\alpha^2 + 4\overline{\overline{\beta^2}}}$$

对于分子的全对称振动来说，它的极化率是各向同性的，因此 $\bar{\beta} = 0$，$\rho = 0$。此时产生的拉曼散射光为完全偏振光。在非对称振动的情况下，极化率是各向异性的，$\bar{\alpha} = 0$，$\rho = 3/4$。在入射光是偏振光的情况下，ρ 在 0 和 3/4 之间。可见，去偏振度表征了拉曼谱带的偏振性能，与分子的对称性和分子振动的对称类型有关。

2. 高分子聚合物的研究

激光拉曼波谱特别适合高聚物碳链骨架或环的测定，并能很好地区别各种异构体，如单体异构、位置异构、几何异构、顺反异构等。对于含黏土、硅藻土等无机填料的高聚物，可不经分离而直接测试。

3. 生物大分子的研究

水的拉曼响应很弱，因此拉曼波谱对物质水溶液的研究具有突出的意义。激光光束可聚焦至很小的范围，测定样品的用量可低至几微克，并在接近于自然状态的极稀溶液下测定生物大分子的组成、构象和分子间的相互作用等问题。拉曼波谱已广泛用于测定如氨基酸、糖、胰岛素、激素、核酸、DNA 等生化物质。

4. 定量分析

拉曼谱线的强度与入射光的强度和样品分子的浓度成正比，当入射光强度一定时，拉曼散射的强度与样品的浓度呈简单的线性关系。拉曼波谱的定量分析常用内标法来测定，检出限在 μg/mL 数量级，可用于有机化合物和无机阴离子的分析。

参 考 文 献

胡坪，王氢. 2019. 仪器分析[M]. 北京：高等教育出版社.

翁诗甫，徐怡庄. 2016. 傅里叶变换红外光谱分析[M]. 3 版. 北京：化学工业出版社.

杨序钢，吴琪琳. 2008. 拉曼光谱的分析与应用[M]. 北京：国防工业出版社.

叶宪曾，张新祥，等. 2007. 仪器分析教程[M]. 北京：北京大学出版社.

第 6 章

紫外和分子荧光波谱分析法

6.1　紫外和分子荧光波谱法发展历史

紫外和分子荧光波谱法都属于分子波谱法，前者是分子吸收波谱而后者为分子发射波谱。二者是历史悠久并且应用广泛的光学分析法。

1815 年夫琅禾费（J. Fraunhofer）仔细观察太阳波谱，发现太阳波谱中有 600 多条暗线，这就是人们最早知道的吸收波谱线，被称为“夫琅禾费线”。但当时对这些线还不能作出正确的解释。1859 年 R. Bunsen 和 G. Kirchhoff 发现由食盐发出的黄色谱线的波长和“夫琅禾费线”中的 D 线波长完全一致，才知一种物质所发射光的波长（或频率），与它所能吸收的波长（或频率）是一致的。1862 年 Miller 应用石英摄谱仪测定了一百多种物质的紫外吸收波谱。他把波谱图表从可见区扩展到了紫外区，并指出：吸收波谱不仅与组成物质的基团质有关。接着，Hartolay 和 Bailey 等又研究了各种溶液对不同波段电磁辐射的截止波长，并发现吸收波谱相似的有机物质，它们的化学结构也相似。这一发现可以解释用化学方法所不能说明的分子结构问题，初步建立了分光光度法的理论基础，以此推动了分光光度计的发展。1918 年美国国家标准局研制成世界首台紫外可见分光光度计（不是商品仪器，很不成熟）。直到 1945 年，美国 Beckman 公司才推出世界上第一台成熟的商用紫外可见分光光度计。此后，紫外可见分光光度计经不断改进，又出现自动记录、自动打印、数字显示、计算机控制等各种类型的仪器，使分光光度法的灵敏度和准确度也不断提高，应用范围不断扩大。目前，紫外波谱在化合物的定量分析和检定、有机化合物同分异构体的鉴别、物质结构的推断等领域有着广泛的应用。

16 世纪西班牙的内科医生和植物学家 N. Monardes 于 1575 年提到在含有一种称为 *Lignum nephriticum* 的木头切片的水溶液中，呈现了可爱的天蓝色，这是人类首次记录荧光现象。1845 年，Herschel 观察到奎宁受日光激发产生荧光的现象。此后科学家们陆续发现更多的荧光材料和溶液，但对“如何产生荧光现象”的问题却在很长一段时期内无法给出合理的解释。在 17 世纪，Boyle 和 Newton 等科学家再次观察到荧光现象。1852 年，英国剑桥大学的数学家和物理学家 Stokes 爵士在考察奎宁和叶绿素的荧光时，用分光计观察到荧光波长比入射光波长稍长些。经过判明，这种现象不是由光的漫射作用引起的，而是这些物质在吸收光能后重新放射出的不同波长的光，因此，他提出“荧光”这一术语，指明荧光是光发射的概念。1928 年，Jette 和 West 共同研制了第一台光电荧光计，结束了靠肉眼观察荧光的时代。1943 年，Dutton 和 Bailey 提出了一种荧光波谱的手工校正步骤。1948 年，Studer 推出了第一台自动荧光波谱校正装置。直到 1952 年才出现商品化的荧光波谱校正仪器。近几十年来，荧光仪器随着激光、微处理机等新技术的引入得到迅猛发展，不断研制出了各种功能新颖的荧光分析仪器，从最初的手控式荧光分光光度计发展到自动记录式荧光分光光度计，再到由计算机控制的荧光分光光度计，从最初的未校正波谱到带可校正波谱的荧光分析仪。荧光作为分析手段需通过荧光分光光度计实现。荧光检测可以提供包括激发波谱、发射波谱、荧光强度、特征峰值、量子产率、荧光寿命、荧光偏振等物理参数，以便从各个角度反映分子的成键和结构情况。通过对这些参数的测定，不但可做一般的定量分析，而且还可用于推断分子在各种环境下的构象变化，从而阐明分子结构与功能之间的关系。荧光分析法的灵敏度较高，通常比紫外-可见分光光度法高 2～3 个数量级；荧光波谱法还具有选择性强、用样量少、方法简便、工作曲线线性范围宽等优点，在材料、生命科学、生物医药、临床诊断、石油勘探以及环境监测等诸多领域都得到了广泛的应用。

6.2 紫外波谱法基本原理

紫外波谱是由分子中价电子的跃迁而产生的。因此，这种吸收波谱取决于分子中价电子的分布和结合情况，同分子内部的结构有密切关系。按照分子轨道理论，分子轨道（molecular orbital，MO）是原子轨道（atomic orbital，AO）的线性组合。有几个原子轨道相组合，就能形成几个分子轨道。在组合产生的分子轨道中，能量低于原子轨道的称为成键轨道；高于原子轨道的称为反键轨道；无对应（能量相近，对称性匹配）的原子轨道直接生成的称为非键轨道。

分子中的电子总是处于某一种运动状态中，每一种状态都具有一定的能量，属于一定的能级。电子由于受到光、热、电等的激发，从一个能级转移到另一个能级，称为跃迁。电子跃迁本质上是组成物质的粒子（原子、离子或分子）中电子的一种能量变化。根据能量守恒原理，粒子的外层电子从低能级转移到高能级的过程中会吸收能量；从高能级转移到低能级则会释放能量。能量为两个能级能量之差的绝对值。

因分子成键过程只与原子的外层电子有关，因此分子轨道有 σ 分子轨道、π 分子轨道两种。分子的外层电子可以从分子的成键轨道跃迁到相应的反键轨道，包括 $\pi \to \pi^*$ 电子跃迁、$\sigma \to \sigma^*$ 电子跃迁（图 6.1）。此外，含有 O、N 或 S 等杂原子的分子中，还有 n 非键轨道，它们也属于原子的外层电子，其电子能级与原子轨道能级相同，n 轨道上的电子受激发后也会发生电子跃迁，包括 $n \to \pi^*$ 电子跃迁、$n \to \sigma^*$ 电子跃迁（图 6.1）。

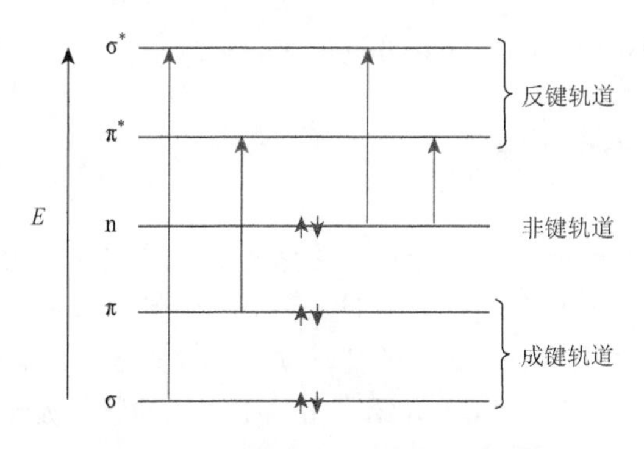

图 6.1 分子能级与电子跃迁示意图

6.3 紫外波谱表示法及常用术语

6.3.1 紫外波谱表示法

紫外波谱的横坐标是入射光的波长，而纵坐标为紫外吸收带的强度，可以用吸光度 A（absorbance）、透过率 T（absorptivity transmittance）或摩尔吸收系数 ε（absorptivity）为纵坐标。紫外波谱中的吸光度、透过率和摩尔吸收系数间的关系遵从 Lambert-Beer 定律。

$$A = \lg\frac{I_0}{I_t} = \lg\frac{1}{T} = \varepsilon lc$$

式中，A 为吸光度；T 为透过率；I_0 和 I_t 分别为入射光和透射光的强度；ε 为摩尔吸收系数；l 为样品池的厚度；c 为摩尔浓度。

紫外波谱也可以用数据来表示。一般以谱带的最大吸收波长（λ_{max}）和最大摩尔吸收系数（ε_{max}）表示，如 λ_{max} 210 nm（ε_{max} 10^4）。有时候也常用最大摩尔吸收系数的常用对数值来表示，如 λ_{max} 210 nm（$\lg\varepsilon_{max}$ 4.0）。

对于测定物质组成不确定时，可用百分吸光度系数 $A_{1cm}^{1\%}$ 表示。如 $A_{1cm}^{1\%} 237 = 0.625$，表示样品浓度 1%（质量浓度），通过 1 cm 样品池，在波长 237 nm 处测得的吸光度为 0.625。$A_{1\text{cm}}^{1\%}$ 与 ε 的关系如下式所示：

$$\varepsilon = A_{1\text{cm}}^{1\%} \times 0.1M$$

式中，M 为样品的分子量。

在样品、入射光波长和溶剂一定的条件下，$\lambda_{\max}$ 和 $\varepsilon_{\max}$ 为常数，近似地表示跃迁概率的大小。有机分子中，$\lg\varepsilon_{\max} > 3.5$，为强吸收带；$\lg\varepsilon_{\max}$ 在 2.5～3.5 之间为中等强度吸收带；$\lg\varepsilon_{\max}$ 在 1～2.5 之间为弱吸收带。允许跃迁对应于强吸收带，部分禁阻跃迁对应于中等强度吸收带或弱吸收带。

6.3.2 紫外波谱常用术语

生色团（chromophore） 分子中产生紫外吸收的主要官能团。即该基团本身产生紫外波谱，$\lambda_{\max}$ 受相连基团的影响。生色团的特征是具有 π 电子，简单的生色团由双键或三键体系组成，如乙烯基、羰基、亚硝基、偶氮基—N═N—、乙炔基、腈基—C≡N—等。表 6.1 介绍了常见生色团的紫外吸收数据。

表 6.1 常见生色团的紫外吸收数据

生色团	化合物	溶剂	$\lambda_{\max}$（nm）	$\varepsilon_{\max}$ [L/(mol·cm)]	跃迁类型
C═C	1-己烯	庚烷	180	12500	$\pi\to\pi^*$
C≡C	1-丁炔	蒸气	172	4500	$\pi\to\pi^*$
C═O	乙醛	蒸气	289 182	12.5 10000	$n\to\pi^*$ $\pi\to\pi^*$
	酮	环己烷	275 190	22 10000	$n\to\pi^*$ $\pi\to\pi^*$
COOH	乙酸	乙醇	204	41	$n\to\pi^*$
COOR	乙酸乙酯	水	204	60	$n\to\pi^*$
COCl	乙酰氯	戊烷	240	34	$n\to\pi^*$
$CONH_2$	乙酰胺	甲醇	205	160	$n\to\pi^*$
NO_2	硝基甲烷	乙烷	279 202	15.8 4400	$n\to\pi^*$ $\pi\to\pi^*$
N═N	偶氮甲烷	水	343 254	25 205	$n\to\pi^*$ $\pi\to\pi^*$
（苯环结构）	苯	甲醇	203.5	7400	$\pi\to\pi^*$

助色团（auxochrome）　本身没有生色功能（不能吸收 λ>200 nm 的光），但当它们与生色团相连时，就会发生 $n \to \pi^*$ 共轭作用，增强生色团的生色能力（吸收波长向长波方向移动，且吸收强度增加），这样的基团称为助色团。

红移（red shift）　由于基团取代或溶剂的影响，λ_{max} 值增大，即向长波长方向移动。

蓝移（blue shift）　由于基团取代或溶剂的影响，λ_{max} 值减小，即向短波长方向移动。

增色效应（hyperchromic effect）　与助色团相连或溶剂的影响，使吸收强度增大的效应。

减色效应（hypochromic effect）　由于取代或溶剂的影响，使吸收强度减小的效应。

末端吸收（end absorption）　指吸收曲线随波长变短而强度增大，直至仪器测量极限（190 nm），即在仪器极限处测出的吸收为末端吸收。

肩峰　指吸收曲线在下降或上升过程中出现停顿，或吸收稍微增加或降低的峰，是由于主峰内隐藏有其他峰。

6.4　紫外吸收带的类型

分子轨道在任何情况下都是成键轨道比反键轨道稳定。一般来说，$\sigma < \pi < n < \pi^* < \sigma^*$ 轨道。根据这一顺序，我们可以大致了解图 6.1 中 $\sigma \to \sigma^*$，$n \to \sigma^*$，$\pi \to \pi^*$ 和 $n \to \pi^*$ 各跃迁所需的能量的大小。四种跃迁方式也就对应着紫外吸收的四种吸收谱带，下面就这四种吸收带来讨论一下它们同分子结构的关系。

1. $\sigma \to \sigma^*$ 吸收带

由图 6.1 可见，$\sigma \to \sigma^*$ 跃迁需要的能量最大，所以最不容易激发，如饱和的碳氢化合物，只含有 σ 键电子，其跃迁在远紫外区，波长小于 200 nm。如甲烷吸收波长为 125 nm，乙烷的吸收波长为 135 nm，即使环丙烷是饱和烃中最长者，其吸收波长也在 190 nm，因此，在近紫外区没有饱和烷烃的紫外波谱。在紫外波谱研究中，饱和烷烃常常作为溶剂使用。

2. $n \to \sigma^*$ 吸收带

$n \to \sigma^*$ 跃迁需要的能量较大，吸收波长为 150～250 nm，大部分在远紫外区，近紫外区仍不易观察到。含有杂原子 O、N、S、X 都含有非键 n 电子，如 C—Cl，C—OH，C—NH_2 等都能发生 $n \to \sigma^*$ 跃迁。

既然都含有杂原子，为什么有的在近紫外区，而有的在远紫外区呢？这是因为不同原子其价电子能级分布不同，所以，由它们组成分子轨道的能级也不同，例如，CH_3Cl，CH_3Br，CH_3I，由 Cl 到 I 它们的 n 轨道的能量越来越高，因此 $n\rightarrow\sigma^*$ 跃迁所需的能量是依次降低的，所以吸收波长依次增大，从远紫外区到近紫外区。如 $(CH_3)_2S$ 的 $n\rightarrow\sigma^*$ 跃迁 λ_{max} = 229 nm，$(CH_3)_2O$ 的 $n\rightarrow\sigma^*$ 跃迁 λ_{max} = 184 nm。

3. $\pi\rightarrow\pi^*$ 吸收带

$\pi\rightarrow\pi^*$ 跃迁是双键中 π 电子的跃迁，从 π 成键轨道向 π^* 反键轨道跃迁，一般在近紫外区，属于允许跃迁，其 ε 较大[$\varepsilon>10^3\sim10^4$ L/(mol·cm)]。$\pi\rightarrow\pi^*$ 跃迁根据产生的体系不同，还可以细分为以下几种谱带：

1）K 吸收带

在共轭非封闭体系中 $\pi\rightarrow\pi^*$ 跃迁产生的吸收带称为 K 吸收带。K 带是由德文 Konjugation 而来的，是共轭的意思。其特征是 $\varepsilon_{max}>10^4$ L/(mol/cm)的强吸收带。具有共轭结构的分子出现 K 带，如丁二烯（$CH_2=CH-CH=CH_2$）有 K 带，$\lambda_{max}=217$ nm，$\varepsilon_{max}=21000$ L/(mol·cm)。在苯环上有发色基团取代时，例如苯乙烯、苯甲醛或者乙酰苯等，也都会出现 K 带。因为它们都具有 π-π 共轭双键结构。

2）B 吸收带

B 吸收带是芳香族和杂芳香族化合物的紫外特征谱带，也是由 $\pi\rightarrow\pi^*$ 跃迁产生的。B 吸收带是在 230～270 nm 的近紫外范围的内一个宽峰，是跃迁概率较小的禁阻跃迁产生的弱吸收带[$\varepsilon_{max}\approx200$ L/(mol·cm)]，它包含多重峰或称精细结构。这是由于振动次能级对电子跃迁的影响。当芳环上连有取代基时，B 吸收带的精细结构会减弱或消失；在化合物溶于极性溶剂中时，由于溶剂和共轭双键的相互作用，B 吸收带的精细结构也会减弱或消失。

3）E 吸收带

在封闭共轭体系（如芳香族和杂芳香族化合物）中由 $\pi\rightarrow\pi^*$ 跃迁产生的为 E 吸收带。它是跃迁概率较大或中等的允许跃迁，E 带类似于 B 带也是方向结构的特征谱带。其中 E_1 带$>10^4$ L/(mol·cm)，而 E_2 带$>10^3$ L/(mol·cm)。

4. $n\rightarrow\pi^*$ 吸收带

由 $n\rightarrow\pi^*$ 跃迁产生的吸收带被称为 R 吸收带，R 带是由德文 Radikal 而来，是基团的意思。只有分子中同时存在杂原子（具有 n 非键电子）和双键 π 电子时才有可能产生，如 C＝O，N＝N，N＝O，C＝S 等，都是杂原子上的非键电子向反键 π^* 轨道跃迁。由图 6.1 可以看出，$n\rightarrow\pi^*$ 跃迁能量最小，因此，大部分都在 200～700 nm 近紫外和可见光范围内有吸收。不过 $n\rightarrow\pi^*$ 跃迁属于原子轨道向分子轨道的跃迁，是禁阻跃迁，所以 $n \rightarrow \pi^*$ 跃迁的 $\varepsilon_{max} < 10^3$ L/(mol·cm) [一般小于 100 L/(mol·cm)]。通常基团中氧原子被硫原子代替后吸收峰发生红移，如 C═O 的 $n \rightarrow \pi^*$ 跃迁 $\lambda_{max} = 280 \sim 290$ nm，硫酮 C═S 的 $n \rightarrow \pi^*$ 跃迁 $\lambda_{max} \approx 400$ nm，若被 Se，Te 取代则波长更长。此外，R 带的吸收波长在极性溶剂中发生蓝移，上文中的 K 带的吸收波长在极性溶剂中发生红移，这一现象也是区分 K 带和 R 带的方法之一。

5. 电荷转移吸收带

电荷转移跃迁多发生在无机物上，跃迁是从电子给予体转移到该体系的电子接收体所产生的跃迁。此跃迁所产生的吸收带称为电荷转移吸收带。它的特点是吸收强度大，通常 $\varepsilon_{max} > 10^4$ L/(mol·cm)。

对于金属配合物，中心金属离子是电子接受体，配位体是电子给予体。

6. 配位体场吸收带

在配体的配位场作用下过渡金属离子的 d 轨道或镧系、锕系的 f 轨道发生裂分，吸收辐射后，产生 d-d 和 f-f 跃迁。根据配位体场理论，d 电子层没填满的第一、二过渡金属离子（中心离子）具有能量相同的 d 轨道，而配位体（如 NH_3、H_2O 等极性分子或 Cl^-、CN^-等阴离子）按一定的几何形状排列在中心离子周围，将导致原来能量相等的 d 轨道分裂出不同能量的 d 轨道。由于这些 d-d 跃迁所需要的能量较小，产生的吸收峰多处于可见光区，强度较弱 [$\varepsilon_{max} \approx 0.1 \sim 100$ L/(mol·cm)]。f-f 电子跃迁带在紫外-可见光区，它是镧系、锕系的 4f 或 5f 轨道裂分出不同能量的 f 轨道之间的电子跃迁产生的。

6.5 常见有机化合物的紫外波谱

6.5.1 饱和化合物

饱和烃只有不同的 $\sigma \rightarrow \sigma^*$ 跃迁，它所需的能量高，λ_{max} 出现在 190 nm 以下的远紫外区，如甲烷 125 nm，乙烷 135 nm。

饱和烃的衍生物因含有杂原子，如 O、N、S 或者卤素等，除了 $\sigma \rightarrow \sigma^*$ 跃迁类型之外，还有 $n \rightarrow \sigma^*$ 跃迁。虽然 $n \rightarrow \sigma^*$ 跃迁较 $\sigma \rightarrow \sigma^*$ 跃迁所需的能量低，但其主要吸收带仍在远紫外区。此外，$n \rightarrow \sigma^*$ 跃迁属于禁阻跃迁，所以吸收弱。同一碳原子上杂原子数目越多，λ_{max} 越向长波移动。如 CH_3Cl 173 nm，CH_2Cl_2 220 nm，$CHCl_3$ 237 nm，CCl_4 257 nm。

大多数饱和烃的衍生物因在近紫外区是“透明”的，所以在紫外测试中常作为溶剂来使用。当饱和烃的衍生物作为紫外测试溶剂时，需要注意它们“透明”的极限波长，因为饱和烃的衍生物的波谱在 200～220 nm 区域内往往产生终端吸收或吸收断裂。另外，随着 n 电子能量的增加，硫化物、二硫化物、硫醇、胺、溴化物和碘化物也有可能在近紫外显示弱吸收，且吸收峰位置随杂原子个数增加而增大，给溶质的结构分析带来不确定性。因此紫外波谱对于 $n \rightarrow \sigma^*$（R 带）的分析远不如对具有共轭结构的化合物分析重要。部分饱和烃及其衍生物的紫外波谱数据如表 6.2 所示。

表 6.2　部分饱和烃及其衍生物的紫外波谱数据

化合物	跃迁类型	溶剂	λ_{max}（nm）	ε_{max} [L/(mol·cm)]
甲烷	$\sigma \rightarrow \sigma^*$	气态	125	10000
乙烷	$\sigma \rightarrow \sigma^*$	气态	135	10000
甲醇	$n \rightarrow \sigma^*$	乙烷	183.5	150
	$n \rightarrow \sigma^*$		174.2	356
乙醇	$n \rightarrow \sigma^*$	乙烷	181.5	320
	$n \rightarrow \sigma^*$		174	670
乙醚	$n \rightarrow \sigma^*$	气态	188	1995
	$n \rightarrow \sigma^*$		171	3981
甲胺	$n \rightarrow \sigma^*$	气态	173	2200
	$n \rightarrow \sigma^*$		215	600
二甲胺	$n \rightarrow \sigma^*$	乙烷	195	2800
三甲胺	$n \rightarrow \sigma^*$	乙烷	199	3950
甲硫醇	$n \rightarrow \sigma^*$	乙醇	195	1400
1-己硫醇	$n \rightarrow \sigma^*$	环己烷	224	126
甲硫醚	$n \rightarrow \sigma^*$	乙醇	210	1020
	$n \rightarrow \sigma^*$		229（肩）	140
二甲二硫	$n \rightarrow \sigma^*$	乙醇	195	400
	$n \rightarrow \sigma^*$		253	290
氯仿	$n \rightarrow \sigma^*$	乙烷	173	200
溴甲烷	$n \rightarrow \sigma^*$	乙烷	208	300
碘甲烷	$n \rightarrow \sigma^*$	乙烷	259	400

续表

化合物	跃迁类型	溶剂	λ_{max} （nm）	ε_{max} [L/(mol·cm)]
二溴甲烷	$n \rightarrow \sigma^*$	乙烷	220.5	1050
	$n \rightarrow \sigma^*$		198	970
二碘甲烷	$n \rightarrow \sigma^*$	乙烷	291.9	1270
	$n \rightarrow \sigma^*$		250.9	600

6.5.2　不饱和脂肪烃

这类化合物包括单烯烃、多烯烃和炔烃等，它们都含有 π 电子，吸收能量后能够产生 $\pi \rightarrow \pi^*$ 跃迁。

单烯烃本身是发色团，但对于含有一个 C═C 双键的单烯化合物，其 $\pi \rightarrow \pi^*$ 跃迁和 $\sigma \rightarrow \sigma^*$ 跃迁都落在 λ <200 nm 的远紫外区。表 6.3 列出部分单烯烃的紫外波谱数据。由表 6.3 所示，只有一个双键的化合物，它们在近紫外区同大部分饱和化合物一样，也是“透明”的。但单烯分子如乙烯双键上由助色团或烷基取代时，其 $\pi \rightarrow \pi^*$ 跃迁的吸收带会发生红移（表 6.4）。

表 6.3　部分单烯烃的紫外波谱数据

化合物	跃迁类型	溶剂	λ_{max} （nm）	ε_{max} [L/(mol·cm)]
乙烯	$\pi \rightarrow \pi^*$	气态	165	10000
反-2-丁烯	$\pi \rightarrow \pi^*$	气态	178	13000
顺-2-丁烯	$\pi \rightarrow \pi^*$	气态	174	9500
1-己烯	$\pi \rightarrow \pi^*$	气态	177	12000
环己烯	$\pi \rightarrow \pi^*$	环己烷	183.5	6800
1, 5-己二烯	$\pi \rightarrow \pi^*$	气态	178	26000

表 6.4　取代基对取代乙烯 $\pi \rightarrow \pi^*$ 跃迁吸收带的红移

取代基	SR	NR_2	OR	Cl	CH_3
红移距离（nm）	45	40	30	5	5

发生红移的原因是助色团中的 n 电子与双键的 π-π 共轭效应使乙烯发生 $\pi \rightarrow \pi^*$ 跃迁的能量下降，吸收带向长波移动。双键上烷基取代时，由于烷基的 σ 电子与双键发生 σ-π 超共轭效应，也会使烯烃的 $\pi \rightarrow \pi^*$ 跃迁红移。

叠烯烃是两个双键连在一起的烯烃。它的两个双键构成一个单独的发色团。例如丙二烯基的 $\pi \to \pi^*$ 跃迁 λ_{max} 225 nm，ε_{max} 500L/(mol·cm)。

孤立的多烯烃是两个双键或两个以上双键所隔离的烯烃。其 $\pi \to \pi^*$ 跃迁吸收带与单烯烃类似，但 ε_{max} 基本服从吸光度加和原理。如 1, 5-己二烯的 ε_{max} 26000 L/(mol·cm) 约为 1-己烯 ε_{max} 12000 L/(mol·cm)的两倍。

共轭烯烃是两个双键被一个单键所隔开的烯烃。共轭烯烃分子由于π-π 共轭作用，形成了离域的π 分子轨道，也就是说共轭二烯中两个双键共轭的结果使最高的成键轨道与最低的反键轨道之间的能量差减少，所以电子容易激发。因此丁二烯的 $\pi \to \pi^*$ 跃迁显然要比乙烯的 $\pi \to \pi^*$ 跃迁能量小得多，所以其 $\pi \to \pi^*$ 跃迁波长增加了很多。

共轭多烯（不多于四个双键）$\pi \to \pi^*$ 跃迁吸收带最大吸收波长，可以用经验公式伍德沃德-费歇尔（Wood ward-Fischer）规则来估算：

$$\lambda_{max} = \lambda_{母} + \sum n_i \lambda_i$$

式中，$\lambda_{母}$ 为共轭母体的基础波长，它由非环或六元环共轭二烯结构决定；λ_i 为直接连在共轭双键碳上氢的各种取代项。$\lambda_{母}$ 和 λ_i 数值可以参考表 6.5。

表 6.5 共轭烯烃伍德沃德-费歇尔规则参考数据

母体	结构	$\lambda_{母}$（nm）
1. 非环或非同环共轭二烯母体	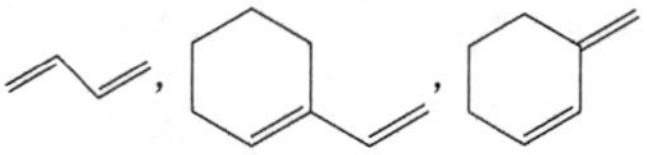	214
2. 同环二烯母体	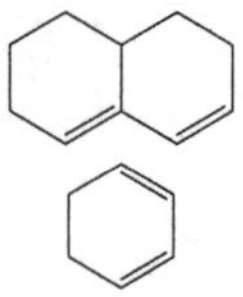	253
取代项	**λ_i（nm）**	
环外双键	+5	
延长一个共轭双键	+30	
双键上烷基或环烷基取代	+5	
OAc 取代	+0	
OR 取代	+6	
Cl、Br 取代	+5	
SR	+30	
NR_2	+60	

根据表 6.4 可以知道，除了同环二烯外，大多数共轭烯烃的 λ_{max} 在 230 nm 附近，非常特征。可以通过伍德沃德-费歇尔规则来估算 λ_{max}，以便于确定化合物的结构。例如下面醇脱水的反应。

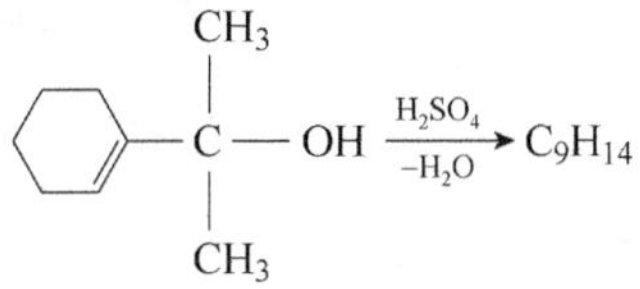

$$\text{(环己烯基)}-C(CH_3)_2-OH \xrightarrow[-H_2O]{H_2SO_4} C_9H_{14}$$

推测脱水产物的结构可能是（a）和（b）两种。解决这一结构问题就可以使用伍德沃德-费歇尔规则来计算。计算结果与实际的紫外谱图进行比较，从而获得准确的结构式。根据紫外谱图可知，产物的紫外 $\lambda_{max} = 242$ nm，那么计算结构

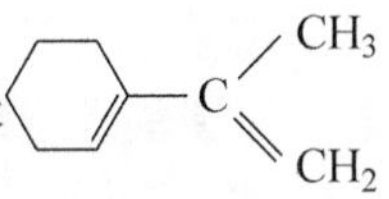

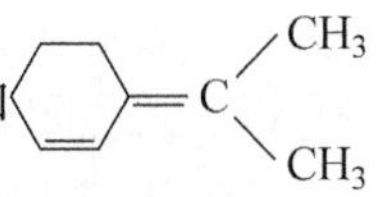

化合物（a）：λ_{max} = 无环二烯母体 + 3×烷基取代 = 217 + 3×5 = 232（nm）

化合物（b）：λ_{max} = 无环二烯母体 + 4×烷基取代 + 环外双键 = 217 + 4×5 + 5 = 242（nm）

因此化合物（b）符合紫外测试结果。推测上述化合物脱水机理为：

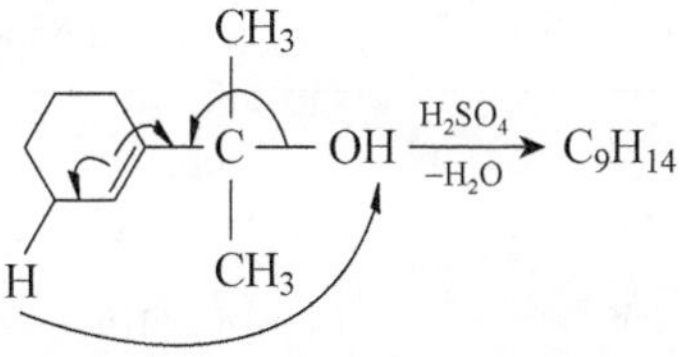

$$\text{(环己烯基)}-C(CH_3)_2-OH \xrightarrow[-H_2O]{H_2SO_4} C_9H_{14}$$

6.5.3　羰基化合物

含羰基的化合物包括醛、酮、脂肪酸和脂肪酸衍生物（酯、酰卤、酰胺等）。羰基碳原子可形成三个 σ 键，一个 π 键，氧原子上还剩余有两对 n 电子，因此含羰基化合物的主要谱带包括 $\sigma\to\sigma^*$，$n\to\sigma^*$，$\pi\to\pi^*$和$n\to\pi^*$全部四种跃迁。

饱和醛和酮在近紫外区主要是 $n\to\pi^*$ 跃迁吸收谱带，是最大吸收波长在 270～330 nm 处产生的弱吸收带[ε = 10～50 L/(mol·cm)]。一般环酮的 $n\to\pi^*$ 跃迁吸收位置要比开链化合物要长（表 6.5）。另外，当羰基 α 位有烷基或其他基团取代或溶解在极性溶剂中时，其吸收峰波长会发生蓝移。由于醛酮的 ε 较小，因此，测定时要用高浓度的溶液去观察其紫外波谱。

表 6.5 部分饱和醛酮的紫外吸收波谱数据

化合物	λ_{max} (nm)	ε_{max} [L/(mol·cm)]	溶剂	化合物	λ_{max} (nm)	ε_{max} [L/(mol·cm)]	溶剂
丙酮	279	13	异辛烷	环戊酮	299	20	正己烷
乙醛	290	12.5	气态	环己酮	285	14	正己烷
甲基乙酮	279	16	异辛烷	丙醛	292	21	异辛烷
2-戊酮	278	15	正己烷	异丁醛	290	16	正己烷

饱和脂肪酸及其衍生物虽然也是羰基化合物，但它们有助色团直接与羰基碳原子相连。因此，助色团上的 n 电子与羰基碳双键的 π 电子会产生 n-π 共轭效应，这时虽然 n 轨道的势能不变，但是成键 π 轨道势能的提高比反键 π^* 轨道势能提高得更多，使 $\pi\to\pi^*$ 跃迁所需能量差变小，发生红移；$n\to\pi^*$ 跃迁所需能量差变大，发生蓝移。所以羧酸及其衍生物中羰基的吸收谱带与醛酮有很大不同。因此，可以利用紫外波谱把醛酮与羧酸、酯、酰胺区别开来，如果红外波谱证明有羰基峰，则可以利用紫外波谱区别该羰基是醛酮还是羧酸酯类。乙酸及其衍生物的 R 带紫外波谱数据见表 6.6。

表 6.6 乙酸及其衍生物紫外波谱 R 带数据

化合物	λ_{max}（nm，R 带）	ε_{max} [L/(mol·cm)，R 带]	溶剂
乙酸	204	41	乙醇
乙酸乙酯	207	69	石油醚
乙酰胺	205	160	甲醇
乙酰氯	235	53	正己烷
乙酸酐	219	47	异辛烷

不饱和醛酮不仅有羰基，还有碳碳双键。若它们被两个以上单键隔开，则两个发色基团分别互不影响，其紫外波谱可以看作是羰基化合物和烯烃的叠加。若它们共轭，则形成了 α,β-不饱和羰基化合物。

α,β-不饱和羰基化合物由于 π-π 共轭效应形成了离域 π 分子轨道，乙烯键的 $\pi\to\pi^*$ 跃迁能量差变小，其 K 带将由单个乙烯键的 $\lambda_{max}=165$ nm[$\varepsilon_{max}\approx 10^4$ L/(mol·cm)] 红移到 $\lambda_{max}=210\sim250$ nm[$\varepsilon_{max}\approx 10^4$ L/(mol·cm)]；R 带将由单独羰基的 $\lambda_{max}=270\sim290$ nm[$\varepsilon_{max}<10^2$ L/(mol·cm)] 红移到 $\lambda_{max}=310\sim300$ nm[$\varepsilon_{max}<10^2$ L/(mol·cm)]。这些数据可以用于 α,β-不饱和羰基化合物的鉴别。

当共轭双键数目增多时，$\pi\to\pi^*$ 跃迁吸收带（K 带）红移有时会掩盖弱的

$n \rightarrow \pi^*$ 跃迁吸收带（R 带）。λ_{max} 也可以由经验公式伍德沃德-费歇尔规则来估算（表 6.7）。

表 6.7　*α, β*-不饱和羰基化合物伍德沃德-费歇尔规则参考数据

母体	结构	$\lambda_{母}$（nm）
1. *α, β*-烯酮母体（无环或六元环以上）	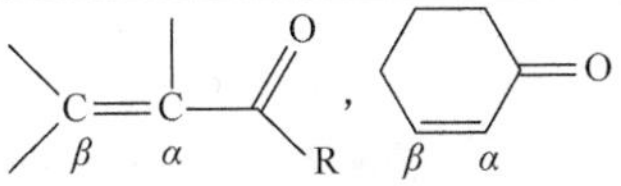	215
2. *α, β*-烯酮母体（五元环）	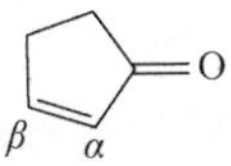	202
3. *α, β*-烯醛母体	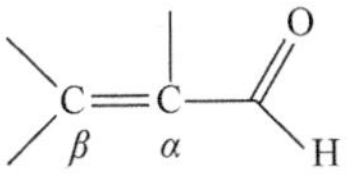	210
4. *α, β*-烯酸及酯母体	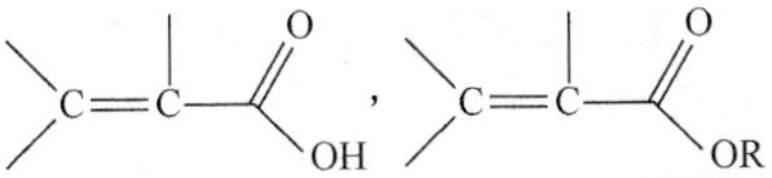	193

取代项	λ_i（nm）
环外双键	+5
延长一个共轭双键	+30
同环二烯	+39
烯酸及酯五元环及七元环中的环内双键（共轭体系中）	+5

取代项	*α* 位	*β* 位	*γ* 位	*δ* 位	*δ* 以上
烷基或环残烷基取代（R）	+10	+12	+18	+18	+18
—OH	+35	+30	+30	+50	—
—OAc	+6	+6	+6	—	—
—OR	+30	+35	+17	+31	—
—Cl	+15	+12	—	—	—
—Br	+25	+30	—	—	—
—SR	—	+85	—	—	—
—NR_2	—	+95	—	—	—

溶剂校正	乙醇	甲醇	二氧六环	氯仿	乙醚	水	己烷	环己烷
	0	0	−5	−1	−7	+8	−11	−11

如下所示：Hoffman 消除反应产生烯类化合物，产物作紫外波谱测定 $\lambda_{max} = 236.5$ nm。估算可能有（a）和（b）两种结构。两种结构都是 *α, β*-不饱和羰基化合物，可以用伍德沃德-费歇尔规则判断其实际的化学结构。

CH_3 … O … $+ \ I^{\ominus} \xrightarrow[\text{Hoffman}]{Ag_2O} C_8H_{12}O$ → (a) CH_3, O, CH_2；(b) CH_3, O, CH_3

结构（a）：λ_{max} = 六环烯酮 + 1×α-R + 环外双键 = 215 + 10 + 5 = 230（nm）

结构（b）：λ_{max} = 六环烯酮 + 1×β-R + 1×α-R = 215 + 10 + 10 = 235（nm）

因此，我们知道结构（b）与实测值接近，所以产物的结构符合化合物（b）所示。

6.5.4　苯及其衍生物

苯分子由六个碳原子和六个氢原子组成。根据分子轨道理论，苯分子中每一个碳原子都有一个未参与杂化的 n 原子轨道，这六个 n 轨道形成六个离域的 π 分子轨道。如图 6.2 所示，π_1、π_2、π_3 是成键分子轨道，其中 π_1 的能量最低，π_2、π_3 是能量相同的简并轨道；π_4^*、π_5^*、π_6^* 是反键轨道，其中 π_4^*、π_6^* 为能量最低的反键轨道，π_6^* 是能量最高的反键轨道。苯分子基态时，六个 π 电子以自旋相反并相互配

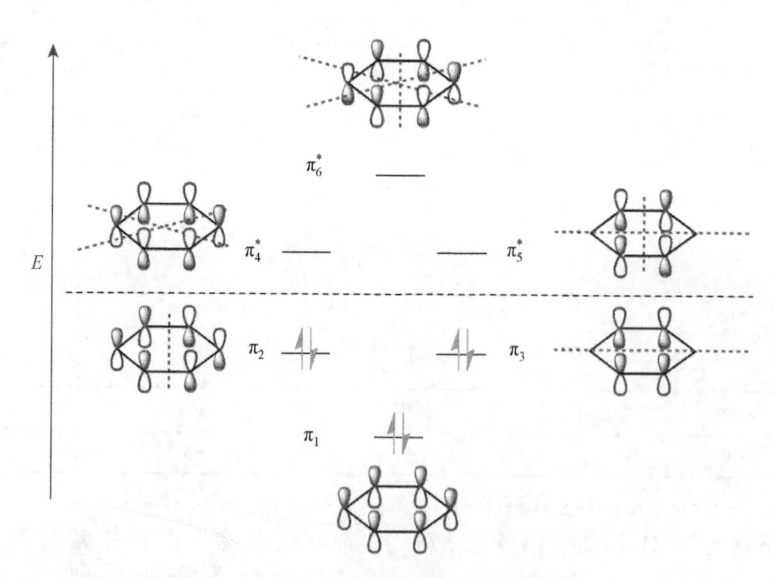

图 6.2　苯分子的成键轨道和反键轨道

对的方式填充到 3 个成键轨道中。因此，当苯分子吸收紫外光后，可以观察到 184 nm、204 nm、256 nm 三个吸收带，分别为 E_1 带[λ 184 nm，ε 68000 L/(mol·cm)]、E_2 带[λ 204 nm，ε 8800 L/(mol·cm)]和 B 带[λ 256 nm，ε 250 L/(mol·cm)]。

苯的三个吸收带中，E_1 带处于远紫外区，一般不使用，因此苯分子的紫外波谱最重要的是落在近紫外区的 E_2 带和 B 带。E_2 带和 B 带均为禁阻跃迁。值得一提的是苯环的 B 带具有精细的齿状精细结构，但在极性溶剂中或苯环上的氢被取代时，其精细结构会减弱或消失。

单取代苯分为烷基取代，助色团取代和生色团取代三种情况。烷基取代对苯环产生很小的影响，仅仅让 E_2 带（208 nm）和 B 带（262 nm）少许红移。含有 OH、NH_2、NR_2 和 X 等与苯相连时，产生 n-π 共轭效应，使 E_2 带和 B 带显著红移，且 B 带吸收增强，精细结构消失。此外，不同的助色能力的基团使苯环红移的能力顺序为：$NH_3^+ < CH_3 < Cl$，$Br < OH < OCH_3 < NH_2 < SH$，$O^- < N(CH_3)_2$。生色团取代即是具有双键基团的取代，它与苯环共轭在 200～250 nm 出现 E_2 带 [$\varepsilon > 10^4$ L/(mol·cm)]，且 B 带发生强烈红移，有时 B 带被淹没在 E_2 带之中。不同生色团使苯环红移的能力顺序为：$SO_2NH_2 < COO^-$，$CN < COOH < COCH_3 < CHO < Ph < NO_2$。表 6.8 列出了部分发色基团但取代苯衍生物的紫外波谱数据。

多取代苯衍生物的紫外吸收波谱与取代基的种类和位置有关。邻对位定位基和间位定位基按它们使 E_2 带红移作用大小可排序如下：

邻对位定位基：$CH_3 < Cl < Br < OH < OCH_3 < NH_2 < O^-$

间位定位基：$NH_3^+ < SONH_2 < COO^- \approx CN < COOH < COCH_3 < CHO < NO_2$

表 6.8　部分发色基团但取代苯衍生物的紫外波谱数据

取代基	化合物	E_2 带		B 带		R 带		溶剂
		λ_{max} (nm)	ε_{max} [L/(mol·cm)]	λ_{max} (nm)	ε_{max} [L/(mol·cm)]	λ_{max} (nm)	ε_{max} [L/(mol·cm)]	
H	苯	204	7900	254	250	—	—	乙醇
SO_2CH_3	苯基甲基砜	217	6700	264	977	—	—	
SO_2NH_2	苯磺酰胺	217.5	6700	264.5	740	—	—	甲醇
CN	苯腈	224	13000	271	1000	—	—	水
COO^-	苯甲酸盐	224	8700	268	560	—	—	甲醇
COOH	苯甲酸	230	10000	270	800	—	—	水
SOC_6H_5	二苯亚砜	232	14000	262	2400	—	—	乙醇
$C\equiv CH$	苯乙炔	236	12500	278	700	—	—	己烷
$COCH_3$	苯乙酮	240	13000	278	1100	319	50	乙醇
$CH=CH_2$	苯乙烯	244	12000	282	500	—	—	乙醇

续表

取代基	化合物	E_2 带		B 带		R 带		溶剂
		λ_{max} (nm)	ε_{max} [L/(mol·cm)]	λ_{max} (nm)	ε_{max} [L/(mol·cm)]	λ_{max} (nm)	ε_{max} [L/(mol·cm)]	
CHO	苯甲醛	244	15000	280	1500	328	30	乙醇
C_6H_5	联苯	246	20000	—	—	—	—	乙醇
NO_2	硝基苯	252	10000	280	1000	330	125	己烷
COC_6H_5	二苯甲酮	252	20000	—	—	325	180	乙醇

对于芳香羰基化合物来说，其 E_2 带的 λ_{max} 值可用 Scott 规则来估算，相应的母体值及取代项校正表如表 6.9 所示。

表 6.9 芳香羰基化合物 Scott 规则参考数据

母体	结构	$\lambda_{母}$（nm）
1. 芳香酮母体	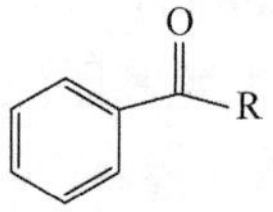 O R	246
2. 芳香醛母体	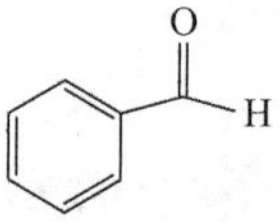 O H	250
3. 芳香酸、酯母体	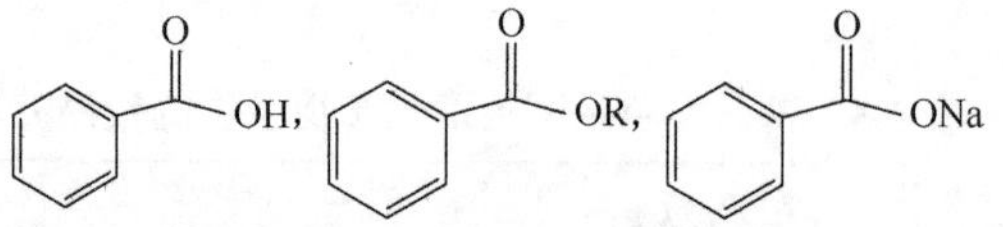 O OH，O OR，O ONa	230

取代基	邻位	间位	对位
烷基或环残基	+3	+3	+10
—OH，—OR，OCH_3	+7	+7	+25
$—O^-$	+11	+20	+78
—Cl	0	0	+10
—Br	+2	+2	+15
$—NH_2$	+13	+13	+58
NHAc	+20	+20	+45
$NHCH_3$	—	—	+73
$N(CH_3)_2$	+20	+20	+85

注：若空间平面受阻，则此表值将明显减小

利用表 6.9 数据计算多取代苯的 λ_{max}。实例如下：

OCH$_3$
H$_3$CO

λ_{max} = 芳香酮母体 + 邻位烷基取代 + 间位 OCH_3 + 对位 OCH_3 = 246 + 7 + 25 = 278（nm），实测 278（nm）。

6.5.5　多环和稠环化合物

联苯类的几个苯环处于一个平面，扩展了共轭体系，形成了新的发色系统。使 E_2 带发生红移，同时 ε_{max} 增加，苯环共轭越多，红移越显著，其尾部常常掩盖了 B 带。但空间位阻效应也显著影响多个苯环的共平面性。表 6.10 的数据可以反映空间位阻效应对联苯化合物的影响。

表 6.10　部分联苯化合物紫外波谱数据

化合物	结构	K 带		B 带	
		λ_{max}（nm）	ε_{max} [L/(mol·cm)]	λ_{max}（nm）	ε_{max} [L/(mol·cm)]
苯		204	8000	255	200
二联苯		246	20000	—	—
2, 2′-二甲基二联苯	CH$_3$ CH$_3$	—	—	270	800
邻苯联苯		252	44700	—	—
对三联苯		280	27500	—	—
对四联苯		300	3800	—	—

稠环芳烃与苯环相比由于形成了更大的共轭体系，所以所有的稠环芳烃的紫外吸收均比苯环吸收波长要长，而且精细结构更明显。苯稠环芳烃可分为链型（如萘、蒽、并四苯和并五苯等）和角型（如菲、芘等）两类。链型稠环芳烃随着苯环数目的增加，各吸收带都发生红移，当苯环数增加到一定时，吸收带可达可见光区，因而产生颜色。例如并四苯（丁省）呈黄色，并五苯（戊省）呈深紫色。角型稠环芳烃的情况类似，单在环数目相同时，吸收波长比链型稠环芳烃的短，其另一个特征是在 210～250 nm 处有一附加吸收带。

6.5.6 杂环化合物

饱和五元环和六元环氧及氮杂环化合物的 $n \rightarrow \pi^*$ 跃迁吸收带与相应的非环化合物一样落在 λ＜200 nm 的远紫外区。不饱和杂环化合物的吸收波谱都落在近紫外区，它们的吸收波谱一般与相应的碳环或非环化合物相近。例如，吡咯和环戊二烯、呋喃与二乙烯基醚、吡啶与苯、喹啉与萘、吖啶与蒽的波谱都十分相近。当环上有烷基或助色团取代时，吸收波长都发生红移，且有增色效应。

6.6 影响紫外波谱的因素

紫外波谱中吸收带的位置容易受到分子中结构因素和测定条件等多种因素的影响，其核心是对分子中电子共轭结构的影响。

6.6.1 共轭效应

共轭体系的形成使分子的最高已占轨道能级升高，最低空轨道能级降低，跃迁所需能量越低，吸收波长越长。共轭体系越长，所需能量越低，紫外吸收波长就越长。同时吸收强度也增大。

6.6.2 立体化学效应

立体化学效应包括空间位阻、异构、跨环效应等。

1. 空间位阻

要使共轭体系中所有共轭双键能更好地共轭，各个双键应处于同一平面，才能达到最高的电子云重叠，从而更好地共轭。若各个双键基团之间太拥挤，就会相互排斥于同一个平面之外，使分子的共轭程度降低。

例如联苯分子中，两个苯环处于同一个平面，产生很好地共轭，其 λ_{max} 247 nm，甲基取代联苯中甲基的位置及数目对联苯衍生物的 λ_{max} 影响如下：

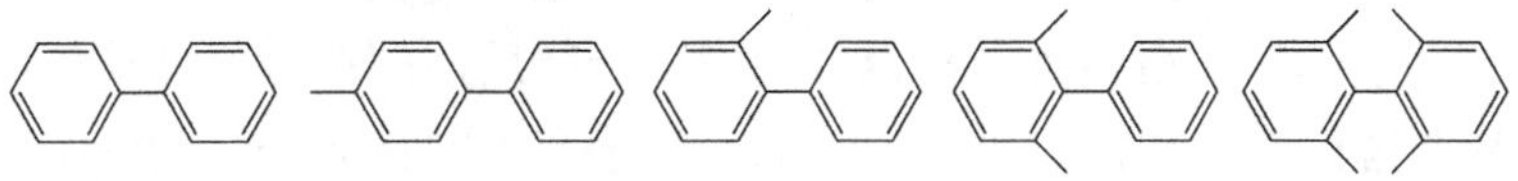

λ_{max}(nm)	247	253	237	231	227（肩峰）
ε_{max}[L/(mol·cm)]	17000	19000	10250	5600	——

2. 异构

异构体有不同的紫外吸收带位置，例如乙酰乙酸乙酯的酮-烯醇式互变异构体，在酮式中两个羰基没有共轭时，其 $n \rightarrow \pi^*$ 跃迁的最大吸收波长为 272 nm，但在烯醇式中羰基和乙烯双键发生共轭，其 $\pi \rightarrow \pi^*$ 跃迁最大吸收波长为 243 nm。又如 1, 2-二苯乙烯具有顺式和反式两种异构体。

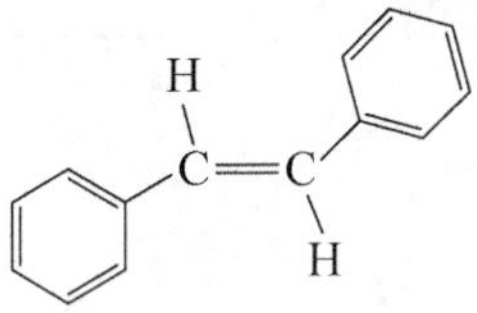

反式
λ_{max} 295 nm
ε_{max} = 27000 L/(mol·cm)

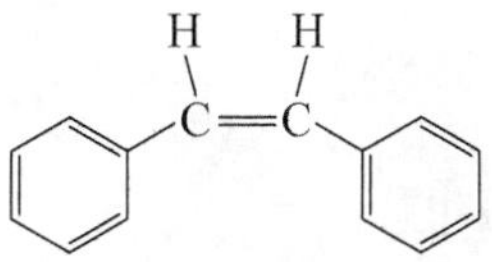

顺式
λ_{max} 280 nm
ε_{max} = 10500 L/(mol·cm)

3. 跨环效应

跨环效应是指两个发色基团虽不共轭，但由于空间的排列，使它们的电子云能相互影响，使 λ_{max} 和 ε_{max} 改变。如下面的环状化合物，羰基和双键并不共轭，但由于这样的环状结构，双键的 π 电子和羰基的 ε_{max} 电子交盖，所以它的 λ_{max} 与分子中没有双键的化合物相比，发生红移，同时 ε_{max} 也产生增色效应。

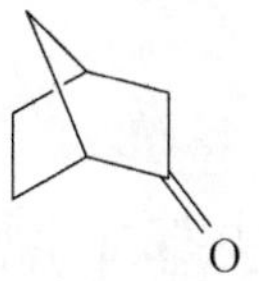

λ_{max} 280 nm
ε_{max} = 150 L/(mol·cm)

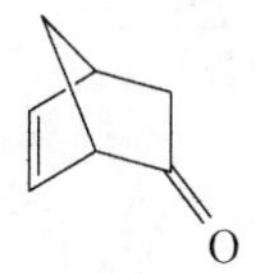

λ_{max} 300.5 nm
ε_{max} = 292 L/(mol·cm)

6.6.3 溶剂

溶剂对紫外波谱有较大的影响。在溶液中的溶质是溶剂化的，限制了溶质分子的自由转动，使转动波谱消失。溶剂的极性越大，使溶剂分子的振动受限制，由振动引起的波谱精细结构也会消失。当物质溶解在非极性溶剂中时，其波谱与物质气态的波谱相似，可以呈现孤立分子产生的转动-振动精细结构。

苯环 E_2 带的溶剂效应受到苯环取代基的影响。当取代基为共电子基时，溶剂效应很小，当取代基为吸电子基时，随着溶剂极性增大吸收带产生红移（表 6.11）。

表 6.11 苯衍生物 E_2 带的溶剂效应

化合物	λ_{max}(水) (nm)	λ_{max}(乙醇) (nm)	$\Delta\lambda_{max}$ (nm)	化合物	λ_{max}(水) (nm)	λ_{max}(乙醇) (nm)	$\Delta\lambda_{max}$ (nm)
苯甲酸	230	228	2	苯甲醛	249	244	5
苯乙酮	245	240	5	硝基苯	268	260	8

6.6.4 体系 pH 值

改变测试样品时溶液的 pH 值，化合物的紫外波谱也会发生变化，例如酚类化合物和苯胺类化合物，溶液从中性变碱性，若吸收带发生红移则是酚类物质；从中性变酸性，若发生蓝移，则为苯胺。这是因为 O^-离子比 OH 有更强的助色能力，在碱性环境下，酚类化合物的 OH 会转变成 O^-离子，从而使苯环的 E_2 带发生红移。而铵根离子的没有助色能力，因此在酸性溶液中，E_2 带发生蓝移。苯酚和苯胺的 E_2 带和 B 带，随 pH 值变化如下所示：

	C_6H_5—OH	C_6H_5—O^-	C_6H_5—NH_2	C_6H_5—$\overset{+}{N}H_3$
E_2带	λ_{max} = 211 nm	λ_{max} = 236 nm	λ_{max} = 230 nm	λ_{max} = 204 nm
B带	λ_{max} = 270 nm	λ_{max} = 287 nm	λ_{max} = 280 nm	λ_{max} = 254 nm

6.7 分子荧光波谱法基本原理

荧光是分子吸光成为激发态分子再返回基态时的发光现象。分子荧光波谱法就是通过测量辐射光的强度及波长与强度的关系对被测物质进行定量测定或定性分析的分析方法。因为荧光的实现需要激发才能产生，所以荧光波谱包括激发波谱和发射波谱两种特征的谱图。

每个分子都具有严格的分立能级，称为电子能级，而每一个电子能级又包括一系列的振动能级和转动能级，如图 6.3 所示。图 6.3 中，S_0 表示分子的基态；S_1，S_2 分别表示第一电子激发单重态和第二电子激发单重态；T_1，T_2 分别表示第一电子激发三重态和第二电子激发三重态，基态和激发态中有不同的振动能级。

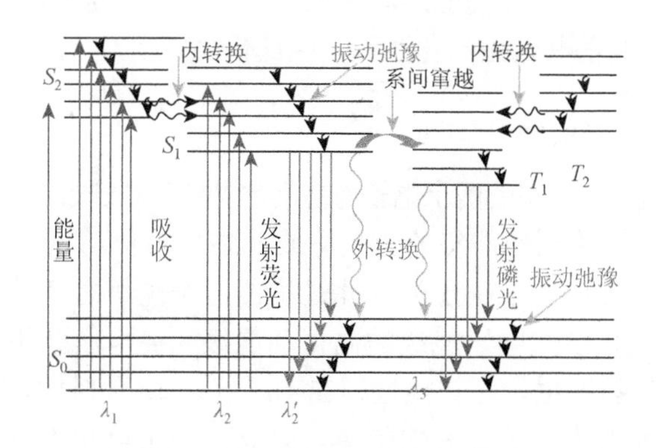

图 6.3　分子部分电子能级示意图

电子激发态的多重度可以用公式 $M = 2s + 1$ 来计算。s 为电子自旋量子数的代数和，其数值为 0 或 1。根据 Pauli 不相容原理，分子中同一轨道所占据的两个电子必须具有相反的自旋方向，即自旋配对。假如分子中全部轨道里的电子都是自旋配对的，即 $s = 0$，根据多重度的计算公式可知，$M = 1$，即该分子体系处于激发单重态，用符号 S 表示。大多数有机化合物分子的基态处于单重态。分子吸收能量后，若电子再跃迁过程中不发生自旋方向的变化，这时分子处于激发的单重态，如图 6.3 中 S_1 和 S_2。如果电子在跃迁的过程中还伴随着自旋方向的改变，这时分子便具有两个自旋不配对的电子，即 $s = 1$，分子的多重度 $M = 3$，分子处于激发三重态，用符号 T 表示。处于分立轨道上的非成对电子，平行自旋要比成对自旋更稳定（Hund 规则），因此三重态能级总是比相应的单重态能级略低。

室温下，大多数分子处于基态的最低振动能层。处于基态的分子吸收能量（电能、热能、化学能或光能等）后被激发为激发态。激发态不稳定，将很快衰败到基态。若返回到基态时伴随着光子的辐射，这种现象称为“发光”，包括荧光和磷光。非辐射跃迁失活返回低能级包括振动弛豫、内转换、系间窜越和外转换几种机制。当然也可以通过化学反应去活化。下面依次介绍几种去活化过程。

1. 振动弛豫（vibrational relaxation，VR）

当分子吸收光辐射后可能从基态的最低振动能层跃迁到激发态较高的振动能层上去。然而，在液相或压力足够高的气相分子间碰撞的概率很大，激发态分子可能将过剩的振动能量以热的形式传递给周围的分子，而自身从高振动能层失活到该电子能级的最低振动能层上，这一过程称为弛豫。发生弛豫的时间在 10^{-14}～10^{-12} s 数量级。图 6.3 中各振动能层间的小箭头表示弛豫的过程。另外，弛豫的过程快于下面将要讲述的其他去活化过程，因此优先发生。

2. 内转换（internal conversion，IC）

内转换是指同一多重态的两个电子能态间的非辐射跃迁过程，即激发态分子将激发能转变为热能下降至低能级的激发态或基态，如 $S_1 \to S_0$，$T_2 \to T_1$ 等。内转换过程的速率很大程度上取决于涉及此过程的两个能级之间的能量差，当两个电子能级很靠近以至于低电子能级的高振动能级和高电子能级的低振动能级重叠时，内转换就容易发生。内转换过程在 10^{-13}～10^{-11} s 时间内发生，它通常要比高激发态直接发射光子的速率快得多。因此，分子最初无论在哪一个激发单重态，都能通过振动弛豫和内转换到达最低激发单重态（或三重态）的最低振动能层上。

3. 外转换（external conversion，EC）

激发分子通过与溶剂或其他溶质间的相互作用和能量转换而失去能量，并以热能的形式释放的过程被称为外转换。外转换使荧光或磷光强度减弱甚至消失，因此这一现象又被称为“猝灭”（quenching）。外转换通常发生在第一激发单重态或激发三重态的最低振动能级向基态转换的过程中，是荧光发射和磷光发射的竞争过程。

4. 系间窜越（intersystem conversion，ISC）

系间窜越是指不同多重态间的一种无辐射跃迁过程，它涉及受激电子自旋状态的改变，如 $S_1 \to T_1$。这种跃迁是禁阻的。但如果两个电子能态的振动能级之间有比较大的重叠，则可以通过自旋-轨道耦合等作用使 S_1 态转入 T_1 态。

5. 荧光发射

当分子处于电子激发单重态的最低振动能层时，去活化过程的一种形式是以

10^{-9}～10^{-7} s 的短时间发射光子返回基态，这一过程称为荧光发射。荧光发射去活化过程会和外转换、系间窜越等过程竞争，造成荧光量子化效率的降低。

6. 磷光发射

通过系间窜越，分子从单重态转变到三重态，并再通过振动弛豫从三重态的高振动能层转移到最低振动能层。当没有其他过程与之竞争时，再 10^{-4}～10 s 内跃迁回基态而发射磷光。由此可见，磷光较荧光不易获得（通常需要低温才能观察得到），但磷光的寿命却比荧光长得多。

6.8　激发波谱和发射波谱

分子对光是具有选择性吸收的，因此不同波长的入射光就具有不同的激发效率。如果固定荧光（磷光）的发射波长，不断改变激发光波长，以所测得的荧光强度对激发波长作图，该图即是荧光（磷光）的激发波谱。荧光的激发波谱的形状与吸收波谱的形状极为相似，经校正后的真实激发波谱与吸收波谱不仅形状相同，而且波长位置也是一样的。这是因为物质分子吸收的光子越多，则可能发生的光子越多。

若使激发光的强度和波长保持不变，测定不同发射波长下的荧光强度，该图即为荧光（磷光）发射波谱。荧光发射波谱一般又称荧光波谱。它具有如下特点：

（1）Stokes 位移。激发波谱与发射波谱之间有波长差，发射波谱波长比激发波谱波长长，这一波长位移被称为 Stokes 位移。产生 Stokes 位移的原因是由于吸收能量后的受激分子通过振动弛豫而失去部分振动动能，也可以由于溶液中分子与受激分子的碰撞而转移部分能量。

（2）发射波谱的形状与激发波长无关。因为荧光产生的机理告诉我们，无论分子被激发到哪个高能级，都会通过振动弛豫和内转换失活到达电子第一激发态的最低振动能级，而只有从电子第一激发态的最低振动能级辐射光子回到基态发射的光才被称为荧光。所以，荧光发射波谱与激发波长无关。

（3）镜像规则，荧光发射波谱与它的激发波谱成镜像对称关系。镜像对称产生的原因是由于吸收波谱的形状表明了分子第一激发态的振动能级的结构，而荧光发射波谱则表明了分子基态的振动能级结构。基态与激发态的振动能级结构相似，激发和去活概率相近，因此分子的荧光发射波谱与它的激发波谱成镜像对称关系（图 6.4）。

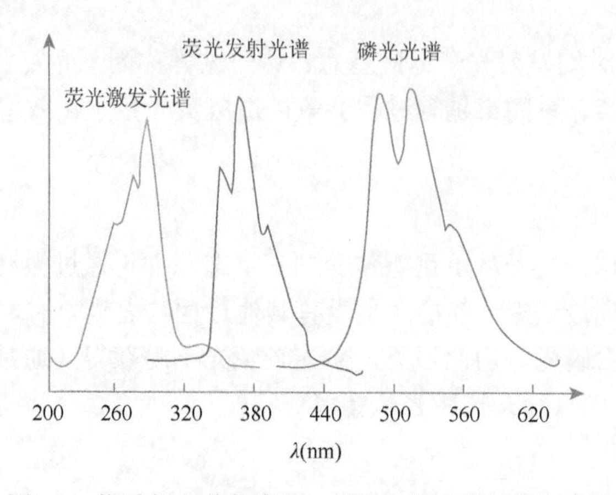

图 6.4　物质荧光激发波谱、荧光发射波谱和磷光波谱

6.9　荧光波谱与分子结构的关系

首先需要明确的是，并不是所有的分子都能观察到荧光，因此观察分子荧光现象是需要一些条件的。一是具有合适结构。通常含有苯环或稠环的刚性结构有机分子才有可能观察到荧光。二是具有一定的量子化产率。由荧光产生的机理可知，物质被激发后，既能通过发射荧光回到基态，也可以通过无辐射去活过程回到基态，只有抑制无辐射去活过程才能看到可以观测的荧光。因此荧光波谱能够提供激发谱、发射谱、峰位、峰强度、量子产率、荧光寿命、荧光偏振度等信息，这些是荧光分析定性和定量的基础。

一般使用荧光量子产率（fluorescence quantum yield，$\varPhi$）来表示这一过程。荧光量子化产率可由下式计算：

$$\varPhi = \frac{\text{发射的光量子数}}{\text{吸收的光量子数}}$$

因此可以用荧光量子化产率 $\varPhi$ 来衡量荧光物质的荧光发光能力。$\varPhi$ 可以采用参比法测定。通过测定稀溶液中待测荧光物质和已知量子产率的参比荧光物质在相同的激发波长下的积分荧光强度（即校正荧光波谱的面积），并测定该激发波长的入射光的吸光度，由实验结果可计算出待测荧光物质的量子产率，并可以用如下公式计算：

$$\varPhi_{\text{待测}} = \varPhi_{\text{参比}} \cdot \frac{I_{\text{待测}}}{I_{\text{参比}}} \cdot \frac{A_{\text{参比}}}{A_{\text{待测}}}$$

式中，$\varPhi_{\text{待测}}$ 和 $\varPhi_{\text{参比}}$ 分别表示待测物质和参比物质的荧光量子产率；$I_{\text{待测}}$ 和 $I_{\text{参比}}$ 分别表示待测物质和参比物质的荧光强度；$A_{\text{待测}}$ 和 $A_{\text{参比}}$ 分别表示待测物质和参比物质对该波长激发光的入射光的吸光度。

硫酸喹啉是常用的一种参比物质，在 0.05 mol/L 的硫酸溶液中的荧光量子化产率为 0.55。对于一个纯的荧光化合物，在一定的实验条件下，Φ 等于一个常数，通常总是小于 1。有分析应用价值的荧光化合物，其荧光量子化产率应该在 0.1～1 之间。

另外，Φ 与激发态能量释放各过程的速率常数有关，如果外转换过程速度快，则不出现荧光发射，因此也可以用各过程的速率常数来表示荧光量子产率：

$$\Phi = \frac{k_f}{k_f + \sum k_f}$$

式中，k_f 为荧光发射过程的速率常数；$\sum k_f$ 为外转换及系间窜跃等有关无辐射过程的速率常数之后。k_f 取决于分子结构，而 $\sum k_f$ 则主要与分子所处的化学环境有关，同时也与化学结构有关。磷光的量子产率与荧光相似。

强的荧光物质通常具有大的共轭 π 键体系及刚性的平面结构。一方面有强的荧光发射的前提首先要有强的能量吸收，而大的共轭 π 键体系可以保证分子有强的紫外能量吸收。另一方面在吸收能量后应尽可能降低无辐射分子失活，也就是要保证一定的荧光量子化效率，而刚性的平面分子结构可以减少因振动和转动引起的能量损失。

1. 刚性的平面结构

分子的刚性结构可以阻止激发态分子因振动和转动引起的能量损失，此外分子的平面结构可以使分子中离域 π 电子更好地共轭并弛豫到具有更低能量的定域轨道。上述两个因素都提高荧光量子化效率，使分子荧光的发射强度增加。例如，荧光黄中的氧桥连使分子呈平面结构，具有一定的刚性，在 0.1 mol/L 的 NaOH 溶液中，其 $\Phi = 0.92$；而分子结构相近的酚酞在 0.1 mol/L 的 NaOH 溶液中，其 $\Phi = 0$。它们的分子结构如下：

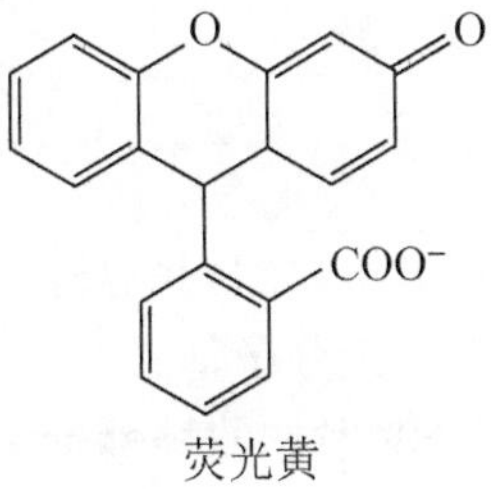

O　O　COO^-
荧光黄

^-O　O　COO^-
酚酞

2. 电子跃迁类型

大多数荧光化合物都是由 $\pi \rightarrow \pi^*$ 跃迁 或 $n \rightarrow \pi^*$ 跃迁激发。由 $\pi \rightarrow \pi^*$ 跃迁 激发

的荧光强度大（吸收辐射光量大），由 $n \rightarrow \pi^*$ 跃迁激发的荧光强度小（吸收辐射光量少）。

3. 取代基效应

芳香族化合物苯环上的不同取代基对该化合物的荧光强度和荧光波谱有很大的影响。一般来说，给电子基团，如—OH、—OR、NH_2、—CN、—NR_2 等，使荧光增强。因为产生了 $n-\pi$ 共轭作用，增强了 π 电子共轭程度，使最低激发单重态与基态之间的跃迁概率增大。吸电子基团，如—COOH、—C═O、NO_2、—NO、卤素等，会减弱甚至猝灭荧光。例如硝基苯为非荧光物质，而苯酚、苯胺的荧光较苯强。

4. 重原子效应

重原子效应有内部重原子效应和外部重原子效应。分子中引入相对较重的原子（如 Cl、Br、I）会使得荧光分子中自旋轨道耦合作用增加，造成分子激发态的单重态和三重态电子在能量上更加接近，导致产生荧光的概率下降，而产生磷光的概率增加。这种因为重原子的引入而出现荧光减弱、磷光增强的现象称为内部重原子效应。因溶剂重原子造成的影响称为外部重原子效应。例如，一卤代萘的相对荧光强度按照 F、Cl、Br、I 顺序递减，相对荧光强度比例为 1700∶120∶3∶1；而磷光的强度依次递增，磷光比例为 1∶5∶5∶7。

6.10　环境因素对分子荧光的影响

影响荧光强度的因素除了与分子结构有关外，同所处的外部环境也有关。环境因素主要包括溶剂、温度、介质酸度、氢键的形成及其他因素。选择合适的条件不但可以使荧光加强，提高测定的灵敏度，同时还可以控制干扰物质的荧光产生，改善荧光分析的选择性。

1. 溶剂的影响

溶剂对荧光的影响除影响本身折射率和介电常数的影响外，主要是指荧光分子与溶剂分子间的相互作用。这种作用取决于荧光分子基态和激发态的极性及其溶剂对其稳定化的程度。对于 $\pi \rightarrow \pi^*$ 跃迁，分子激发态的极性远大于基态的极性，随着溶剂极性的增大，对分子激发态的稳定程度增大，因此能量降低较多，而对于分子基态的影响较少，导致荧光发射的能量下降，发射波长红移；对于 $n \rightarrow \pi^*$ 跃迁，分子基态的极性远大于激发态的极性，随着溶剂极性的增加，对分子基态的稳定程度增加，而对于分子激发态的影响很小，导致荧光发生的能量升高，发射波长蓝移。氢键及配位键的形成更能使荧光强度和形状发生较大的变化，这种影响与对紫外波谱的影响类似。

2. 温度的影响

荧光强度对温度变化十分敏感。温度升高，荧光的量子化产率通常下降。这是因为温度升高会加快分子运动的速度，增加分子间的碰撞，外转换概率增加，导致分子荧光产率下降。因为低温可以增强荧光，可以提高荧光分析的灵敏度，所以低温荧光分析也备受重视。

3. 溶液pH值的影响

对含有酸碱基团的荧光分子，其荧光特性都与溶液的pH值有关，荧光波谱和荧光强度都会发生变化。其原因在于，pH值不同则这类荧光物质分子结构不同（出现弱酸或弱碱的解离结构）。例如在pH 5～12的溶液中，苯胺以分子形式存在，产生蓝色荧光，而当溶液的pH<5或pH>12时，则分别为离子化合物，均无荧光。

4. 氢键的影响

如果在激发之前荧光分子形成氢键，这种情况一般使摩尔吸收系数增大，即吸收增强，因此荧光强度增大，同时也可能发生分子极性及共轭程度的变化。这时荧光激发波谱及荧光发射波谱都可能发生变化。如果在激发之后荧光分子形成氢键，这时激发波谱不受影响，而荧光发射波谱会发生变化。

5. 内滤光作用和自吸现象

内滤光作用是指溶液中含有能吸收荧光的组分，使荧光分子的荧光强度减弱的现象。如色氨酸中有重铬酸钾存在时，重铬酸钾正好吸收了色氨酸的激发和发射峰，测得的色氨酸荧光强度显著降低。

自吸收现象是荧光分子的发射波谱短波长端与其激发波谱长波长端有所重叠，在溶液浓度较大时，一些分子的荧光发射峰被另一些分子吸收的现象。自吸收现象也使荧光分子的测定强度降低，浓度越大这种影响越严重。

6. 溶液荧光的猝灭

荧光分子与溶剂分子或其他分子之间相互作用，使荧光强度减弱的现象被称为荧光的猝灭。能引起荧光强度降低的物质称为猝灭剂，如卤素离子、重金属离子、氧分子、硝基化合物、重氮化合物、羰基、羧基化合物等。发生猝灭的原因有动态猝灭（碰撞猝灭）、静态猝灭、转入三重态猝灭、自吸收猝灭等。动态猝灭是由于激发态荧光分子与猝灭剂分子碰撞失活，无辐射回到基态，这是引起荧光猝灭的主要原因。静态猝灭是指荧光分子与猝灭剂生成不能产生荧光的配合物。此外，荧光体系中有顺磁物质存在，如溶解氧分子，它对荧光和磷光有着强的猝灭作用，这种猝灭作用在水溶液中有时观测不到。荧光分子由激发单重态转入激发三重态后也不能发射荧光。

6.11　紫外和分子荧光波谱法应用

6.11.1　紫外波谱法应用

在有机结构分析方法中，紫外波谱获取是最廉价，也是科研中应用最普遍的方法，且具有用样量少、速度快等特点。同时，紫外波谱也是对物质进行定性分析、结构分析和定量分析的一种手段，而且还能测定某些化合物的物理化学参数，例如摩尔质量、配合物的配合比和稳定常数，以及酸、碱电离常数等。但由于紫外波谱主要反映分子中的不饱和基团的性质，仅用紫外波谱确定化合物的结构是十分困难的，一般需要配合其他手段。

1. 化合物结构分析

紫外波谱可以用于检测化合物中发色团的存在与否。该技术不适用于检测复杂化合物中的发色团。特定波段的波段缺失可以被视为特定群体缺失的证据。如果化合物的波谱在 200 nm 以上是透明的，则表明不存在。

可以借助紫外波谱检测多烯中的共轭程度。随着双键的增加，吸收向更长的波长移动。如果多烯中的双键增加了 8 个，那么当吸收进入可见区域时，人眼就可以看到多烯对光的吸收。

可以借助紫外波谱鉴定未知化合物。将未知化合物的波谱与参考化合物的波谱进行比较，如果两个波谱一致，则可以进行未知物质的鉴定。

可以借助紫外波谱观察到顺式烯烃的吸收波长与反式烯烃不同。当其中一种异构体由于空间位阻而具有非共面结构时，这两种异构体可以相互区分。与反式异构体相比，顺式异构体遭受变形并在较低波长处吸收。

可以借助紫外波谱研究分子的结构信息。这些结构信息主要反映分子中生色团或生色团与助色团的相互关系，即分子内共轭体系的特征。现将紫外波谱能提供的具体结构信息总结如下：

（1）在 200～800 nm 范围内没有吸收带，说明此化合物是脂肪烃、酯环烃或它们的衍生物（氯化物、醇、醚、羧酸等），也可能是单烯或孤立的多烯烃。

（2）在 220～250 nm 范围内有强吸收带（$\varepsilon \geqslant 10000$），说明有共轭的两个不饱和键存在，此吸收带为 $\pi \rightarrow \pi^*$ 跃迁产生的 K 带，那么该化合物一定含有共轭二烯结构或 α, β-不饱和羰基化合物结构。但 α, β-不饱和羰基化合物除了具有 K 带外，还应该在 320 nm 附近有 R 带出现。此外，在 260 nm、300 nm、330 nm 附近有强吸收带，那么就有 3、4、5 个共轭双键存在。

（3）在 270～350 nm 范围内有弱吸收带[$\varepsilon = 10 \sim 100$ L/(mol·cm)]，但在 200 nm 附近无其他吸收，则该吸收带为醛酮化合物中羰基的 R 带。

（4）在 260～300 nm 范围内有中等强度吸收带[$\varepsilon = 200 \sim 2000$ L/(mol·cm)]，且该吸收带可能带有精细结构，那么很可能有芳环，因为该吸收带可能为单个苯环的 B 带或某些杂环的特征吸收带。

（5）在 260 nm、300 nm、330 nm 附近有强吸收带[$\varepsilon \geqslant 10000$ L/(mol·cm)]，那么该化合物就可能存在 3、4、5 个双键的共轭体系。若在大于 300 nm 或吸收延伸到可见光区有高强度吸收，且具有明显的精细结构，说明有稠环芳烃、稠杂环芳烃或其衍生物。

2. 定量分析

物质的纯度也可以借助紫外波谱来测定。将样品溶液的吸收与参考溶液的吸收进行比较。相对吸收强度可用于样品物质纯度的计算。部分实际应用领域可以列举如下：

（1）食品生产中的应用。在食品生产中为了保证有颜色的饮料（如可乐、茶饮料、果汁）产品的颜色一致，可以在可见光区用紫外可见分光光度计来测定其吸光度值，使色差符合产品要求。在发酵业中也可通过测定吸光度值来确定产品的发酵完成程度。对于一些成分比较单一的产品也可通过测定吸光度值来确定产品合格与否。比如，判定营养增强剂维生素 B_1 的质量就可以在 400 nm 下测定其吸光度值，当其值不超过 0.020 时，即可确定为合格。

（2）药物分析。如阿司匹林，即乙酰水杨酸含量的测定。在阿司匹林药片和制剂中，同时对多组分含量采用多波长方法进行测定是可以实现的。即可以不经分离可实现多组分的同时测定，这为多组分波谱响应重叠的解析提供应用支撑。

（3）水质测量。紫外可见吸收波谱分析仪器交叉敏感性低，重复性好，精度高，测量范围大，长期稳定性好，可同时测量有机碳化合物、硝酸盐、浊度等参数，并且可以通过相应软件分析得到更多其他参数，如化学耗氧量（chemical oxygen demand，COD）、生化耗氧量（biochemical oxygen demand，BOD）等。此外，紫外可见吸收波谱水质分析方法是通过建立紫外可见吸收波谱数据与水质参数之间的相关关系和数学模型，在此基础上可以根据被测水样的紫外可见吸收波谱数据分析结果，定量地得到相应的水质参数数值。

6.11.2 分子荧光波谱法应用

不同结构荧光化合物都有特征的激发波谱和发射波谱，因此可以将荧光物质的激发波谱与发射波谱的形状、峰位与标准溶液的波谱图进行比较，从而达到定性分析的目的。荧光波谱已应用于很多不同领域，可以适用于固体粉末、晶体、薄膜、液体等样品，只需要根据样品分别选配石英池（液体样品）或固体样品架（粉末或片状样品）就能进行分析，特别是需要无损、显微、化学分析、成像分析等场合，荧光波谱分析可以无损伤、非接触地用于自动检验、批量筛分、远程原位分析和活体分析。因此，无论是需要定性还是定量的数据，荧光分析都能快速、简便地提供重要信息，是研究体系的物理、化学性质及其变化情况的重要波谱分析手段。

荧光分析具有灵敏度高、选择性强、试样用样量少、方法简单及可以提供较多的物理参数等优点。相比较于紫外分光光度法来说，在定性方面分子荧光波谱既可以提供激发波谱信息，又可以提供荧光发射波谱信息；在定量方面荧光分析的灵敏度比紫外波谱法高 2～4 个数量级，检测下限在 0.1～0.001 μg/mL 之间。但是也存在应用范围不够广泛、对环境敏感（干扰因素多）等缺点，这是因为化合物中能吸收能量并能发射荧光的物质并不多。

1. 有机化合物的荧光分析

芳香族及具有芳香结构的化合物因存在共轭双键和刚性环结构多可以直接用于荧光分析，但一些脂肪族化合物自身不产生荧光，它们的荧光分析主要依赖与适当有机试剂反应后使用，如血液中葡萄糖含量的测定。可利用葡萄糖与 5-羟基-1-萘酮在硫酸介质中发生缩合反应，生成的产物苯并萘二酮在紫外光照射下发射荧光，$\lambda_{EX} = 365$ nm，$\lambda_{EM} = 532$ nm，葡萄糖的检测范围为 2～20 μg/mL。若 $\lambda_{EX} = 370$ nm，$\lambda_{EM} = 550$ nm，可把检测灵敏度提高，仅需要血液 2 μL。此外，某些有机化合物的荧光测定实例如表 6.12 所示。

表 6.12 某些有机化合物的荧光检测实例

待测物	显色试剂	激发波长（nm）	发射波长（nm）	测定浓度范围（μg/mL）
丙三醇	苯胺	紫外	蓝色	0.1～2
糠醛	蒽酮	465	505	1.5～15

续表

待测物	显色试剂	激发波长（nm）	发射波长（nm）	测定浓度范围（μg/mL）
蒽		365	400	0～5
四氧嘧啶（阿脲）	苯二胺	365	485	10^{-10}
维生素 A	无水乙醇	345	490	0～20
氨基酸	氧化酶等	315	425	0.01～50
蛋白质	曙红 Y	紫外	540	0.06～6
肾上腺素	乙二胺	420	525	0.001～0.02

2. 无机化合物的荧光分析

无机化合物中除了铀盐等少数物质，一般不显示荧光。因此，需要加入荧光显色试剂来进行荧光分析。目前可以进行荧光分析的元素已有 20 余种，例如铍、铝、硼、镓、硒、镁及某些稀土元素。常采用的荧光显色试剂至少含有 2 个官能团与金属离子形成刚性环状结构，并具有大 π 键的配合物。一些无机元素的荧光检测方法实例见表 6.13。

表 6.13　某些无机化合物的荧光检测实例

无机离子	试剂	激发波长（nm）	发射波长（nm）	检出限（μg/mL）	干扰
Al^{3+}	石榴茜素 R	470	500	0.007	Be，Co，Cr，Cu，F^-，NO_3^-，Ni，PO_4^{3-}，Th，Zr
F^-	石榴茜素 R-Al 配合物	470	500	0.001	Be，Co，Cr，Cu，Fe，Ni，PO_4^{3-}，Th，Zr
$B_4O_7^{2-}$	二苯乙醇酮	370	450	0.04	Be，Sb
Cd^{2+}	2-邻羟基苯-间氮杂氧	365	蓝色	2	NH_3
Li^+	8-羟基喹啉	370	580	0.2	Mg
Sn^{4+}	黄酮醇	400	470	0.008	F^-，PO_4^{3-}，Zr
Zn^{2+}	二苯乙醇酮	—	绿色	10	Be，B，Sb

3. 荧光检测在色谱分离中的应用

多年来，荧光法一直用于纸色谱或薄层色谱分离中斑点的定位。如果被分离的化合物能发射荧光，则可以使用紫外辐照条件下，观察到其色斑；如果是非荧光物质，则需要喷适当的显色剂来生成荧光物质，之后进行观测。

高效液相色谱常用荧光检测器（fluorescence detector，FLD），其灵敏度比通用的紫外检测器要高 2～3 个数量级。主要采用衍生化方法，用于荧光光度法中的衍生化试剂原则上都能使用，分柱前衍生和柱后衍生两种。所谓柱前衍生是在分析物经过色谱柱前与衍生剂反应，反应产物在色谱柱上实现分离，实际分离的是衍生产物，检测的也是衍生产物。柱后衍生是分析物在色谱柱中实现分离后，在衍生池内与衍生剂反应，检测的是衍生产物。

4. 荧光免疫分析

用荧光物质作标记的免疫分析法称为免疫分析法（fluoroimmunoassay，FIA）。荧光免疫检测技术具有专一性强、灵敏度高、实用性好等优点，因此它被用于测量含量很低的生物活性化合物，例如蛋白质（酶、接受体、抗体）、激素（甾族化合物、甲状腺激素、酞激素）、药物及微生物等。作为荧光标记物，应具有高的荧光强度，其发射的荧光与背景荧光有明显的区别。它与抗原或抗体的结合不破坏其免疫活性，标记过程要简单、快速、水溶性好、所形成的免疫复合物耐存储。常用的荧光物质有荧光素、异硫氰酸荧光素、四乙基罗丹明、四乙基异硫氰基荧光素等。

作为免疫分析法的一种，FIA 同样存在两种模式，即竞争型和夹心型。其中竞争型（以标记抗原的竞争型为例）的测定原理是基于未标记的抗原（Ag）和标记抗原（Ag-L）竞争结合有限的抗体（Ab）而实现的免疫分析法。检测时，Ab 和 Ag-L 的浓度是固定的。当未标记的 Ag 加到 Ab 和 Ag-L 的免疫混合物中后，Ag 和 Ab 的结合使得 Ag-L 与 Ab 的免疫复合物的量减少。样品中存在的 Ag 越多，Ab 结合的 Ag-L 便越少，从 Ab-Ag-L 免疫复合物的减少或游离 Ag-L 的增加，可以定量测定出样品中待测抗原的含量。

对夹心型免疫分析来说，其反应原理是在免疫反应的载体上固定过量的 Ab，然后加入一定量的 Ag，免疫反应后，再加入过量的标记抗体（Ab-L），以形成“三明治”式夹心免疫复合物。样品中存在的 Ag 越多，结合的 Ab-L 也越多，夹心免疫复合物的标记荧光信号就越强。

参 考 文 献

胡坪，王氢. 2019. 仪器分析[M]. 北京：高等教育出版社.

晋卫军. 2018. 分子发射光谱分析[M]. 北京：化学工业出版社.

汪红武. 2022. 现代仪器分析实验[M]. 北京：中国轻工业出版社.

王巧云，单鹏. 2019. 分子光谱检测及数据处理技术[M]. 北京：科学出版社.

叶宪曾，张新祥，等. 2007. 仪器分析教程[M]. 北京：北京大学出版社.

张华. 2006. 现代有机波谱分析[M]. 北京：化学工业出版社.

第7章

X射线衍射分析法

7.1　X射线衍射分析法导论

7.1.1　X射线衍射分析法发展历史

1895年，德国物理学家伦琴（W. C. Röntgen，1845～1923年）在实验中偶然发现，放在阴极射线管附近密封好的照相底片被感光。伦琴当时就断言，这种现象必定是一种不可见的未知射线作用的结果。由于当时没有找到更适当的名称来称呼这种射线，伦琴就以数学上惯用的未知数X作为它的代名词，给这种射线取名为X射线。

伦琴对X射线的性质进行了多方面的观察和实验后，在他的论文（*Nature*，1896年）中指出，X射线穿过物质时会被吸收；原子量及密度不同的物质，对X射线的吸收情况不一样；轻元素物质对X射线几乎是透明的，而X射线通过重元素物质时，透明程度明显地被减弱。X射线的突出特点就是它能穿过不透明物质。伦琴在他的论文中还指出，X射线能使亚铂氰酸钡等荧光物质发出荧光，能使照相底片被感光以及气体发生电离等。X射线的这些性质很快就首先在医学和工程探伤上得到应用，且至今不衰。

1908～1911年，巴克拉（C. G. Barkla）发现物质被X射线照射时，会产生次级X射线。次级X射线由两部分组成，一部分与初级X射线相同，另一部分与被照射物质组成的元素有关，即每种元素都能发射出各自的X射线。巴克拉称这种与物质元素有关的射线的谱线为标识谱，并对这些谱线分别以K, L, M, N, O, …命名，以便区分。巴克拉同时还发现不同元素的X射线吸收谱具有不同的吸收限。经巴克拉严格测定的X射线谱为后来的德国物理学家劳厄的实验研究提供了方便条件。

在X射线发现后的17年里，人们对X射线的本质一直没有深入全面的了解。当时有人认为X射线是快速运动的微小粒子束，与电子束相似；也有人认为X射线是一种电磁波，同光波、无线电波一样，只不过波长很短而已。这个问题经过多年的研究都未得出肯定的结果。1912 年，劳厄（M. V. Laue）等在前人研究的基础上，提出了 X 射线是电磁波的假设。劳厄假定这种电磁波的波长仅是原子线度的十分之一。当时晶体点阵理论已经成熟，劳厄对比了晶体点阵与平面光栅空间周期性的共同特点，推测波长与晶面间距（晶体中相邻两原子间的距离）相近的 X 射线通过晶体时，必定会发生衍射现象。这个假设由当时著名物理学家索末菲（A. Sommerfeld）的助手弗里德利希（W. Friedrich）进行了实验，得到了肯定的结果。X 射线衍射实验的成功，证实了 X 射线的电磁波本质，同时也证明了晶体中原子排列的规则性，揭露了晶体结构的秘密，并导出了衍射方程，开创了 X 射线衍射分析这个新的领域。自此，在探索 X 射线的性质、衍射理论和结构分析技术等方面都有了飞跃的发展，使 X 射线成为一门重要的学科。

差不多在劳厄的假定得到验证的同时，英国物理学家布拉格（Bragg）父子从反射的观点出发，提出了 X 射线照射在晶体中一系列相互平行的原子面上将会发生反射的设想。他们认为，只有当相邻两晶面的反射线因叠加而加强时才有反射；如果叠加相消，便不能发生反射，即反射是有选择性的。布拉格父子根据这一想法进行了数学演算，导出了著名公式：

$$2d\sin\theta = n\lambda \tag{7.1}$$

后人把该公式称之为布拉格定律。从公式中可以看出，对于一定波长为 λ 的 X 射线，发生反射时的角度 θ 取决于晶体的原子面间距 d。如果知道了晶体的原子面间距 d，连续改变 X 射线的入射角 θ，就可以直接测出 X 射线的波长。1913 年布拉格根据这一原理，制作出了 X 射线分光计，并使用该装置确定了巴克拉提出的某些标识谱的波长，首次利用 X 射线衍射方法测定了 NaCl 的晶体结构，从此开始了 X 射线晶体结构分析的历史。

伦琴、劳厄和布拉格的工作，为人们以后从事 X 射线衍射和 X 射线光谱研究奠定了理论和实验基础，他们的工作对 X 射线学发展的整个进程都具有重要的指导意义。

当今，用电子计算机控制的全自动 X 射线衍射仪及各类附件的出现，为提高 X 射线衍射分析的速度、精度以及扩大其研究领域起了极大的作用。X 射线衍射分析是确定物质的晶体结构、物相的定性和定量分析、精确测定点阵常数、研究晶体取向等的最有效、最准确的方法。还可通过线性分析研究多晶体中的缺陷，应用动力学理论研究近完整晶体中的缺陷，由漫散射强度研究非晶态物质的结构，利用小角度散射强度分布测定大分子结构及微粒尺寸等。X 射线衍射分析的特点为：它所反映出的信息是大量原子散射行为的统计结果，此结果与材料的宏观性能有良好的对应关系。它的不足之处是不可能给出材料内实际存在的微观成分和结构的不均匀性的资料，且不能分析微区的形貌、化学成分以及元素离子的存在状态。

7.1.2　X 射线的产生及其性质

通常是利用一种类似热阴极二极管的装置（X 射线管）获得 X 射线，产生 X 射线的基本电气线路见图 7.1。把用一定材料制作的板状阳极（A 称为靶）和阴极（C 为灯丝）密封在一个玻璃-金属管壳内，给阴极通电加热至炽热，使它放射出热辐射电子。在阳极和阴极间加直流高压 V（约数千伏至数万伏），则阴极产生的大量热电子 e 将在高压电场作用下奔向阳极，在它们与阳极碰撞的瞬间产生 X 射线。

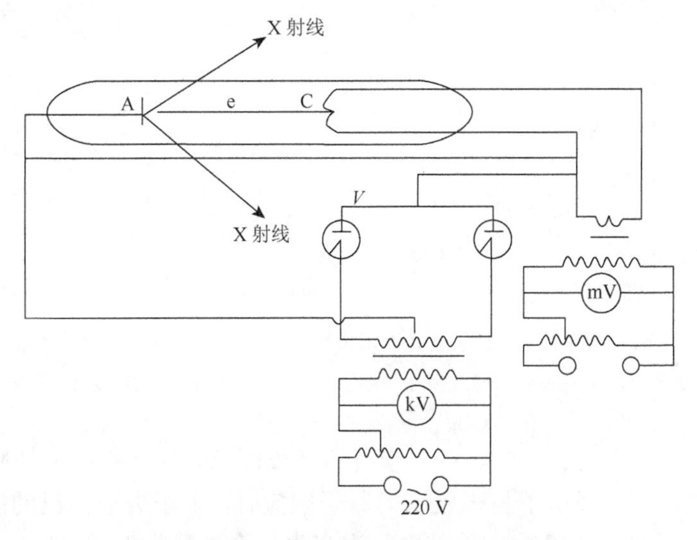

图 7.1　产生 X 射线的基本电气线路

用仪器检测此 X 射线的波长，发现其中包含两种类型的波谱。一种是具有连续波长的 X 射线，构成连续 X 射线谱，它和可见光的白光相似，又称白色 X 射线谱；另一种是在连续谱上叠加若干条具有一定波长的谱线，该谱线与靶极材料有关，是某种元素的标识，被称做标识谱（或特征 X 射线），又称单色 X 射线。

在 X 射线管两极间加高压 V，并维持一定的管电流 i，所得到的 X 射线强度与波长的关系见图 7.2。其特点是 X 射线波长从一最小值 λ_0 向长波方向伸展，强度在 λ_m 处有一最大值，这种强度随波长连续变化的谱线称连续 X 射线谱。λ_0 称为该管电压下的短波限，连续谱与管电压 V、管电流 i 和阳极靶材料的原子序数 z 有关，其相互关系的实验规律如下：

对同一阳极靶材料，保持 X 射线管电压 V 不变，提高 X 射线管电流 i，各波长射线的强度一致提高，但 λ_0 和 λ_m 不变［图 7.2（a)］。

提高 X 射线管电压 V（i, z 不变），各种波长射线的强度都增高，短波限 λ_0 和强度最大值对应的 λ_m 减小［图 7.2（b）］。

在相同的 X 射线管压和管流条件下，阳极靶的原子序数 z 越高，连续谱的强度越大，但 λ_0 和 λ_m 不变［图 7.2（c）］。

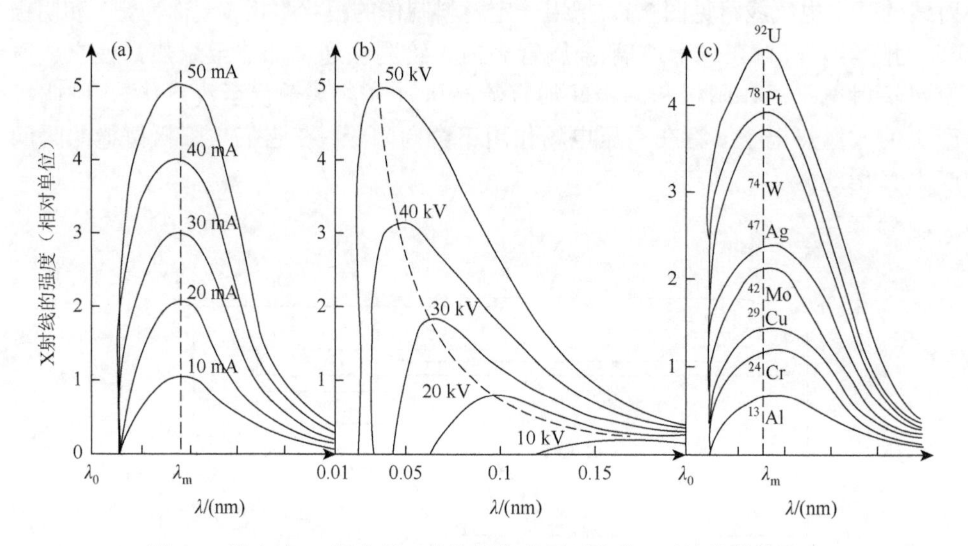

图 7.2 管电流 i、管电压 V 和阳极靶的原子序数 z 对连续谱的影响

（a）连续谱与管电流的关系；（b）连续谱与管电压的关系；（c）连续谱与阳极靶原子序数的关系

用量子力学的观点可以解释连续谱的形成以及为什么存在短波限 λ_0。在管电压 V 的作用下，当电子与阳极靶的原子碰撞时，电子失去自己的能量，其中一部分以光子的形式辐射。每碰撞一次产生一个能量为 $h\nu$ 的光子，这样的光子流即为 X 射线。单位时间内到达阳极靶面的电子数目是极大量的，在这些电子中，有的可能只经过一次碰撞就耗尽全部能量，而绝大多数电子要经历多次碰撞，逐渐损耗自己的能量。每个电子每经历一次碰撞便产生一个光子，多次碰撞产生多次辐射。由于多次辐射中各个光子的能量各不相同，因此出现一个连续 X 射线谱。但是，在这些光子中，光子能量的最大极限值不可能大于电子的能量，而只能小于或等于电子的能量。它的极限情况为：当动能为 1.602×10^{-19} J 的电子在与阳极靶碰撞时，把全部能量给予一个光子，这就是一个 X 射线光量子可能获得的最大能量，即 $h\nu_{max}=1.602\times10^{-19}$ J，此光量子的波长即为短波限 λ_0。

由于 $\nu_{max}=1.602\times10^{-19}/h=c/\lambda_0$，所以 $\lambda_0=hc/(1.602\times10^{-19})=(6.626\times10^{-34}\text{J·s}\times2.998\times10^{-8}\text{m/s})/(1.602\times10^{-19}\text{ J})=12.40\times10^{-7}\text{ m}=1240\text{ nm}$。

X 射线的强度是一个物理量，它是指垂直于 X 射线传播方向的单位面积上在单位时间内所通过的光子数目的能量总和。这个定义表明，X 射线的强度 I 是由光子的能量 $h\nu$ 和它的数目 n 两个因素决定的，即 $I = nh\nu$ 。因为当动能为 1.602×10^{-19} J 的电 子在与阳极靶碰撞时，把全部能量给予一个光子的概率很小，所以连续 X 射线谱中的强度最大值并不在光子能量最大的 λ_0 处，而是大约在 1.5 λ_0 处。

7.1.3　X 射线衍射原理

1. 布拉维点阵

利用 X 射线研究晶体结构中的各类问题，主要是通过 X 射线在晶体中所产生的衍射现象进行的。当一束 X 射线照射到晶体上时，首先被电子所散射，每个电子都是一个新的辐射波源，向空间辐射出与入射波相同频率的电磁波。在一个原子系统中所有电子的散射波都可以近似地看作是由原子中心发出的。因此，可以把晶体中每个原子都看成是一个新的散射波源，它们各自向空间辐射与入射波相同频率的电磁波。这些散射波之间的干涉作用使得空间某些方向上的波始终保持互相叠加，于是在这个方向上可以观测到衍射线；而在另一些方向上的波则始终是互相抵消的，于是就没有衍射线产生。所以，X 射线在晶体中的衍射现象，实质上是大量的原子散射波互相干涉的结果。每种晶体所产生的衍射花样都反映出晶体内部的原子分布规律。概括地讲，一个衍射花样的特征可以认为由两个方面组成：一方面是衍射线在空间的分布规律（称为衍射几何），另一方面是衍射线束的强度。

衍射线的分布规律是由晶胞的大小、形状和位向决定的，而衍射线的强度则取决于原子在晶胞中的位置、数量和种类。为了通过衍射现象来分析晶体内部结构的各种问题，必须掌握一定的晶体学知识；并在衍射现象与晶体结构之间建立起定性和定量的关系，这是 X 射线衍射理论所要解决的中心问题。

晶体的基本特点是它具有规则排列的内部结构。构成晶体的质点通常指的是原子、离子、分子及其他原子集团，这些质点在晶体内部按一定的几何规律排列起来，即形成晶体结构。为了表达空间点阵的周期性，一般选取体积最小的平行六面体作为单位阵胞。这种阵胞只在顶点上有结点，称为简单晶胞，如图 7.3 所示。然而，晶体结构中质点分布除周期性外，还具有对称性。因此，与晶体结构相对应的空间点阵，也同样具有周期性和对称性。为了使单位阵胞能同时反映出空间点阵的周期性和对称性，简单阵胞是不能满足要求的，必须选取比简单阵胞体积更大的复杂阵胞。在复杂阵胞中，结点不仅可以分布在顶点，而且也可以分布在体心或面心。选取阵胞的条件是：①能同时反映出空间点阵的周期性和对称性；②在满足①的条件下，有尽可能多的直角；③在满足①和②的条件下，体积最小。法国晶体学家布拉维经长期的研究表明，按上述三条原则选取的阵胞只能有 14 种，称为 14 种布拉维点阵。根据结点在阵胞中位置的不同，可将 14 种布拉维点阵分为 4 种点阵类型（*P*、*C*、*I*、*F*）。阵胞的形状和大小用相交于某一顶点的三条棱边上的点阵周期 *a*、*b*、*c* 以及它们之间的夹角 *α*、*β*、*γ* 来描述。习惯上以 *b*、*c* 之间的夹角为 *α*，*a*、*c* 之间的夹角为 *β*，*a*、*b* 之间的夹角为 *γ*。*a*、*b*、*c* 和 *α*、*β*、*γ* 称为点阵常数或晶格常数。根据点阵常数的不同，将晶体点阵分为 7 个晶系，每个晶系中包括几种点阵类型。

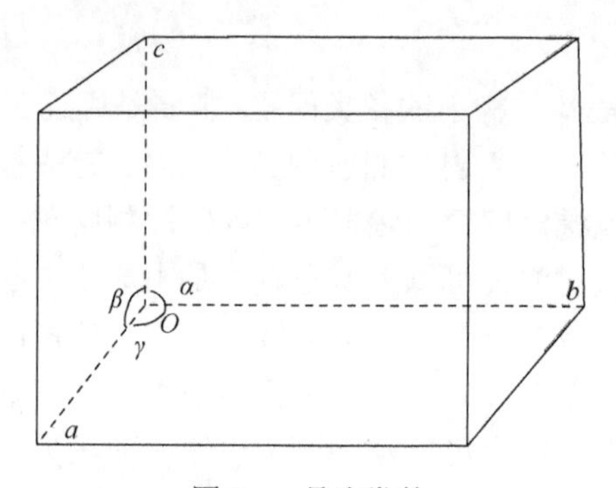

图 7.3　晶胞常数

2. 晶面指数

在晶体学中，确定晶面在空间的位置一般采用解析几何的方法，它是英国学者米勒（W. H. Miller）在 1839 年创立的，常称为米氏符号或米勒指数。具体确定晶面指数的方法如下：①在以基矢 *a*、*b*、*c* 构成的晶胞内，量出一个晶面在三个基矢上的截距，并用基矢长度 *a*、*b*、*c* 为单位来度量；②写出三个分数截距的倒数；③将三个倒数化为三个互质整数，并用小括号括起，即为该组平行晶面的晶面指数（米氏符号或米勒指数）。

下面以图 7.4 来说明如何确定晶面指数。基矢 *a*、*b*、*c* 的长度（轴长）分别是 2*A*、4*A* 和 3*A*，晶面 *xyz* 在三个基矢上的截距分别是 *A*、2*A* 和 2*A*，分数截距的倒数分别是 2, 2 和 3/2，晶面指数就是 443。该组平行晶面中最靠近原点的晶面的截距分别是 1/4，1/4，1/3。

当泛指某一晶面指数时，一般用（*hkl*）作代表；如果晶面与坐标轴的负方向相交，则在相应的指数上加一负号来表示，例如（$h\bar{k}l$）表示晶面与 *y* 轴的负方向相交；当晶面与某坐标轴平行时，则认为晶面与该轴的截距为∞（无穷大），其倒数为 0，即相应的指数为零。

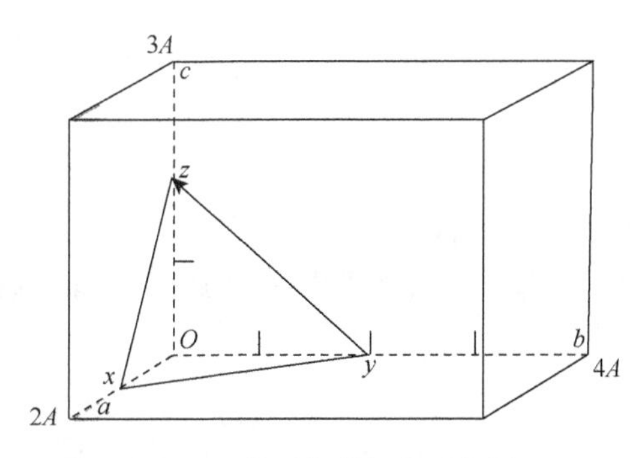

图 7.4 晶面指数标定示意图

在任何晶系中，都有若干组借对称联系起来的等效点阵面，这些面称共组面，用{*hkl*}表示。它们的面间距和晶面上的结点分布完全相同。例如在立方晶系中，{100}晶面族包括（100）、（010）、（001）、（100）、（010）、（$00\bar{1}$）六个晶面，{111}晶面族包括（111）、（$1\bar{1}\bar{1}$）、（11）、（$\bar{1}11$）、（$1\bar{1}1$）、（111）、（1）、（$11\bar{1}$）八个晶面。但是，在其他晶系中，晶面指数的数字绝对值相同的晶面就不一定都属于同一族晶面。例如对正方晶系，由于 $a = b \neq c$，因此{100}被分成两组，其中（100）、（010）、（100）、（010）四个晶面属于同族晶面，而（001）、（$00\bar{1}$）属于另外同族晶面。

在晶体结构和空间点阵中，平行于某一轴向的所有晶面都属于同一个晶带，同一晶带中晶面的交线互相平行，其中通过坐标原点的那条平行直线称为晶带轴，晶带轴的晶向指数就是该晶带的指数。晶向指数的确定方法如下：①在一组互相平行的结点直线中引出过原点的结点直线；②在该直线上任选一个结点，量出它的坐标值，并用点阵周期 *a*、*b*、*c* 度量；③把坐标值化为互质数，用方括号括起，即为该结点直线的晶向指数。当泛指某晶向指数时，用[*uvw*]表示。

7.2 粉末照相法与 X 射线衍射仪

7.2.1 粉末照相法

粉晶试样是由数目极多的微小晶粒组成，这些晶粒的取向完全是任意无规则的，各晶粒中指数相同的晶面取向分布于空间的任意方向。如果采用倒易空间的概念，则这些晶面的倒易矢量分布于整个倒易空间的各个方向，而它们的倒易结点布满在以倒易矢量长度（$r^* = 1/hkl$）为半径的倒易球上。由于同族晶面{*hkl*}的面间距相等，所以同族晶面的倒易结点都分布在同一个倒易球上，各晶面族的倒易结点分别分布在以倒易点阵原点为中心的同心倒易点阵圆上，由于同族晶面

{*hkl*}的晶面间距相等，所以各晶面族的倒易结点分别分布在同心倒易球面上。在满足衍射条件时，根据厄瓦尔德图解原理，反射球与倒易球相交，其交线为一系列垂直于入射线的圆。

从反射球中心（C，衍射粉晶）向这些圆周连线就组成数个以入射线为公共轴的共顶圆锥，圆锥的母线就是衍射线的方向，圆顶角等于4θ。该圆锥称为衍射圆锥。

7.2.2 X射线衍射仪

衍射仪法是用计数管来接收衍射线的，它可省去照相法中暗室内装底片、长时间曝光、冲洗和测量底片等繁复费时的工作，又具有快速、精确、灵敏、易于自动化操作及扩展功能的优点。当然，它也有不足之处，例如，尽管用衍射仪测定晶体取向既简捷又迅速，并适合于进行大量的晶体取向测定工作，但是，衍射仪法没有底片作永久性的记录，并且不能直观地看出晶体的缺陷。因此，照相法仍然有许多可用之处。

X射线衍射仪包括X射线发生器、测角仪、自动测量与记录系统等一整套设备。最新式的还包括微型电子计算机控制数据收集与处理，在屏幕上显示及打印结果等。早在1913年布拉格用来测定NaCl等晶体结构的简陋装置“X射线分光计”就是X射线衍射仪的前身。1952年国际结晶学协会设备委员会决定将它改名为X射线衍射仪。几十年来，人们一直不遗余力地改进设备，它已成为人们分析物质结构的主要手段之一。

目前，用于研究多晶粉末的衍射仪除通用的以外，还有微光束X射线衍射仪和高功率阳极旋转靶X射线衍射仪。它们分别以比功率大可作微区分析及功率高可提高检测灵敏度而著称。尽管各种类型的X射线衍射仪各有特点，但从应用角度出发，X射线衍射仪的一般结构、原理、调试方法、仪器实验参数的选择以及实验和测量方法等大体上是相似的。当然，由于具体仪器不同、分析对象和目的不同，很难提出一套完整的关于调试、参数选择以及实验和测试方法的标准格式；但是，根据仪器的结构、原理等可以寻找出对所有衍射仪均适用的基本原则，掌握好它有利于充分发挥仪器的性能，提高分析可靠性。X射线衍射实验分析方法很多，它们都建立在如何测得真实的衍射花样信息的基础上。尽管衍射花样可以千变万化，但是它的基本要素只有三个，即衍射线的峰位、线形和强度。例如，由峰位可以测定晶体常数，由线形可以测定晶粒大小，由强度可以测定物相含量等。问题是，人们很难选择好同时满足峰位准确、强度大而线形又不失真的实验参数。这时需要根据分析目的，采取突出一点、兼顾其他的折中方案来选择实验参数，安排实验。衍射仪法比照相法在应用上显示出较明显的优越性。它不仅测量衍射花样效率高，精度高，易于实现自动化，而且还可以作一些照相法难以实现的工作。例如，在高温衍射工作中研究点阵参数和相结构随温度的变化、金属的织构定量测定等。衍射仪上还可安装各种附件，如高温、低温、织构测定、应力测定、试样旋转及摇摆、小角散射等。总之，有了衍射仪，衍射分析工作的质量提高了，应用范围也更为广泛了。这里只重点介绍衍射仪中的关键部分：测角仪和探测器。

1. 测角仪

用测角仪代替照相法中的相机，安置上试样和探测器，并使它们能够以一定的角速度转动。衍射仪关键部件的调整和使用正确与否，将直接影响探测到的衍射花样的质量。如果使用不当，将使衍射线的峰位、线形和强度失真。图 7.3 是测角仪的衍射几何关系，它是根据聚焦原理设计的。在测量过程中，试样与探测器分别以 ω_0 和 ω_e 的角速度转动，测角仪以 O 为轴转动，平板状试样置于轴心部位，表面与轴 O 重合，发散的 X 射线照射到试样表面；X 射线管的焦点 F 与试样中心距离为 FO，试样中心到探测器处的接收狭缝 R. S 处 G 的距离为 OG，$FO = OG = R$（R 为测角器半径）。$\omega_1 : \omega_2 = 1 : 2$。在这样的条件下，$F$、$O$ 和 G 三点始终处于半径（r）不断变化的聚焦圆上（见图 7.5 的虚线圆)，所谓的聚焦圆是一个通过焦点 F、测角仪轴 O 和接收狭缝 $R.S$（G）的假想圆，它的半径 r 的大小随衍射角变化，2θ 增大，聚焦圆半径 r 减小。同时，在这样的扫描过程中，试样表面始终平分入射线和衍射线的夹角 2θ，当 2θ 符合某（hkl）晶面相应的布拉格条件时，探测器计数管接收的衍射信号就是由那些$\{hkl\}$晶面平行于试样表面的晶粒所贡献。探测器计数管在扫描过程中逐个接收不同角度（2θ）下的衍射线，从记录仪上就可得到如图 7.6 所示的衍射谱。

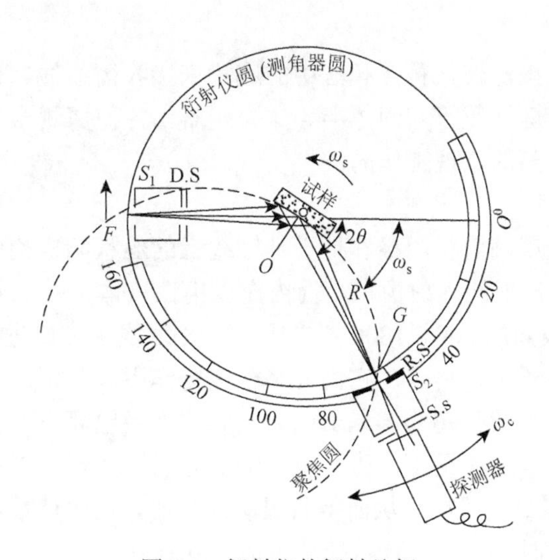

图 7.5　衍射仪的衍射几何

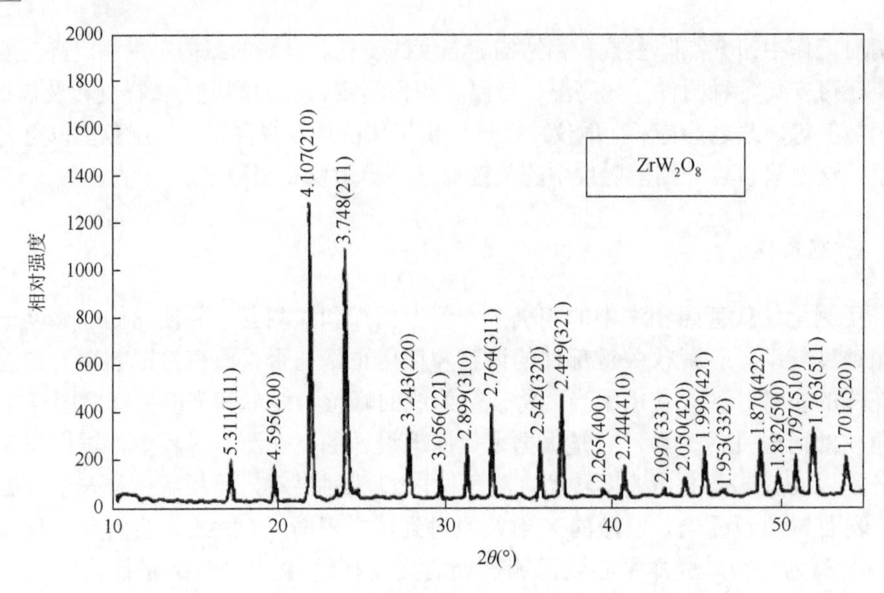

图 7.6　一种热缩材料的 X 射线衍射谱图

衍射仪的光源应是在与测角器圆平行的方向上有一定的发散度而在垂直方向上是平行的 X 射线。为此需在光路上设置一系列的光阑及狭缝。S_1 和 S_2 为索拉狭缝，它由一组平行的有一定间距的金属片构成，用于限制射线在垂直方向上的发散度；发散狭缝（D.S）、接收狭（R.S）和散射狭缝（S.S）控制射线的水平发散度。它们分别置于 X 射线管的窗口处和计数管臂上（图 7.5）。

2. 探测器

在衍射仪中以探测器代替照相法中的底片来接收衍射线。目前常用的探测器有正比计数管、闪烁计数管和固体半导体探测器。各种探测器基本上都是利用 X 射线使被照物质电离的原理工作的。

1）正比计数管

正比管由一金属圆筒状阴极和处于其轴线上的丝状阳极构成，圆筒一端用铍（Be）封口，作为 X 射线入射窗口，筒内充以惰性气体，并混入约 10%的甲烷或 1%的氯气，在两极间加 600～1000 V 电压。当 X 射线由窗口进入，使管内气体发生电离，产生光电子及正离子，它们在高压电场作用下分别向阳极和阴极高速运动，并且在运动中继续引起气体原子电离，如此逐级电离下去，便形成一个真实的电子雪崩，而在电阻 R 两端产生一毫伏级的电压脉冲。此电压脉冲的高度与入射 X 射线光量子能量成正比，从而得名正比计数器，正比计数器的另一个特点是反应速度快，弛豫时间短，其计数速率可达 1000000 s^{-1}。

2）闪烁计数管

某些固体物质（磷光体）在 X 射线照射下会产生可见荧光，此荧光经光电倍增管转变为一电压脉冲，利用此效应制成闪烁计数管。

图 7.7 为闪烁技术管构造示意图。磷光体是被少量铊（Tl）活化的碘化钠（NaI）晶体，其后的光电倍增管包括一个光敏阴极和一系列的联极，各联极的电压逐级升高，级差约 100 V。入射 X 射线使磷光体发出荧光，此荧光照射到光敏阴极上激发出光电子，光电子在联极的正电压作用下逐级倍增，从而由最后一级联极输出一电压脉冲。闪烁计数器输出脉冲较高，为伏特级，计数率达 10 s^{-1}，缺点是，光敏阴极在常温下固有的电子发射会使其有较高的背底（噪声）。

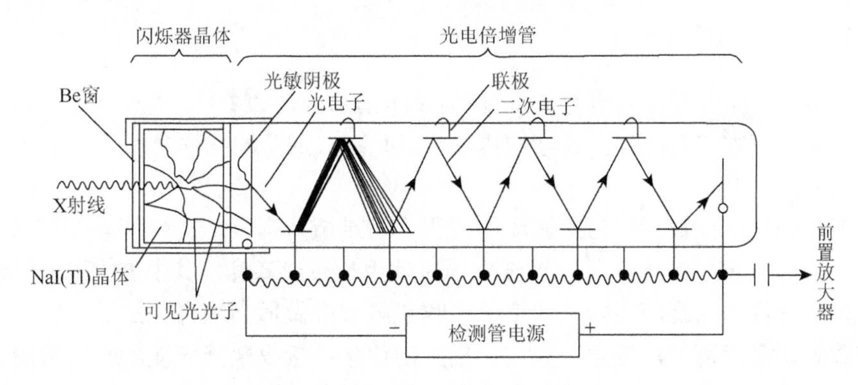

图 7.7　闪烁计数管构造示意图

3）计数率记录系统

由计数器发出的电压脉冲信号要转换为反映辐射强度的计数率（每秒脉冲数，cps），还需一整套电子设备。图 7.8 是记录系统的方框图。计数管产生的电压脉冲

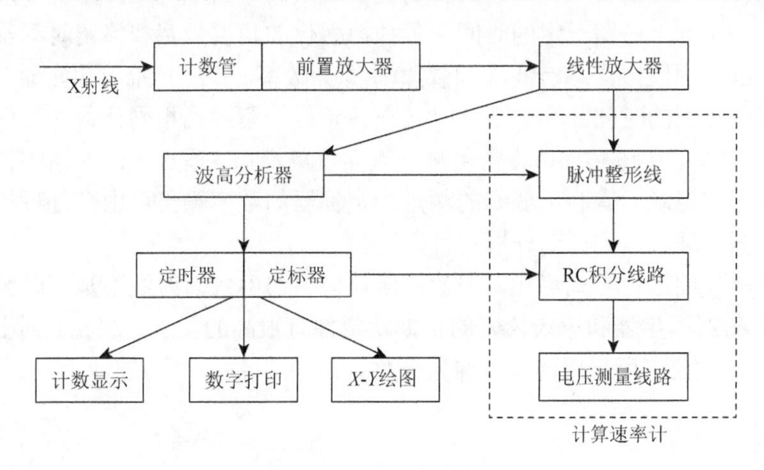

图 7.8　记录系统方框图

经前置放大和线性放大后进入计数速率计，其中的 RC 积分线路将输入脉冲转换成与脉冲高度及单位时间内平均脉冲数成正比的电压，由电压测量线路（电位差计）记录下来，此电压的大小就代表了 X 射线的强度。

经线性放大的脉冲可输入波高分析器（PHA），它只允许高度在一定范围内的脉冲通过。利用计数管有正比性的特点，调整 PHA 的参数，使仅对应于光源特征谱的脉冲通过而起到单色化的作用。

定标器（scaller）逐个记录脉冲数。它与定时器（timer）联用，确定计数时间，就可计算脉冲速率。定标器的计数结果可用数码显示，也可由数字打印或 X-Y 绘图仪记录下来。

3. 衍射仪的运行方式

衍射仪在工作时，可进行 $\theta/2\theta$ 扫描（即 $\omega_1:\omega_2=1:2$），也可 θ 或 2θ 分别扫描。其运行方式有两种：连续扫描和步进扫描（或阶梯扫描）。

1）连续扫描

连续扫描即计数管在匀速转动的过程中记录衍射强度，其扫描速度可调，如 0.5°/min、1°/min、2°/min 等。连续扫描时使用计数速率计，其中 RC 积分线路的参数时间常数的选择应与扫描速度及接收狭缝宽度做适当配合。扫描速度快、时间常数大，会使衍射峰变宽，并向扫描方向位移；接收狭缝窄使衍射线形明锐，提高分辨率，但降低记录的强度。经验表明，扫描速度 $\omega(2\theta/\text{min})$、计数率时间常数 t(s)和接收狭缝宽度 R(mm)满足下面的关系：①物相分析时，$\omega t/R<10$；②点阵参数精确测定和线性分析时，$\omega tR\approx 2$。

2）步进扫描

计数管和测角器轴（试样）的转动是不连续的，它以一定的角度间隔逐步前进，在每个角度上停留一定的时间（各种衍射仪的角度步宽和停留时间都有可供选择的范围），用定标器和定时器计数和计算计数率。步进扫描可用定时计数（在各角度停留相同的时间）和定数计时（在各角度停留达到相同计数的时间，其倒数即为计数率）。步进扫描所得衍射峰没有角度的滞后，适合于衍射角的精确定位和衍射线形的记录，有利于弱峰的测定。定标器的数字输出可由微处理机或计算机进行数据处理，达到自动分析的目的。

从衍射仪的运行方式可知，用此法所得衍射谱中各衍射线不是同时测定的，因而对 X 射线发生器和记录仪表的长期稳定性有很高的要求。表 7.1 列出了常见的 X 射线衍射仪法所采用的标准测定条件。

表 7.1　常见的 X 射线衍射仪法标准测定条件

测定条件	未知试样的简单物相分析	铁化合物的物相分析	有机物高分子分析	微量物相分析	定量物相分析	点阵参数测定
靶	Cu	Cr, Fe, Co	Cu	Cu	Cu	Cu, Co
K_β 滤波	Ni	V, Mn, Fe	Ni	Ni	Ni	Ni, Fe
管压（kV）	35～45	30～40	35～45	35～45	35～45	35～45
管流（mA）	30～40	20～40	30～40	30～40	30～40	30～40
量程（cps）	2000～20000	1000～10000	1000～10000	200～4000	200～20000	200～4000
时间常数（s）	1, 0.5	1, 0.5	2, 1	10～2	10～2	5～1
扫描速度 (min^{-1})	2, 4	2, 4	1, 2	1/2, 1	1/4, 1/2	1/8～1/2
发散狭缝（°）	1	1	1/2, 1	1	1/2, 1, 2	1
接收狭缝（mm）	0.3	0.3	0.15, 0.3	0.3, 0.6	0.15, 0.3, 0.6	0.15, 0.3
扫描范围（°）	90（70）～2（2θ）	120～10	60～2	90（70）～2	需要的衍射线	需要的衍射线（尽可能在高角区）

目前，还有一种位敏正比计数器，它是在正比计数器的基础上发展起来的，利用电子学的位置扫描方式代替图 7.5 所示的机械转动扫描方式；它既有照相法中各衍射方向的同时测量，以利于不同方向统计性的改善，又有衍射仪的高灵敏度特征。用它进行谱图测量所需的时间往往只有机械转动扫描的 1/10～1/100。但是，由于位敏正比计数器的分辨率低和价格昂贵，目前还不普及。

7.3　多晶体的物相分析

7.3.1　物相的定性分析

粉晶 X 射线定性物相分析是根据晶体对 X 射线的衍射特征——衍射线的方向及其强度来达到鉴定结晶物质的。这是因为每一种结晶物质都有自己独特的化学组成和晶体结构。没有任何两种结晶物质的晶胞大小、质点种类和质点在晶胞中的排列方式是完全一致的。因此，当 X 射线通过晶体时，每一种结晶物质都有自己独特的衍射花样，它们的特征可以用各个反射面的晶面间距值 d 和反射线的相对强度 I/I_1 来表征。其中 I 为同一结晶物质中某一晶面的反射线（衍射线）强度；I_1 为该结晶物质最强线的强度，一般把 I_1 定为 100。其中面间距 d 与晶胞的形状和大小有关，相对强度 I/I_1 则与质点的种类及其在晶胞中的位置有关，任何一种结晶物质的衍射

数据 d 和 I/I_1 是其晶体结构的必然反映，即使该物质存在于混合物中，它的衍射数据也不会改变，因而可以根据它们来鉴定结晶物质的物相。由于粉晶法在不同实验条件下总能得到一系列基本不变的衍射数据，因此，借以进行物相分析的衍射数据都取自粉晶法，其方法就是将从未知样品中所得到的衍射数据（或图谱）与标准多晶体 X 射线衍射花样（或图谱）进行对比，就像根据指纹来鉴别人一样，如果二者能够吻合，就表明该样品与该标准物质是同一种物质，从而便可做出鉴定。

1. JCPDS 粉末衍射卡片（PDF）

定性相分析的基本方法就是将未知物的衍射花样与已知物质花样的 d、I/I_1 值对照。为了使这一方法切实可行，就必须掌握大量已知结晶物质相的衍射花样。哈纳瓦尔特等首先进行了这一工作，后来美国材料试验学会等在 1942 年出版了第一组衍射数据卡片（ASTM 卡片），以后逐年增编。1969 年建立了粉末衍射标准联合会这一国际组织（Joint Committee on Powder Diffraction Standards，JCPDS），在各国相应组织的合作下，编辑出版粉末衍射卡片，现已出版了近 50 组，包括有机及无机物质卡片 5 万余张。粉末衍射卡片的形式如图 7.7 所示，卡片的内容为：

1 栏　1a、1b、1c 三格分别列出粉末衍射谱上最强、次强、再次强三强线的面间距；1d 格是试样的最大面间距（均以 nm 为单位）。

2 栏　列出上述各谱线的相对强度（I/I_1），以最强线的强度（I_1）为 100。

3 栏　卡片数据的实验条件。Rad，所用的 X 射线特征谱；λ，波长；Filter，滤波片或单色器（mono）；Cut off，所用设备能测到的最大面间距；I/I_1，测量相对强度的方法；Dia，照相机直径；Coll.，光阑狭缝宽度；Ref.，本栏和 9 栏中数据所用的参考文献。

4 栏　物质的晶体结构参数。Sys，晶系；S. G，空间群；a_0、b_0、c_0，点阵常数；$A = a_0/b_0$，$C = c_0/b_0$，α、β、γ，晶轴间夹角；Z，单位晶胞中化学式单位的数目，对单元素物质是指单位晶胞的原子数，对化合物是指单位晶胞中的分子数；D_x，用 X 射线法测定的密度；V，单位晶胞的体积。

5 栏　物质的物理性质。折射率 sign，光学性质的正（+）或负（−）；$2V$，光轴间夹角；D，密度；mp，熔点；Color，颜色。

6 栏　其他有关说明，如试样来源、化学成分、测试温度、材料的热处理情况、卡片的代替情况等。

7 栏　试样的化学式及英文名称，化学式后面的数字表示单位晶胞中的原子数，数字后的英文字母表示布拉维点阵，各字母所代表的点阵是：C-简单立方；B-体心立方；F-面心立方；T-简单四方；U-体心四方；R-简单菱形；H-简单六方；O-简单正交；Q-体心正交；P-底心正交；S-面心正交；M-简单单斜；N-底心单斜；Z-简单三斜。

8 栏　试样物质的通用名称或矿物学名称，有机物则为结构式。右上角的“★”号表示本卡片的数据有高度可靠性；“O”号表示可靠性低；“C”表示衍射数据来自计算；“i”表示数据比无记号的卡片的数据质量要高，但不及有★者。

9 栏　晶面间距（d）、相对强度（I/I_1）和衍射指数 hkl 值。

10 栏　卡片编号，短线前为组号，后为组内编号，卡片均按此号分组排列。

d	1a	1b	1c	1d	7						8
I/I_1	2a	2b	2c	2d							
Rad	λ		Filter	Dia	Coll.	d(Å)	I/I_1	hkl	d(Å)	I/I_1	hkl
Cut off		I/I_1									
Ref.	3										
Sys			S.G								
a_0	b_0		c_0	A	C						
α	β		γ	Z	D_X V	9					
Ref.		4									
εα	nwβ		eγ								
$2V$	D	mp		Color							
Ref.	5										
		6									

图 7.9　JCPDS 卡片的格式

图 7.10 是 Si 的标准 JCPDS 卡片的格式，对照该卡片可以加深对上述图 7.9 中内容的理解。

2. 粉末衍射卡片索引

JCPDS 卡片的数量是极大的，要想顺利地利用卡片进行定性分析，必须查找索引，经检索后方能取到需要的卡片。目前常用的索引有如下几种：

1）哈纳瓦尔特（Hanawalt）索引

它是一种按 d 值编排的数字索引。当被测物质的化学成分完全不知道时，可用这种索引。此索引用 Hanawalt 组合法编排衍射数据。它以三条强线作为排列依据，按照排在第一位的最强线的 d 值分成若干大组，例如 9.99～8.00，7.99～6.00，5.99～5.00，4.99～4.60，…（单位为 0.1 nm），各大组内按第二位的 d 值自大至小排列，每个物质的三条强线后面列出其他 5 根较强线的 d 值（按强度顺序），d 值的下脚标是以最强线的强度为 10 时的相对强度，最强线的脚标为“x”。在 d 值数列后面给出物质的化学式及 JCPDS 卡片的编号。有时由于试样制备及实验条件的差异，可能被测结晶物质相的最强线并不一定是 JCPDS 卡片中的最强线。在这种情况下，如果每个被测结晶物质相在索引中只出现一次，就会给检索带来困难。为了减少由于强度测量值的差别所造成的困难，一种物质可以多次在索引的不同部位出现，即当三条强线中的任何二线间的强度差小于 25%时，均将它们的位置对调后再次列入索引。

d	3.14	1.92	1.64	3.14	（Si）8F	★
I/I_1	100	55	30	100	Silicon	

Rad，Cubic　　λ = 1.5405981 Filter Mono.
Cut off　　I/I_1 = Diffractometer
Ref.NBS Monograph　25，sec.13，35（1976）

Sys.Cubic
$a_0$5.43088(4)b_0　　S. G. Fd3m(227)
α　β　γ　　c_0　A　C
Ref.Ibid　　Z8　　D_x 2.329
Pattern at(25±0.1)℃，Internal standard：w，This sample is NBS standard reference material #640，to replace 26-1481
α_0　uncorrected from reference.

$d\times10^{-1}$（nm）	I/I_1	hkl
3.13552	100	111
1.92011	55	220
1.63747	30	311
1.35772	6	400
1.24593	11	331
1.10857	12	422
1.04517	6	511
0.96005	3	440
0.91799	7	531
0.85870	8	620
0.82820	3	533

图 7.10　Si 的标准 JCPDS 卡片的格式

2）Fink 法数字索引

它也是一种按 d 值编排的数字索引，但其编排原则与哈纳瓦尔特有所不同。它主要是为强度失真的衍射花样和具有择优取向的衍射花样设计的，在鉴定未知的混合物相时，它比使用哈纳瓦尔特索引方便。在 Fink 法中，取四强线作为检索对象，它更重要的特点是，在同一物质中，d 值数列的排列是以 d 值大小为序的。8 根列入索引中的四条衍射强线，都有可能放在首位排列一次；改变首位线条的 d 值时，整个数列的循环顺序不变，假定 d1、d2、d3 和 d4 为 4 条强线，则 d1d2d3d4d5d6d7d8，d2d3d4d5d6d7d8d1，d3d4d5d6d7d8d1d2…顺序在索引中出现 4 次。它的分组和条目的排列方式以及各条目包含的内容与 Hanawalt 索引相同。其样式如下所示（以 Fe_3O_4 为例）：

2.99～2.95

2.973　2.53x　2.102　1.721　1.633　1.494　1.281 1.091(Fe_3O_4)56F 19～629

2.57～2.51

2.53x　2.102　1.721　1.633　1.494　1.281　1.091　2.973(Fe_3O_4)56F 19～629

1.67～1.58

1.633 1.494 1.281 1.091 2.973 2.53x 2.102 1.721(Fe_3O_4)56F 19～629

1.57～1.48

1.494 1.281 1.091 2.973 2.53x 2.102 1.721 1.633(Fe_3O_4)56F 19～629

3）字母索引

当已知被测样品的主要化学成分时，可应用字母索引查找卡片。字母索引是按物质化学元素的英文名称第一个字母的顺序排列的，在同一元素档中又以另一元素或化合物名称的第一个字母为序编排，名称后列出化学式、三强线的 d 值和相对强度，最后给出卡片号。对多元素物质，各主元素都作为检索元素编入。其样式如下：

i Copper Molybdenum Oxide $CuMoO_4$ 3.72x 3.36g 2.717 22～242

Copper Molybdenum Oxide Cu_2MoO_5 3.54x 3.45x 3.32x 22～607

7.3.2 物相的定量分析

1948 年，亚历山大提出了内标定量理论，为 X 射线定量分析奠定了基础。此后外标理论、增量理论相继问世，使 X 射线定量分析工作进一步发展。1974 年，F. H. Chung 提出了基体清洗理论，使 X 射线定量分析工作向前大大推进了一步。在这期间无标定量等理论也得到了迅猛发展。近年来已有人把各种定量方法编写成计算机程序，使 X 射线定量相分析工作进入了一个新阶段。

目前，X 射线定量相分析在地质、无机材料、冶金、石油、化工等各个领域都得到了比较广泛的应用。这是因为有些矿物、材料及成品中的各物相含量用化学、金相等进行定量分析往往是无能为力的。因此，用 X 射线方法对这些物质进行定量分析势在必行。近十几年来，这项工作得到了比较深入的发展并取得了可喜成果，发表了大量文章，总结了一些有益的测试经验，特别是在应用方面更是内容广泛而又丰富。

X 射线定量相分析，就是用 X 射线衍射方法测定混合物中各物相的质量分数。其原理是：在多相物质中各相的衍射线强度 I 随其含量工的增加而提高，这就使我们有可能根据衍射线的强度对物相含量做定量分析。起初这项工作用照相法来做，它需要用测微光度计测量底片上衍射条纹的黑度变化曲线，并以此来计算衍射线的累积强度，该方法效率低、精度差。20 世纪 50 年代以来，随着衍射仪自动化程度的提高，衍射强度的测量变得既方便又准确，在配有单色器的情况下，其灵敏度可达到 1%以下，由此使定量相分析的方法也得到很大发展。但是，由于各物相对 X 射线的吸收系数不同，所以，衍射线强度 I 并不严格地正比于各物相的含量。因而不论哪种 X 射线衍射定量相分析方法，均须加以修正。

在同一衍射谱中，均匀无限厚多晶体物质各衍射线的累积强度如式（7.2）所示：

$$I = I_0 e^4 / (m^2 c^4) \cdot \lambda^3 / (32\pi R) \cdot V / \upsilon^2 \cdot F_{bkl}^2 \cdot P \cdot \phi(\theta) \cdot e^{-2M} / (2\mu_1) \qquad (7.2)$$

该式在导出时假定了试样为均匀无织构、晶粒足够小、可忽略消光和微吸收，它本来只适用于单相物质，但稍做修改，也可用于多相物质。如果样品是由 n 种物相组成的混合物，样品的线吸收系数为 μ_1，但各相的线吸收系数均不相同，所以当其中某相 i 的含量改变时，混合物样品的线吸收系数 μ_1 也随着改变。令某相 i 的体积分数为 f_i，试样被照射的体积 V 若为单位体积，则 i 相被照射的体积就为 $V_i = f_i \cdot V = f_i$。当混合物中 i 相的含量改变时，在所选定的衍射线的强度公式中除 f_i 及 μ_1 外，其余的均为常数，用 C_1 表示。这样，第 i 相的某衍射线强度 I 可表示为：

$$I_i = C_i \cdot f_i / \mu_1$$

若用质量分数 x_i 表示含量，只要将体积分数 f_i 换算成质量分数 x_i 即可：

$$f_i = x_i \cdot \rho / \rho_i$$

式中，ρ 和 ρ_i 分别为样品和第 i 相的密度。

若用质量吸收系数 μ_m 来代替线吸收系数 μ_1，则它们之间的关系是 $\mu = \rho \cdot \mu_m$，而样品总的质量吸收系数与各相的质量吸收系数之间的关系是：

$$\mu_m = x_1 \mu_{m1} + x_2 \mu_{m2} + \cdots + x_i \mu_{mi} + \cdots + x_n \mu_{mn} = \sum_{i=1}^{n} x_i \mu_{mi} \qquad (7.3)$$

将上述关系代入式（7.2），得：

$$I_i = (C_i \cdot x_i) / (\rho_i \cdot \mu_{mi}) \qquad (7.4)$$

式（7.4）就是 X 射线定量的基本公式，它把 i 相的衍射强度与该相的质量分数及混合物的质量吸收系数联系起来了。各种物相定量分析的方法都是从这个公式推演出来的。但应特别指出，式（7.4）中的衍射强度是相对累积强度，非绝对强度，故即使强度因子、吸收系数和密度可以计算或测得，也不可能仅用一根衍射线求出物相的绝对含量。

所有的定量相分析方法都是利用同一衍射谱上不同衍射线的强度比或相同条件下测定的不同谱上的强度比进行的，目的是得到相对强度，且在不同的情况下可以消去包含有未知相含量因素的吸收系数或计算困难的强度因子，常用的定量相分析方法有内标法、外标法及无标样相分析法。

1. 内标法

亚历山大 1948 年提出了内标理论，就是在某一样品中，加入一定比例的该样品中原来所没有的纯标准物质 S（即内标物质），并以此作出标准曲线，从而可对含量未知的样品进行定量的方法称为内标法。

待测定的 i 相与基体 M（M 可以是单相，也可以是多相）以及内标物质 S 相组成一个多相混合物。若加入内标物质 S 的质量分数为 x_s，则 S 相的衍射线强度为：

$$I_s = (C_s \cdot X_s) / (\rho_s \cdot \mu_m) \tag{7.5}$$

而被测相 i 的衍射线强度为：

$$I_i = (C_i \cdot X_i') / (\rho_i \cdot \mu_m) \tag{7.6}$$

两者之比为：

$$I_i / I_s = C_i \cdot X_i' / (\rho_i) \cdot 1 / (C_s \cdot X_s) / (\rho_s) = C \cdot X_i' \cdot \rho_s / (\rho_i \cdot X_s) \tag{7.7}$$

式中，X_i' 为加入内标物质后 i 相的质量分数，$X_i' = x_i(1-x_s)$。若在每个被测样品中加入的内标物质 x_s 保持为常数，那么（$1-x_s$）也是常数，则：

$$I_i / I_s = C \cdot X_i(1 - X_s)\rho_s / (\rho_i \cdot X_s) = C'X_i \tag{7.8}$$

式（7.8）即为内标法的表达式。

要想测 i 相在任何混合物中的质量分数，需先配制一系列含有已知的、不同质量分数（X）的 i 相的标准混合样品，在这些标准的混合样品中，要加入相同质量比的内标物质 S，然后测定各个样品中 i 相及 S 相的某一对特征衍射线的强度 I。以 I/I_1 分别对应的 X 作图，即标准曲线，可用最小二乘法求出斜率 C'。该图是在石英加碳酸钠的原始试样中，以萤石作内标物质（$x = 0.2$）测得的标准曲线；石英的衍射强度采用 $d = 0.334$ nm 的衍射线，萤石采用 $d = 0.316$ nm 的衍射线，每一个实验点为十个测量数据的平均值。该标准曲线可用于测多相体系中石英的含量。

内标物质的选择对试验结果有重要的影响，要求其化学性质稳定、成分和晶体结构简单，衍射线少而强，尽量不与其他衍射线重叠，而又尽量靠近待测相参加定量的衍射线。常用的内标物质有 NaCl、MgO、SiO_2、KCl、α-Al_2O_3、KBr、CaF_2 等。

内标法适用于多相体系，不受试样中其他相的种类或性质的影响，也就是说标准曲线对成分不同的试样组成是通用的，但是，测试条件应与作标准曲线的实验条件相同。在待测样品的数量很多，样品的成分变化又很大，或者事先无法知道它们的物相组成的情况下，使用内标法最为有利。

内标法的主要缺点是：除需绘制标准曲线外，还要在样品中加入内标物质，并且该内标物质必须是纯样品物质。而要想选择合适的内标物质并不是任何情况下都容易办到的。有些物质的纯样的获得是十分困难的，从而使内标法的应用受到限制。

2. 外标法

所谓外标法，就是在实验过程中，除混合物中各组分的纯样外，不引入其他标准物质，即将混合物中某相参加定量的衍射线的强度与该相纯物质同一衍射线的强度相比较。根据衍射线强度的基本公式，混合物中 i 相的某线强度为

$$I_i = (C_i \cdot X_i) / (\rho_i \cdot \mu_{\mathrm{m}}) \tag{7.9}$$

对纯 i 相某线的强度为

$$(I_i)_0 = (C_i) / (\rho_i \cdot \mu_{\mathrm{m}i}) \tag{7.10}$$

将上两式相除得

$$I_i / (I_i)_0 = (\mu_{\mathrm{m}i} / \mu_{\mathrm{m}}) \cdot X_i \tag{7.11}$$

说明混合试样中的 i 相与纯 i 相某衍射线的强度之比等于吸收系数分量 $\mu_{\mathrm{m}i}/\mu_{\mathrm{m}}$ 乘上该相的含量 x_i。由于 μ_{m} 和各相含量有关，当相数较多时较难求解，现以两相混合物为例说明其方法。

若混合物由质量吸收系数分别为 μ_{m1} 和 μ_{m2} 的两相组成，并且 $\mu_{\mathrm{m1}} \neq \mu_{\mathrm{m2}}$，设两相的含量为 x_1 和 x_2，且 $x_2 = 1 - x_1$。混合物的质量吸收系数 μ_{m} 为：

$$\mu_{\mathrm{m}} = X_1\mu_{\mathrm{m1}} + X_2\mu_{\mathrm{m2}} = X_1\mu_{\mathrm{m}i} + (1 - X_1)\mu_{\mathrm{m2}} = X_1(\mu_{\mathrm{m1}} - \mu_{\mathrm{m2}}) + \mu_{\mathrm{m2}} \tag{7.12}$$

$$I_1 / (I_1)_0 = \mu_{\mathrm{m1}} \cdot X_1 / [x_1(\mu_{\mathrm{m}i} - \mu_{\mathrm{m2}}) + \mu_{\mathrm{m2}}] \tag{7.13}$$

若 μ_{m1} 和 μ_{m2} 为已知，可求得 x_1，从而也求得 x_2。

若 μ_{m1} 和 μ_{m2} 为未知值，欲测混合物中的含量时，需要用纯物相配制一系列不同的质量分数 $X_{11}, X_{12}, X_{13}, \cdots$，以及一个纯 1 相样品 x_{10}。在完全相同的条件下，分别测定各个样品中 1 相所产生的同一 hkl 晶面的衍射线强度 $I_{11}, I_{12}, \mathrm{I}_{13}, \cdots$，以及 I_{10}，然后以 I_{11}/I_{10}，I_{12}/I_{10}，I_{13}/I_{10}，…相对应的 $x_{11}, x_{12}, x_{13}, \cdots$作图，从而绘出标准曲线。图 7.11 为石英的外标法标准曲线。

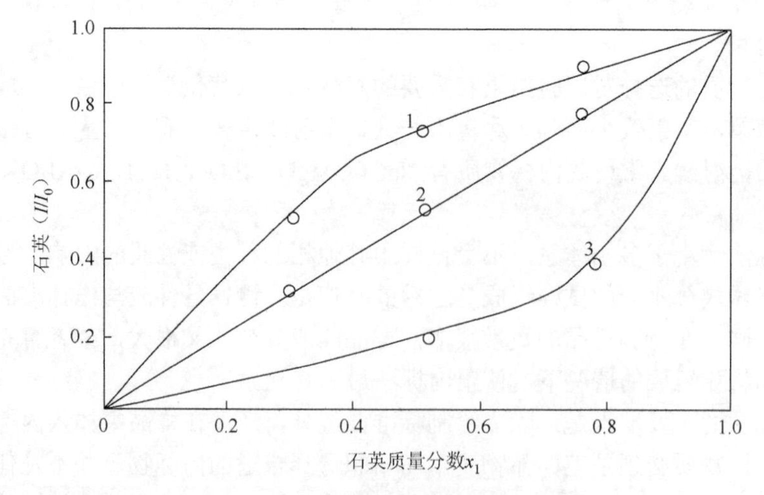

图 7.11 外标法标准曲线

1-石英-氧化铍（$\mu_{\text{m石}} > \mu_{\text{m氧}}$）；2-石英-方石英（$\mu_{\text{m石}} = \mu_{\text{m方}}$）；3-石英-氯化钾（$\mu_{\text{m石}} < \mu_{\text{m氯}}$）

此法对于测定由同素异构物（相同物质组成，但结构不同的物质。如 α-SiO_2 和 β-SiO_2 都由 Si、O 组成，但是其结构完全不同）组成的混合物样品最为有用而且方便。如 $\mu_{m1}=\mu_{m2}$，则可写成 $I_1/(I_1)_0=x_1$，此时工作曲线为一条直线，见图 7.11 中 2，而 1 和 3 不是直线。

外标法标准曲线，原则上讲，一条标准曲线只能适用于两相混合物，也就是说待测样品的物相组成应与标准样品一样。

7.4　X 射线衍射分析法应用

7.4.1　多晶体点阵常数的精确测定

多晶粉末衍射花样可用于已知材料点阵常数的精确测定。点阵常数是晶体物质的基本结构参数，它与晶体中原子间的结合能有直接的关系，点阵常数的变化反映了晶体内部成分、受力状态、空位浓度等的变化。所以点阵常数的精确测定可用于晶体缺陷及固溶体的研究、测量膨胀系数及物质的真实密度，而通过点阵常数的变化测定弹性应力已发展为一种专门的方法。

精确测定已知多晶材料点阵常数的基本步骤为：①获取待测试样的粉末衍射相，用照相法或衍射仪法；②根据衍射线的角位置计算晶面间距 d；③标定各衍射线条的指数 hkl（指标化）；④由 d 及相应的 hkl 计算点阵常数（a、b、c 等）；⑤消除误差；⑥得到精确的点阵常数值。

这里介绍的主要内容是分析用衍射仪法获取粉末衍射相数据，以此测算点阵常数时，误差产生的来源及减少和消除误差的方法。由于晶体内部各种因素引起的点阵常数的变化是非常小的，往往在 10^{-4} 数量级，这就要求点阵常数的测量精度很高。因此，误差的讨论是很重要的。

要计算点阵常数，首先必须知道各衍射线条对应的晶面指数。当作完物相定性分析后，如果没有获悉晶面指数资料，就需要对衍射花样进行指标化。衍射线的指标化，除了在晶体结构分析工作中是必不可少的前提外，在物相鉴定方面也有重要意义，指标化的规律同时也反映了各种点阵衍射线条分布的特点。这里主要介绍常见的立方、四方和斜方晶体粉末衍射花样的指标化问题。

1. 晶胞参数已知时衍射线的指标化

根据面网间距 d 的计算公式和布拉格公式可以得出各晶系中衍射线的掠射角 θ，即半衍射角与晶胞参数及衍射指标之间有如下关系式：

立方晶系：
$$\sin^2\theta=[\lambda/(2a)]^2\cdot(h^2+k^2+l^2) \tag{7.14}$$

四方晶系： $\sin^2\theta = [\lambda/(2a)]^2 \cdot (h^2 + k^2) + [\lambda/(2c)]^2 \cdot l^2$ （7.15）

斜方晶系： $\sin^2\theta = [\lambda/(2a)]^2 \cdot h^2 + [\lambda/(2b)]^2 \cdot k^2 + [\lambda/(2c)]^2 \cdot l$ （7.16）

显然，当晶胞参数 a、b、c 及辐射波长 λ 均为确定值时，掠射角 θ 便仅仅是衍射面指标 hkl 的函数。于是，当晶胞参数及辐射波长均为已知时，根据其他晶系的类似关系式，可以从理论上求出与所有可能满足这些关系式的衍射面指标值 h、k、l 相对应的 $\sin^2\theta$ 值；然后，根据衍射谱图上衍射强度分布曲线测算出各衍射线的 θ 值（现代衍射仪可以自动打印出相应的 θ 值），进而求得相应的 $\sin^2\theta$ 值。对比上述理论计算值和实测计算值的结果，凡两者的 $\sin^2\theta$ 值相符者，即表明它们应具有相同的衍射指标，从而就对所测的各衍射线作出了指标化，这就是粉晶法中，当晶胞参数已知时指标化的原理和过程。

2. 晶胞参数未知时衍射线的指标化

从以上等式中可知，在只知道面网间距 d（或 θ）的情况下，要进行指标化，首先应知道晶胞参数；而晶胞参数又需要根据已经指标化了的 d 值来求得。显然，衍射指标和晶胞参数两者是相互依赖的。不过，在不同晶系中，晶胞参数中未知值的个数是多寡不一的，在立方晶系中仅有一个未知数 a，在中级晶族中为 a 和 c 两个未知数，在低级晶族中未知数则有 3、4 和 6 个。因此，在粉晶法中，此时的指标化只有对立方晶系是肯定可能的，在中级晶族一般来说是有可能的，而对低级晶族则一般是较为困难的。

在立方晶系中，掠射角 θ、面网指数（hkl）和晶胞参数 a 之间的关系式推导如下：

因为在立方晶系中，某 hkl 面的 d 值与点阵常数之间的关系是 $1/d^2 = (h^2 + k^2 + l^2)/a^2$。对于同一物质的同一个衍射花样，$[\lambda/(2a)]^2$ 为一个常数。因此有：

$$\sin\theta_1 : \sin\theta_2 : \sin\theta_3 : \cdots : \sin\theta_k \quad (7.17)$$

从上式可知，只要求出衍射花样中每根衍射线的 $\sin^2\theta$ 值，就可得出这些线条指数平方和的比值，并求出这些比值的最简单整数比，从而就可以将每条衍射线指标化。根据前面讲述的结构因子与点阵消光法则的讨论，立方晶系中能产生衍射的晶面归纳如下：

简单立方晶体，$\sin^2\theta_1 : \sin^2\theta_2 : \sin^2\theta_3 : \cdots : \sin^2\theta_k = 1 : 2 : 3 : 4 : 5 : 6 : 8 : 9, \cdots$，相应衍射面的指标为 100, 110, 111, 200, 210, 211, …。

体心立方晶体，$\sin^2\theta_1 : \sin^2\theta_2 : \sin^2\theta_3 : \cdots : \sin^2\theta_k = 2 : 4 : 6 : 8 : 10 : 12 : 14, \cdots$，相应衍射面的指标为 110, 200, 211, 220, 310, 222, …。

面心立方晶体，$\sin^2\theta_1 : \sin^2\theta_2 : \sin^2\theta_3 : \cdots : \sin^2\theta_k = 3 : 4 : 8 : 11 : 12 : 16 : 19, \cdots$，相应衍射面的指标为 111, 200, 220, 311, 222, 400, …。

对简单物质（单质或固溶体），从衍射花样的 θ（$\sin\theta$）值得出（h^2+k^2+2）整数之比的数列后，再推得相应的 hkl，即完成衍射花样的指标化，并可确定其点阵类型。需要提醒注意的是，在这个整数之比的数列中，像 7、15、23、28 等所谓的禁数不能出现，因为这些数字不能写成三个整数的平方和；如果出现了禁数，当检查结果无误后，可使这个数列乘以相应的倍数，以便消除禁数；最后用消光规律验证。下面举例说明如何进行指标化。

表 7.2 是立方晶系钽（Ta）粉末的衍射花样数据，并表明了其衍射线条的指标化过程。实验所用的 X 射线为 CuK_α 射线。表 7.2 中整数比一栏中的 I 项是整数比的原始数据，II 项是 I 项数据乘 2 后所得。

表 7.2　立方晶系钽（Ta）粉末的衍射花样数据

线号	$\sin^2\theta$	整数比		$h^2+k^2+l^2$	hkl
		I	II		
1	0.11265	1.03	2.06	2	110
2	0.22238	2.03	4.06	4	200
3	0.33115	3.02	6.04	6	211
4	0.44018	4.01	8.02	8	220
5	0.54825	(5.00)	10.00	10	310
6	0.65649	5.99	11.98	12	222
7	0.76312	6.96	13.92	14	321
8	0.87198	7.59	15.90	16	400
9	0.97988	8.94	17.88	18	411, 330

立方晶系粉末衍射花样，一般很容易与非立方晶体区别，因后者往往有多而密集的线条。

粉晶衍射线的指标化工作是一种费时的工作，但随着电子计算技术的发展，可以用电子计算机自动进行处理，目前已编制出处理各种晶系衍射线指标化的多种实用程序。对于低级晶族的衍射线指标化，一般采用伊藤方法。这种方法是用倒易点阵理论进行处理，下面对该理论及计算机标定正方（四方）和六方晶系的程序作简要介绍。由于低级晶系的标定工作相当复杂，这里不做介绍，有兴趣者请参阅晶体结构方面的专著。

1）利用正、倒点阵关系

从实验中测得面间距 d_{hkl}，根据倒易点阵理论可得 $r^2=1/d_{hkl}^2$，所以，$r^2=|r^*|^2=r^*\cdot r^*=(ha^*+kb^*+lc^*)\cdot(ha^*+kb^*+lc^*)=h^2a^{*2}+k^2b^{*2}+l^2c^{*2}+2hka^*b^*\cos\gamma^*+2hla^*c^*\cos\beta^*+2klb^*c^*\cos\alpha$。令 $A=a^{*2}, B=b^{*2}, C=c^{*2}, D=2a^*b^*\cos\gamma^*, E=2a^*c^*\cos\beta^*, F=2b^*c^*\cos a^*$，则上式变为 $r^2=Ah^2+Bk^2+Cl^2+Dhk+Ehl+Fkl$，若有 n 条衍射线，则有 n 个这样的方程，它们构成多元方程组，求解这个方程组，就可得各衍射线的指数 h、k、l 以及与晶胞参数有关的常数 A、B、C、D、E 和 F。由于这个方程

组的右边全是要求的未知数，直接求解是很困难的。但对中高级晶系来说，因为有其特殊的对称特点和系统消光规则，所以，分析这些关系，就有可能解出上述方程组，从而完成标定任务。可以采取由简到繁、逐级判别晶系的方法进行标定。首先用立方晶系的标定法，若能成功，则表示试样属立方晶系；若不成功，则再顺次用六方、四方晶系的标定法，若都不成功，则说明试样属对称性更低的正交、单斜和三斜晶系。三方晶系可用变换基矢的办法转换为六方晶系（请参阅晶体结构方面的专著），故可用六方晶系的方法来标定。实验数据的精确度是标定能否成功的决定性因素。

2）六方（三方）和四方晶系的标定方法

对六方晶系，根据正、倒点阵关系式得 $a'' = b'' \neq c''$，$\beta'' = \alpha'' = 90°$，$\gamma^* = 60°$，所以，$A = B \neq C$，$E = F = 0$，$D = a^{*2} = A$，因此有 $r^2 = A(h^2 + k^2 + hk) + Cl^2$。

同理，对四方晶系有 $r^2 = A(h^2 + k^2) + Cl^2$。

以 y 分别代表六方晶系中的（$h^2 + k^2 + hk$）和四方晶系中的（$h^2 + k^2$），则 y 可如下表所列的值：

晶系	y 值
六方晶系	1，3①，4，7①，9，12①，13，16，19①，21①，…
四方晶系	1，2①，4，5①，8①，9，10①，13，16，17①，…

①六方晶系、四方晶系的特征值

六方晶系中 y 的 3, 7, 12, 19, 21 等在四方晶系中不出现，而四方晶系中的 2, 5, 8, 10, 17 等在六方晶系中也不出现。

六方晶系、四方晶系的粉晶衍射图中常出现衍射指数为（00l）或（hk0）型的衍射线，若能确认出两条以上这样的衍射线，就能从式 $r^2 = A(h^2 + k^2 + hk) + Cl^2$ 或 $r^2 = A(h^2 + k^2) + Cl^2$ 中算出 A、C 来，达到将衍射线指标化的目的。经验证明，出现（hk0）型衍射线的机会比出现（00l）型的多得多。因此，要从辨认（hk0）类型的衍射线出发来考虑。

对（hk0）型衍射线有 $r_{hk0}^2 = A(h^2 + k^2 + hk) = A \cdot y$（六方晶系），$R_{hk0}^2 = A(h^2 + k^2) = A \cdot y$（四方晶系）。即 $r_{hk0}^2 / y = A$ 为常数。若将实验测得的所有 r 值除以 y 的各种许可值，并把得到的值按 y 值和衍射线序号排成二维数表，将会发现此表中有好几组的值是相等的。这些相等的值就可能是 A 值；如果这些相等数值所在列号 y 中有 3, 7, 12 等六方晶系的特征值，就可断定该晶系属六方晶系；若 y 值有 2, 5, 8 等四方晶系的特征值，可断定该晶系属四方晶系。求得 A 后，可从（hkl）型衍射线的 r^2 值求出 C。因为：

$$(r_{hkl}^2 - A \cdot y) / L^2 = C \tag{7.18}$$

所以，利用已得到的 A 值，算出所有的（$r^2-A\cdot y$），再除以一系列整数 L 的平方值 L^2，得到的商中必有很多是相等的，这些相等的数就可能是 C 值。

由于实验误差和运算时的误差，常会有多个数值被认为是 A 和 C。但是，真正的 A 和 C 应是能把全部衍射线条都指标化的那两个可能的值。

六方晶系、四方晶系物质的粉晶衍射线条的指标化的方法是完全相似的，这里仅以六方晶系为例作具体说明指标化的方法。

第一步：以衍射线序号 x 为行号，y 的许可值为列号，建立及 r_x^2/y 值的二维数表，y 的最大值可取为 25 左右。表 7.3 是金属锌（Zn）的这种数表。

表 7.3　金属锌（Zn）二维数表

衍射线序号 x	$y=1$	3	4	7	9	12	13	16	19	21	25	27
1	1635	545	409	234	182	136	126	102	86	78	65	61
2	1877	626	469	268	209	156	144	117	99	89	75	70
3	2287	726	572	327	254	191	176	143	120	109	91	85
4	3514	1171	878	502	390	293	270	220	185	167	141	130
5	5553	1851	1388	793	617	463	427	347	292	264	222	206
6	5636	1879	1409	805	626	470	434	352	297	268	225	209
7	6535	2178	1634	934	726	545	503	408	344	311	261	242
8	7269	2423	1617	1038	808	606	559	454	383	346	291	269
9	7512	2504	1878	1073	835	626	578	469	395	358	300	278
10	7921	2640	1980	1132	880	660	609	495	417	377	317	293
11	8415	2805	2140	1202	935	701	647	526	443	401	337	312
12	8147	3049	2287	1307	1016	762	704	527	481	436	366	339
13	11188	3729	2797	1598	1243	932	861	699	589	533	448	414
14	12094	4031	3024	1728	1344	1008	930	756	637	576	484	448
15	12172	4057	3043	1739	1352	1014	936	761	641	580	487	451
16	13145	4382	3286	1878	1461	1095	1011	822	629	626	526	487
17	13555	4518	3389	1936	1506	1130	1043	847	713	645	542	502
18	14048	4683	3512	2007	1561	1171	1081	878	739	669	562	520
19	14710	4903	3678	2101	1634	1226	1132	919	774	700	588	545
20	14782	4927	3695	2112	1642	1232	1137	924	778	704	591	547

注：为比较方便，表中的值为 $r_x^2/y\times10^4$。

第二步：求出可能的 A 值。先取一误差，例如取 0.0002，然后将 r_x^2/y 值的二维数表中的数值进行逐个比较，这是可发现不少在误差范围内相等的数值。如果与这些值相应的 y 值中包含有六方晶系的特征值，则说明该晶系属六方品系，这些相等的数值就是 A 的可能值。究竟哪一个是真的 A 值，这也待以后逐步甄别。如果某个相等数值所对应的列号 y 中不包含特征值，则肯定不是 A，可能是 C。

第三步：取定某个 A 值，作出 $(r_{rkl}^2 - A \cdot y) / L^2$ 的数表。只要取前 6 条衍射线做表就够了。因为一般情况下，前六条衍射线中总会包含两条以上（hkl）型的衍射线。作表时，L 取 1, 2, 3, 4 等值，最大到 6 即可。因为 L 很大时，得到的 $(r_x^2 - A \cdot y) / L^2$ 值很小，有的已小于误差了。同样道理，y 值只要取 0, 1, 2, 3 等较小的值就够了。

第四步：再取一定的误差，查找 $(r^2 - A \cdot y) / L^2$ 数表中的相等值，它们可能是 C 值。如果找不到 C，再更换 A 的可能值，重复第三步、第四步，直到找到可能的 C。

第五步：将找到的 A、C 值代入 $[r–A(h^2 + k^2 + hk) + CL^2] \leqslant E$ 式中，E 表示误差值，一般为 0.0002～0.0004。采用尝试法，逐步增大 h、k、l 的值，将全部衍射线指标化。

如果 A、C 值不能把全部衍射线条指标化，则要专用其他的 C 或 A 值，并重复上述步骤。如果加大误差仍不能将全部衍射线条指标化，则说明该晶体不属于六方晶系，可以认为是四方晶系或更低级的晶系，也可能是实验数据误差过大。图 7.12 是六方晶系衍射线指标化程序框图。

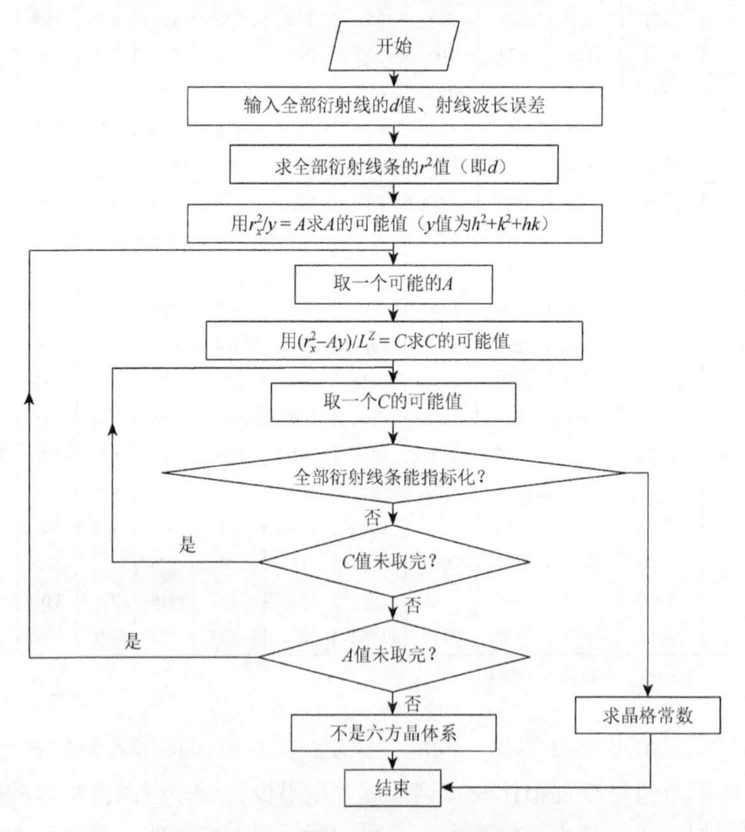

图 7.12　六方晶系衍射线指标化程序框图

点阵常数是晶体物质的重要参数，它随物质的化学组成和外界条件（温度和压力）而变化。在许多理论和实际应用问题中，例如材料中原子键合力、密度、热膨胀、固溶体类型、固溶度及宏观应力等，都与点阵常数的变化密切相关，通过测定点阵常数的变化，可以揭示上述问题的物理本质和变化规律。但是，点阵常数的变化仅在 10^{-4} 数量级以下，如果采用一般的测试技术，这种微小变化势必被实验误差所掩盖。所以，必须对点阵常数进行精确测定。用X射线衍射方法测定晶体物质的点阵常数是一种间接的方法，它的实验依据是衍射谱图上各条衍射线所处位置的 θ 值，然后用布拉格方程和各个晶系的面间距公式，求出该晶体的点阵常数。根据上述衍射线指标化的内容可知，多晶体衍射谱图上的每条衍射线都可以计算出点阵常数的数值，问题是哪一条衍射线确定的点阵常数值才是最接近实际的呢？

由布拉格方程可知，点阵常数值的精确度取决于 $\sin\theta$ 这个量的精确度。对布拉格方程 $2d\sin\theta=\lambda$ 进行微分得：

$$\delta\lambda = 2\sin\theta\cdot\delta d + 2d\cos\theta\cdot\delta\theta$$

把布拉格方程代入得 $\delta\lambda = \delta d\cdot\lambda/d + \lambda\cdot(\cos\theta/\sin\theta)\cdot\delta\theta$，即

$$\delta d / d = (\delta\lambda / \lambda) - \cot\theta\cdot\delta\theta \tag{7.19}$$

如果不考虑波长 λ 的影响，即 $\delta\lambda=0$。则 $\delta d/d=-\cot\theta\cdot\delta\theta$ 对于立方晶系物质，由于 $\delta d/d=\delta a/a$，因此 $\delta a/a=-\cot\theta\cdot\delta\theta$。

d 值的相对误差取决于选取衍射线的角度位置 θ 及 θ 的测量误差 $\delta\theta$。显然，在 $\delta\theta$ 一定的条件下，选取的 θ 角越大，点阵常数的误差越小。因此，为了提高测定点阵常数的精度，除选用高角度谱线测定外，就是要提高衍射角测量的精度了。

德拜照相法一般用外推法消除测量误差，外推函数 $f(\theta)$ 由纳尔逊（J. B. Nelson）和泰勒（A. Taylor）分别从实验和理论上证明为 $f(\theta)=(\cos\theta^2/\sin\theta+\cos^2\theta/\theta)/2$。因此，$a=a_0\pm bf(\theta)$，其中，$a_0$ 为点阵常数精确值，b 为包括 a_0 在内的常数。外推法消除误差的方法是，根据若干条衍射线测得的点阵常数，外推至 $\theta=90°$，即得到精确的点阵常数值。也可用外推法精确测定非立方晶系的点阵常数。例如在斜方晶系的情况下，选用 $h00$、$0k0$、$00l$ 衍射线，通过 $\sin^2\theta=\lambda_2/2\cdot(h_2/a_2+k_2/b_2+L_2/c_2)$ 分别计算出 a_i、b_i、c_i 系列值，然后再分别用 $h00$、$0k0$、$00l$ 衍射线对应的 a_i、b_i、c_i 系列值，用外推法求出精确的点阵常数 a_0、b_0、c_0 值。衍射仪法的外推函数有：$\cos^2\theta$、$\cot^2\theta$、$\cos\theta$、$\cot\theta$。

德拜法引起的测量误差包括半径误差、底片误差、偏心误差、吸收误差。

衍射仪使用方便、易于自动化，目前已达到相当高的测试精度，它记录的是衍射线的强度分布曲线。但是，由此曲线求出布拉格角的定峰法有多种，其中较常用的是弦中线法和弦中点法。如图7.13所示，弦中线法是取强度在背底以上最

大强度的 1/2、2/3、3/4 处各绘一背底的平行线（弦），取各弦中点连线并外推到与线形顶部相交，以交点 P 处的角位置 $2\theta_P$ 作为峰位；当峰形中部以上较对称时，可用弦中点法，即在背底以上最大强度的 40%～80%段内，每隔 10%的最大强度取一弦中点，以各线中点角位置的算术平均值作为峰位。如果衍射线非常明锐，可直接取峰顶定峰位；若衍射峰两侧的直线部分较长时，可取直线部分的延长线的交点定峰。

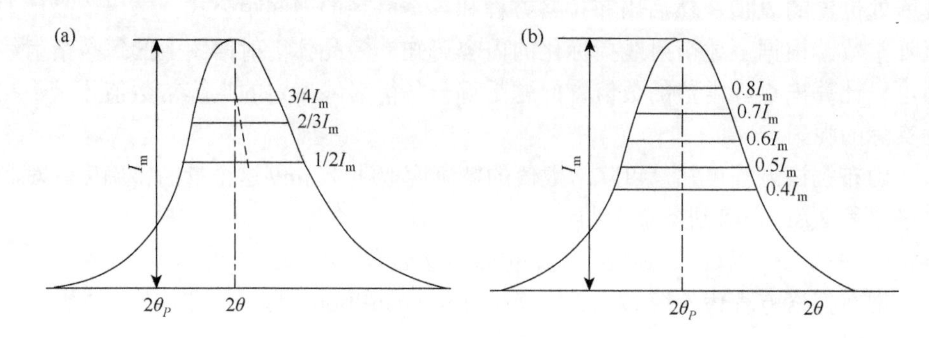

图 7.13　定峰方法

（a）弦中线法；（b）弦中点法

误差来源包括：①仪器引起的误差。仪器未能很好地校准引起的误差，如试样的基准面及 2θ 的 0°位置。②试样引起的误差。试样系平板状，与聚焦圆不能重合而散焦；试样表面与衍射仪轴不重合；试样对 X 射线有一定的透明度，吸收越小 X 射线穿透越深，这样就造成不仅试样表面反射 X 射线，而且靠近表面的内表面也要参与反射，相当于试样偏离衍射仪轴。③入射线引起的误差。入射线的色散和角因子的作用使线形不对称，入射线发散等。④测试方法引起误差。连续扫描时，扫描速度、记录仪时间常数、记录仪角度标记能造成衍射角位移。衍射仪的误差较为复杂，目前虽有一些经验表达式，但还没有公认可靠的外推函数。

7.4.2　晶体尺寸的确定

测试原理测定晶粒尺寸大小的方法，一般是采用著名的谢乐（Scherrer）公式，即：

$$L = K \cdot \lambda / (\beta \cdot \cos\theta)$$

式中，θ 为掠射角；λ 为入射线波长；K 为谢乐常数。

当 β 用衍射峰半高宽表示时，$K = 0.89$；当 β 用衍射峰的积分宽度表示时，$K = 1$。所谓积分宽度指衍射峰的积分面积（积分强度）除以衍射峰高所得的值。

需要指出的是，只有当引起衍射峰宽化的其他因素可以忽略不计时，才可用谢乐公式算出晶粒尺寸。β 用弧度做单位，L 是引起该衍射的晶面的法线方向上的晶粒尺寸，它的单位与 λ 的单位相同。谢乐公式的适用范围是微晶的尺寸在 1～100 nm。

仪器方面的一系列误差来源，会导致衍射峰位置的移动和峰形不对称，同时也导致了衍射峰的宽化，这种宽化称作仪器宽化。仪器宽化的校正，一般选用一种其本身的样品宽化可以忽略的标准样品，它应满足以下几个条件：晶粒尺寸不能太小，一般可取过 300 目筛，但不过 500 目筛；晶粒内无不均匀应变，各晶粒的晶胞常数相同；最好与待测样品的吸收系数相同。还要对 K_a 双线进行分离，求得 K_{a_1} 所产生的真实宽度，才能代入谢乐公式计算晶粒尺寸。计算时要注意，谢乐公式所得到的晶粒尺寸与所测的衍射线指数有关，一般可选取同一方向的两个衍射面，如（111）和（222）、（200）和（400）等来测量计算，以作比较。在实际工作中，最常用的标准样品是 α-SiO_2，粒度为 25～44 pm 的石英粉，且经 850 ℃退火作为标准试样，用衍射仪步进扫描测 α-SiO_2 的衍射峰，该峰的半高宽 b 即为仪器本身宽化所引起。

用步进扫描测得待测样品的衍射强度谱线，该谱线的半高宽 B 包含样品宽化和仪器宽化两部分。如果标准样品与待测样品的强度曲线符合柯西型函数，则 $\beta = B-b$；如果标准样品与待测样品的强度曲线符合高斯型函数，则 $\beta = (B^2-b^2)^{1/2}$。一般情况下，仪器宽化函数接近于高斯型，所以常用 $\beta = (B^2-b^2)^{1/2}$。表 7.4 是热处理温度对某一聚合物（聚对苯二甲酸乙二酯，PET）样品晶粒尺寸的影响。

表 7.4　热处理温度对聚合物 PET 晶粒尺寸的影响

样品处理温度(℃)	160	180	200	220	240	250	260
晶粒尺寸(nm)	5.99	5.99	6.47	7.08	7.34	8.07	8.5

7.4.3　膜厚的测量

用 X 射线法可以测定晶体基薄膜的厚度，它具有非破坏、不接触等特点。其中最简单的方法就是在已知膜的线吸收系数的条件下，以同样条件测量有膜和无膜处基体的一条衍射线的强度（I_0 无膜强度，I_f 有膜强度），利用吸收公式得到膜厚度 t, $t = (\sin\theta/2\mu_1)-\ln(I_0/I_f)$，见图 7.14。

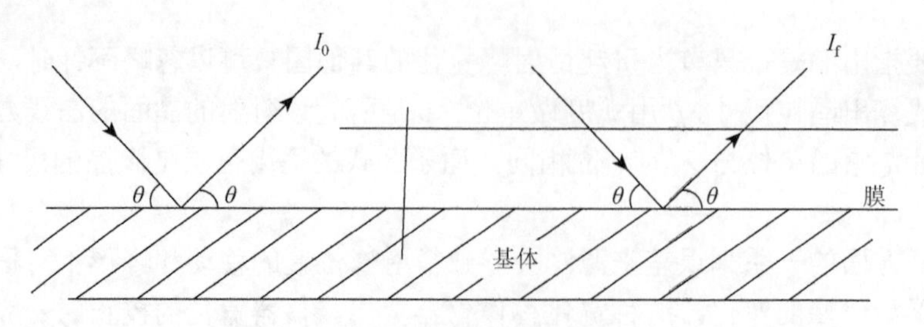

图 7.14　由基体衍射强度测量薄膜厚度

从本书的内容可以看出，X 射线衍射分析的特点是它所得到的结果是大量原子散射行为的统计平均，可以代表宏观上均质的材料的特性。各种物相的类型、混合物中物相的含量、精确的点阵常数、晶粒的平均尺寸、择优取向的状态等都可由 X 射线衍射分析获得。如果需要研究材料的表面元素组成、含量及离子存在的状态，就要借助于表面分析手段 X 射线光电子能谱仪了（见第 8 章）。

7.4.4　晶面取向度的测定

在定量分析时曾提到择优取向的问题，即在多晶试样中，如果各晶粒在空间的排列是完全无序的，则各方向分布概率相同，所得到的衍射线强度接近理论值；反之，如果某些晶面的取向有一定规律，它们的衍射线强度就会偏离理论值，这种现象叫做择优取向或织构。这对定量分析是不利的。但在某些场合下，材料中的某些晶体就是定向分布的，或者由于工艺上的需要故意使某些晶体定向分布，而且这种定向分布的程度与材料的性能有关。此时需要了解它们的定向分布程度或取向度。

是否存在择优取向的判断方法是：将某一试样的 X 射线衍射谱图中的各衍射线的强度除以 JCPDS 卡片中所刊的该物质的对应衍射线的相对强度（I/I_1），就得到折合的最强线强度，如果试样的折合最强线强度都相同，则说明该试样无择优取向；反之则证明有，再从它们的差异可判断某晶面择优取向程度的高低。晶面取向度的测定基本上根据此原理。现举例说明取向度的测定及应用方法。

1. 混凝土集料界面晶体取向度测定

混凝土中集料与水泥浆体的界面区是混凝土性能的薄弱环节，主要原因是界面区疏松、多孔，并有粗大的定向排列的 $Ca(OH)_2$ 晶体。$Ca(OH)_2$ 的（001）面平行于集料表面，与集料表面的距离越远，定向排列程度（取向度）越低。取向度 F 按下式计算：

$$F=(I_{001}/0.74)/I_{101}$$

式中，0.74 为 JCPDS 卡片中 $Ca(OH)_2$ 001 线的相对强度，101 线为 $Ca(OH)_2$ 的最强线。当 $F=1$，表示 I_{001} 的折合最强线强度就等于最强线强度 I_{101}，即定向排列消失。实验证明，界面区的 F 与离集料表面距离（D）的对数 lg$D$ 成直线关系。当 $F=1$ 时，所对应的 D 就表示界面区的厚度，因为在此处，$Ca(OH)_2$ 受集料影响而产生的定向作用消失，一般界面区的厚度为 30～50 μm。集料性质不同，F 与 lg$D$ 的直线方程亦不同。界面改善后取向度亦应下降。

2. 织构陶瓷晶面取向度测定

织构陶瓷是近年发展起来的新型陶瓷。人们发现，在传统陶瓷制品中晶粒的排列是无规则的，也就是没有择优取向。这种排列方式对陶瓷性能并无好处，例如陶瓷受热膨胀时，各晶粒的膨胀方向不同而形成内应力，对制品的强度不利。受到冶金工业中轧钢原理的启发，设想能否使陶瓷的晶粒也做有序排列。经研究发现，在成型与烧结工艺中采取一定措施后可以得到晶粒排列有序的织构陶瓷。一般晶面取向度越高，陶瓷性能也越好。能动地控制织构的形成与消除是材料工作者的重要任务之一。取向度 F 可用下式计算：

$$F=(P-P_0)/(1-P_0)$$
$$P=I_i/(\Sigma I_i),P_0=I_{10}I(\Sigma I_{10}) \tag{7.20}$$

式中，P_0 为无择优取向时某晶面衍射线强度与全部衍射线强度之比；P 为有择优取向时的同一比值。$F=0$，即 $P=P_0$，表示无择优取向；$F=1$，即 $P=1$，说明取向度为 100%，也就是在衍射图中只有该晶面的衍射线，其余的衍射线都消失。通常 F 应在 0～1 之间。例如，某些铁电陶瓷采用热压法烧成后，用 X 射线测定其（001）面的取向度，当在 1250℃热压 30 min 时，F 为 0.45；而在 1300℃热压 12 h 后，F 则为 0.90。

7.4.5　晶面结晶度的测定

X 射线衍射分析方法主要应用于结晶物质，但一个物质的结晶度也直接影响了衍射线的强度和形状。结晶度即结晶的完整程度，结晶完整的晶体。晶粒较大，内部质点的排列比较规则，衍射谱线强、尖锐而且对称，衍射峰的半高宽接近仪器测量宽度，即仪器本身的自然宽度。而结晶度差的晶体，往往是晶粒过于细小，晶体中有位错等缺陷，使衍射线峰形宽阔而弥散。结晶度越差，衍射能力越弱[图 7.15（a)]，衍射峰越宽，直至消失在背景之中［图 7.15（b)]。

在 X 射线衍射测定结晶度的方法中，有一些理论基础较好的方法，例如常用的鲁兰德（Ruland）法就是其中之一，但这些方法均须进行各种因子修正，其实验工作量和数据处理工作量均较大，所以应用并不普遍。而实际应用中更多的是

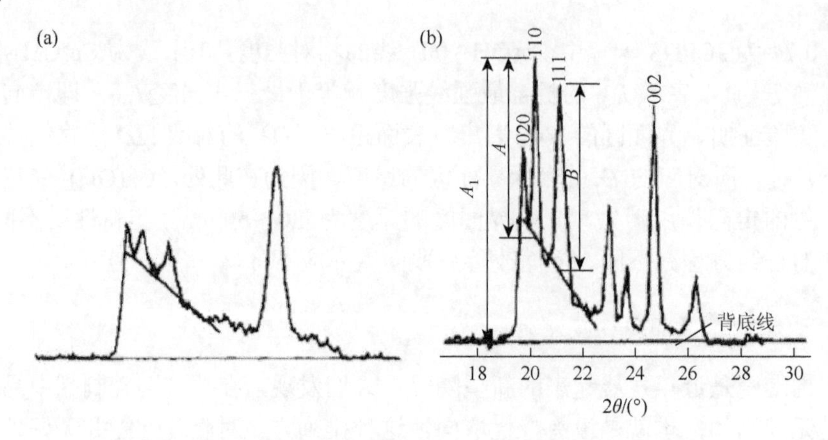

图 7.15　高岭石结晶度指数的测定

（a）结晶不好；（b）结晶好

采用经验方法，根据不同物质的特征衍射线的强度和形状，采用不同的处理和计算方法来评定、估计其结晶程度。

1. 高岭石结晶度的估计

高岭石的主要衍射峰变宽并减弱，以及其他较弱的衍射峰消失或毗邻的。衍射峰趋于合并等现象，都是高岭石结晶不良的表现。通常选用 2θ 在（CuK_a）19°～25°范围内，用晶面 020（$d = 0.446$ nm）到 002（$d = 0.356 \sim 0.358$ nm）的一组衍射峰作为衡量高岭石结晶度的标准。

目前在估计高岭石结晶度的方法中，广泛应用的是欣克利（D. N. Hinckley，1963 年）的方法。他是根据高岭石的 110 和 111 反射晶面来测定高岭石的结晶度指数。测定的具体方法如图 7.15 所示。设 A 和 B 分别为 110 和 111 峰的高度，A 为 110 峰顶到背底线的距离。则结晶度指数为$(A + B)/A$，该值越大，结晶程度越好。

2. 聚合物结晶度指数及其测量

对于某个聚合物品种，选一个结晶度尽可能高的样品作为标准样品，令其指数为 100%，再选一个结晶度尽可能低的样品作为标准非晶样品，令其结晶度指数为 0。在 $2\theta = 2\theta_0 \sim 2\theta_1$ 范围内分别收集这两套标准样品的粉末衍射图：标准结晶样品的 $I'_c(2\theta)$与标准非结晶样品的 $I_a(2\theta)$。在所确定的 2θ 范围内应包括结晶样品的所有主要衍射峰。对 $I'_c(2\theta)$按下式进行归一化处理：

$$I_c(2\theta) = I'_c(2\theta) \cdot \left[\sum I_a(2\theta)\right] / \sum I'_a(2\theta)]$$

图 7.16 是两个标准样品与待测聚酯样品的 X 射线衍射谱图，在 $2\theta = 12°30'$～$38°48'$的范围内每隔 21′取一强度数据，可得 43 组数据。得到积分结晶度指数（简称为 ICI），结果见表 7.5。

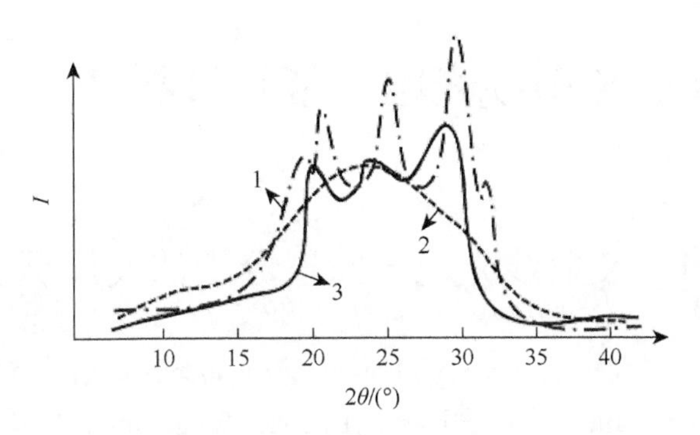

图 7.16　三种聚酯样品的 X 射线衍射谱图

表 7.5　聚酯样品处理温度与结晶度指数的关系

样品处理温度（℃）	未处理	100	140	180	200	220
结晶度指数 ICI（%）	31	35	48	40	44	51

结晶度指数是表征聚合物样品内部有序程度的一种相对指标，它的具体数值取决于所选择标准结晶样品和标准非结晶样品的实际有序程度。

参 考 文 献

晋勇. 2014. X 射线衍射分析技术课程的实验教学研究[J]. 实验科学与技术，12（6）：172-174，186.

理化检验（物理分册）编辑部. 2016. 第 10 届上海市 X 射线衍射分析学术交流会在同济大学召开[J]. 理化检验（物理分册），52（8）：593.

王钢力，田金改，林瑞超. 1999. X 射线衍射分析法在中药分析中的应用[J]. 中国中药杂志，（7）：4-6，33，62.

吴万国，阮玉忠. 1997. X 射线衍射无标定量相分析法的研讨[J]. 福州大学学报（自然科学版），（3）：39-42.

张万群，邵伟，杨凯平，等. 2023. 二氧化钛相变的原位高温 X 射线衍射分析——介绍一个仪器分析拓展性实验[J/OL]. 大学化学：1-6. [2023-02-25].

第8章

X射线光电子能谱分析法

8.1　X射线光电子能谱分析法发展历史

X射线光电子能谱分析（X-ray photoelectron spectroscopy，XPS）是由瑞典皇家科学院院士、Uppsala大学物理研究所所长K. Siegbahn教授领导的研究小组创立的，并于1954年研制出了世界上第一台光电子能谱仪。此后，他们精确地测定了元素周期表中各种原子的内层电子结合能。但是，这种仪器在当时并没有引起过多的重视。到了20世纪60年代，他们在硫代硫酸钠（$Na_2S_2O_3$）的常规研究中意外地观察到，硫代硫酸钠的XPS谱图上出现两个完全分离的S 2p峰，并且两峰的强度相等；而在硫酸钠的XPS谱图中只有一个S 2p峰，见图8.1。这表明，硫代硫酸钠（$Na_2S_2O_3$）中的两个硫原子（+6价和–2价）周围的化学环境不同，从而造成了二者内层电子结合能有显著的不同。因此，如果知道了同种元素（原子）结合能的差异，就可以知道原子的离子存在状态。

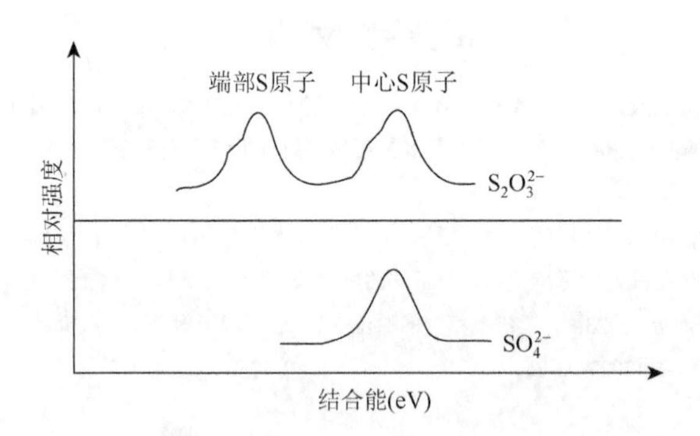

图8.1　$Na_2S_2O_3$和Na_2SO_4的S 2p的XPS谱图

鉴于原子内壳层电子结合能的变化可以为材料研究提供分子结构、原子价态等方面的信息，具有广泛的应用价值，因此，自20世纪60年代起，XPS开始得到人们的重视，并且迅速在不同的材料研究领域中得到应用。例如，在电子工业中半导体薄膜层、集成电路各种表面层的制备和应用、金属材料的表面处理、材料表面的涂层或镀层、催化剂的选择和处理、有机物的老化机理以及材料表面吸附层等方面都有广泛应用。K. Siegbahn 教授领导的研究小组及时地总结了 XPS 的研究成果，在 1967 年和 1969 年出版了两本有关电子能谱方面的专著，对电子能谱的理论和实践进行了全面阐述，为现代分析化学的发展开拓了一个新的领域，为鉴别化学状态、进行结构分析建立了一种新的分析方法。从 1972 年起，两年一度的分析化学评论正式将电子能谱列为评论之列。20 世纪 70 年代初期，K. Siegban 教授又提出了一些电子能谱研究工作中有待解决的课题，其中有的已经解决，有的还在研究中。K. Siegbahn 教授领导的研究小组对电子能谱理论、仪器、应用等诸多方面的发展都做出了巨大的贡献，K. Siegbahn 教授本人也因此在 1981 年获得了诺贝尔物理学奖。

8.1.1　X 射线光电子能谱分析法基本原理

X 射线光电子能谱法技术基础即 X 射线激发物质光电离、光电子发射过程及其能量关系等。

1. 化学位移

能谱中表征样品芯层电子结合能的一系列光电子谱峰称为元素的特征峰（图 8.2）。

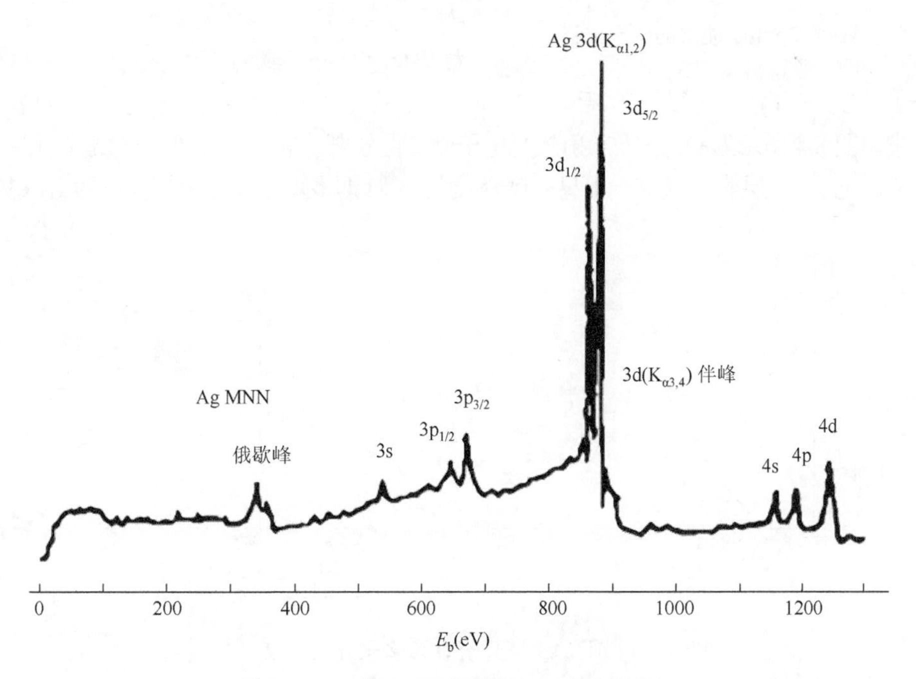

图 8.2　Ag 的光电子能谱图（Mg K$_\alpha$ 激发）

因原子所处化学环境不同，原子芯层电子结合能发生变化，则 X 射线光电子谱谱峰位置发生移动，称之为谱峰的化学位移。

图 8.3 所示为带有氧化物钝化层的 Al 的 2p 光电子能谱图，由图可知，原子价态的变化导致 Al 的 2p 峰位移。

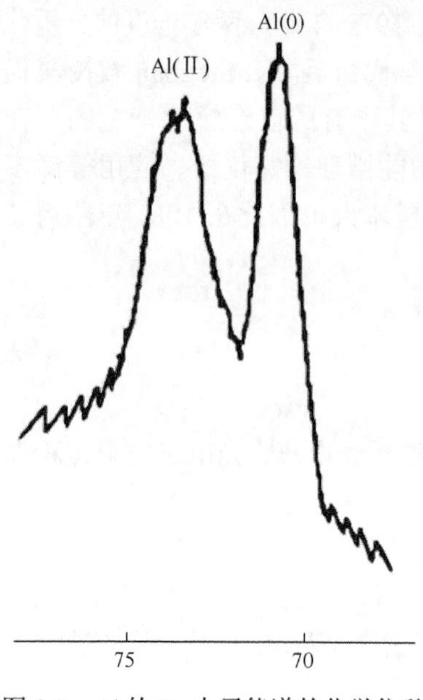

图 8.3 Al 的 2p 电子能谱的化学位移

除化学位移外，固体的热效应与表面荷电效应等物理因素也可能引起电子结合能改变，从而导致光电子谱峰位移，此称之为物理位移。在应用 X 射线光电子谱进行化学分析时，应尽量避免或消除物理位移。

2. 伴峰与谱峰分裂

能谱中出现的非光电子峰称为伴峰。种种原因导致能谱中出现伴峰或谱峰分裂现象。伴峰有光电子（从产生处向表面）输运过程中因非弹性散射（损失能量）而产生的能量损失峰，X 射线源（如 Mg 靶的 $K_{\alpha1}$ 与 $K_{\alpha2}$ 双线）的强伴线（Mg 靶的 $K_{\alpha3}$ 与 $K_{\alpha4}$ 等）产生的伴峰，俄歇电子峰等。而能谱峰分裂有多重态分裂与自旋-轨道分裂等。

如果原子、分子或离子价（壳）层有未成对电子存在，则内层芯能级电离后会发生能级分裂从而导致光电子谱峰分裂，称为多重分裂。图 8.4 所示为 O_2 分子 X 射线光电子谱多重分裂。电离前 O_2 分子价壳层有两个未成对电子，内层能级（O 1s）电离后谱峰发生分裂（即多重分裂），分裂间隔为 1.1 eV。

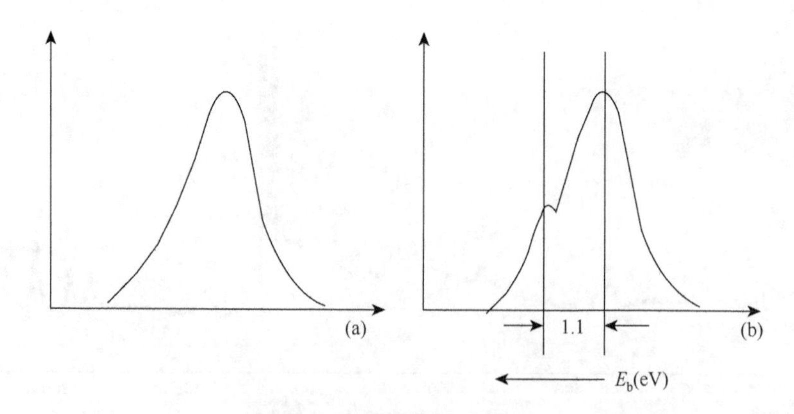

图 8.4 氧分子 O 1s 多重分裂

（a）氧原子 O 1s 峰分裂；（b）氧分子 O 1s 峰分裂

一个处于基态的闭壳层（闭壳层指不存在未成对电子的电子壳层）原子光电离后，生成的离子中必有一个未成对电子。若此未成对电子角量子数 $l>0$，则必然会产生自旋-轨道耦合（相互作用），使未考虑此作用时的能级发生能级分裂（对应于内量子数 j 的取值 $j=l+1/2$ 和 $j=l-1/2$ 形成双层能级），从而导致光电子谱峰分裂；此称为自旋-轨道分裂。图 8.2 所示 Ag 的光电子谱峰图除 3s 峰外，其余各峰均发生自旋-轨道分裂，表现为双峰结构（如 $3p_{1/2}$ 与 $3p_{3/2}$）。

8.1.2　X 射线光电子能谱分析法常用概念

X 射线光电子能谱分析是用 X 射线去辐射样品，使原子或分子的内层电子或价电子受激发射出来。被光子激发出来的电子称为光电子，可以测量光电子的能量，以光电子的动能为横坐标，相对强度（脉冲/s）为纵坐标可作出光电子能谱图，从而获得待测物组成。

8.2　X 射线光电子能谱实验技术

8.2.1　X 射线光电子能谱仪

以 X 射线为激发源的光电子能谱仪主要由激发源、样品分析室、能量分析器、电子检测器、记录控制系统和真空系统等组成。图 8.5 是它的方框示意图。从激发源来的单色光束照射样品室里的样品，只要光子的能量大于材料中某原子轨道中电子的结合能，样品中的束缚电子就被电离而逃逸。光电子在能量分析器中按其能量的大小被“色散”、聚集后被检测器接收，信号经放大后输入到记录控制系统，一般都由计算机来完成仪器控制与数据采集工作。整个谱仪要有良好的真空度，一般情况下，样品分析室的真空度要优于 10^{-5} Pa，这一方面是为了减少电子

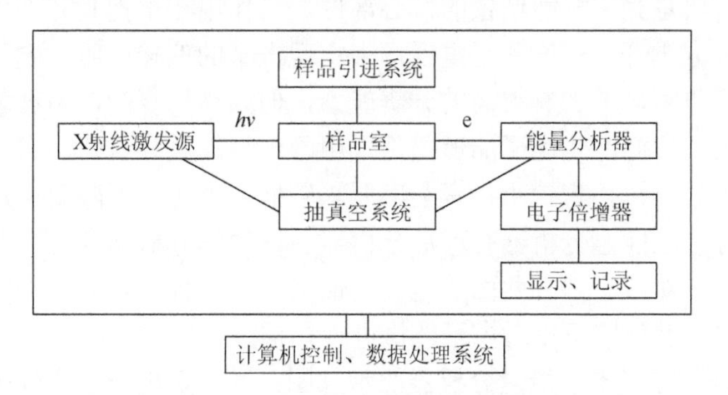

图 8.5　X 射线光电子能谱仪基本构成示意图

在运动过程中同残留气体发生碰撞而损失信号强度；另一方面是为了防止残留气体吸附到样品表面上，甚至可能与样品发生反应。谱仪还要避免外磁场的干扰。这里主要讨论X射线光电子能谱对激发源、能量分析器和电子检测器的特殊要求。

1. X射线发射源

用于电子能谱的 X 射线源，其主要指标是强度和线宽。一般采用 K_α 线，因为它是 X 射线发射谱中强度最大的。K_α 射线相应于 L 能级上的一个电子跃迁到 K 壳层的空穴上。光电效应概率随 X 射线能量的减少而增加，所以在光电子能谱工作中，应尽可能采用软 X 射线（波长较长的 X 射线）。在 X 射线光电子能谱中最重要的两个 X 射线源是 Mg 和 Al 的特征 K_α 射线（能量分别是 1253.6 eV 和 1486.6 eV），其线宽分别为 0.7 eV 和 0.9 eV。由于 Mg 的 K_α 射线的自然宽度稍窄一点，对于分辨率要求较高的测试，一般采用该射线源。如欲观测重元素内层电子能谱，则应采用重元素靶的 X 射线管。电子能谱中用的 X 射线管与 X 射线衍射分析用的类似。

为了让尽可能多的 X 射线照射样品，X 射线源的靶应尽量靠近样品，另外，X 射线源和样品分析室之间必须用箔窗隔离，以防止 X 射线靶所产生的大量次级电子进入样品分析室而形成高的背底。对 Al 和 Mg 的 X 射线而言，隔离窗材料可选用高纯度的铝箔或铍箔。X 射线也可以利用晶体色散单色化，X 射线经单色化后，除了能改善光电子能谱的分辨率外，还除去了其他波长的 X 射线产生的伴峰，改善信噪比。

除了用特征 X 射线作激发源外，还可以用加速器的同步辐射，它能提供能量从 10 eV 到 10 keV 连续可调的激发源。这种辐射在强度和线宽方面都比特征 X 射线优越，更重要的是能够从连续能量范围内任意选择所需要的辐射能量值。

2. 电子能量分析器

能量分析器是光电子能谱仪的核心部件。其作用在于把具有不用能量的光电子分别聚焦并分辨开，一般利用电磁场来实现电子的偏转性质。电子能量分析器分磁场型和静电型，前者有很高的分辨能力，但因结构复杂，磁屏蔽要求严格，目前已很少采用。商品化电子能谱仪都采用静电型能量分析器，它的优点是整个仪器安装比较紧凑，体积较小，真空度要求较低，外磁场屏蔽简单，易于安装调试。常用的静电型能量分析器有球形分析器、球扇形分析器和筒镜型分析器等，其共同特点是：对应于内外两面的电位差值只允许一种能量的电子通过，连续改变两面间的电位差值就可以对电子能量进行扫描。

图 8.6 是半球形电子能量分析器的示意图。半球形电子能量分析器由内外两个通信半球面构成，内、外半球的半径分别是 r_1 和 r_2，两球间的平均半径为 r；

两个半球间的电位差为 V，内球为正，外球为负。若要使能量为 E_k 的电子沿平均半径 r 轨道运动，则必须满足以下条件：

$$E_k = eV / c \quad (8.1)$$

式中，e 为电子电荷；c 为由球的内外径决定的谱仪常数，$(r_2/r_1)-(r_1/r_2)$。

由式（8.1）可知，如果在球形电容器上加一个扫描电压，同心球形电容器就会对不同能量的电子具有不同的偏转作用，从而把能量不同的电子分离开来。这样就可以使能量不同的电子，在不同的时间沿着中心轨道通过，从而得到 XPS 谱图。

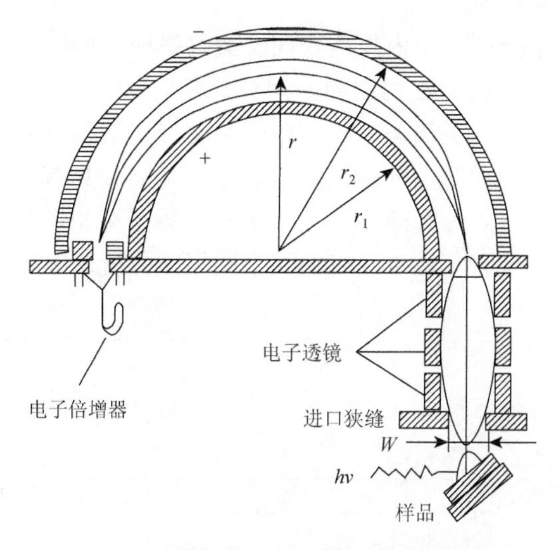

图 8.6　半球形电子能量分析器示意图

能量分析器的分辨率与电子能量有关，它定义为（$\Delta E/E_k$）×100%，表示分析器能够区分两种相近电子能量的能力，它与分析器的几何形状、入口及出口狭缝宽度和入口角 α 之间有以下关系：

$$\Delta E / E_k = W / 2r + \alpha^2 / 2 \quad (8.2)$$

式中，ΔE 为光电子谱线的半高宽即绝对分辨率；E_k 为通过分析器电子的动能；W 为狭缝宽度。

由式（8.2）可知，在同等条件下，高动能电子进入能量分析器，将使仪器分辨率大大降低，表 8.1 是分析器绝对分辨率与电子动能的关系。

表 8.1　分析器绝对分辨率与电子动能的关系

E_k（eV）	25	50	65	75	100	1000	1250
ΔE（eV）	0.01	0.20	0.26	0.30	0.40	4.0	5.0

对 XPS 分析来说，一般要求电子动能在 1000 eV 时的绝对分辨率在 0.2 eV 左右。为了解决这个问题，常用减速透镜使电子在进入分析器之前先减速，以提高分辨率。例如，固定半球形电容器电压，使之成为单能选择器，用透镜电压扫描测定电子能谱。目前，实验仪器大多采用固定通过能的方法，即使电子在进入能量分析器之前被减速后以一个固定的动能值通过分析器。用这种方式扫描，加在分析器上的电压不变而改变透镜电位。仪器实验参数中有多个通过能供选择，常用的有 2 eV、5 eV、10 eV、20 eV、50 eV、100 eV、200 eV 等。通过能大，强度高，但是分辨率低，要根据样品的测试要求来选择通过能。球扇形分析器的结构和原理与球形分析器相似。

筒镜型电子能量分析器由内外两个同轴圆筒组成，如图 8.7 所示。电子发射源在两圆筒的公共轴 S 处，在内圆筒上切有一环形狭缝 A，环平面垂直于圆筒的公共轴。如果电子源和内圆筒同电位，电子束将以直线射到入口狭缝而进入两圆筒之间的电场区。适当调节内外圆筒的电位差，就将使具有某一能量的电子被偏转通过出口狭缝 B，进入内圆筒并聚焦于 I 点。为了减少散乱的低能电子进入检测器，提高信噪比，改善分辨率，可将两个圆筒镜分析器串接起来。

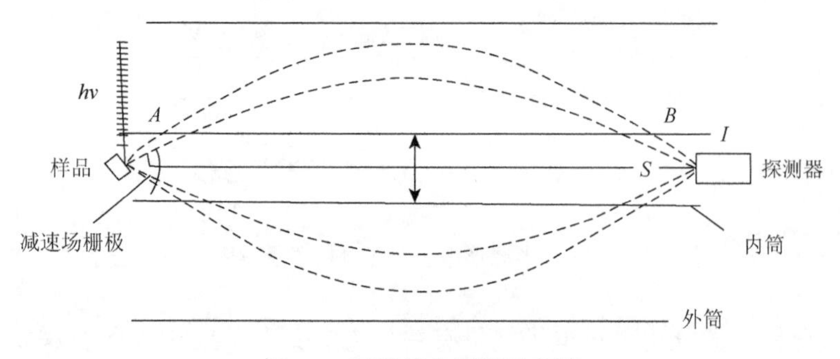

图 8.7　圆筒镜分析器示意图

3. 检测器

原子和分子的光电离截面都不大，在 XPS 分析中所能检测到的光电子流非常弱。要接收这样的弱信号，一般采用脉冲计数的方法，即用电子倍增器来检测电子的数目。现在的 XPS 仪所用的检测器主要是多通道检测器，以前用的单通道电子倍增器已不多见。

通道电子倍增器如图 8.8 所示，它由高铅玻璃或钛酸钡系陶瓷管制成。管的内壁具有二次发射特性。其原理是，当具有一定动能的电子进入这种器件，打到内壁上后，它又打击出若干个二次电子，这些二次电子沿内壁电场加速，又打到对面的内壁上，产生出更多的二次电子，如此反复倍增，最后在倍增器的末端形成一个脉冲信号输出。倍增器两端的电压约为 3000 V 左右。

如果把多个如图 8.8 所示的单通道电子倍增器组合在一起，就成了多通道电子倍增器，它能够提高采集数据的效率，并大大提高仪器的灵敏度。

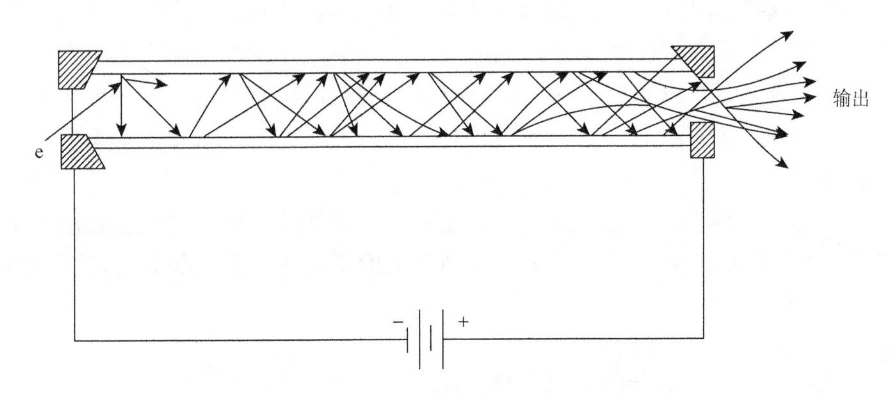

图 8.8　单通道电子倍增器电子倍增示意图

电子能谱仪一般都有自动记录和自动扫描装置，并采用电子计算机进行程序控制和数据处理。

8.2.2　待测样品制备方法

实践经验表明，要想获得一张正确的 XPS 谱图，首先必须采用正确的制样方法。若采用的方法不当，所得信息不仅灵敏度低、分辨率差，有时甚至会给出错误的结果，从而导致整个实验失败。

XPS 信息来自样品表面几个至十几个原子层，因此在实验技术上要保证所分析的样品表面能够代表样品的固有表面。目前的 XPS 分析主要是集中在固体样品方面，这里仅就固体样品的预处理和安装方法作一简介。

1. 无机材料常用制样方法

（1）溶剂清洗（萃取）或长时间抽真空，以除去试样表面的污染物。例如，对不溶于溶剂的陶瓷或金属试样，用乙醇或丙酮擦洗，然后用蒸馏水洗掉溶剂，最后吹干或烘干试样，达到去污目的。

（2）一般商品仪器都配有氩离子枪，可以用氩离子刻蚀法除去表面污染物。利用该方法要注意的是，由于存在择优溅射现象，刻蚀可能会引起试样表面化学组成的变化，易被溅射的成分在样品表面的原子浓度会降低，而不易被溅射的成分的原子浓度将提高，有的样品还会发生氧化或还原反应。因此，若需利用该方法清洁试样表面，最好用一标准样品来选择刻蚀参数，以避免待测样品表面被氩离子还原及改变表面组成。

（3）擦磨、刮剥和研磨。如果样品表层与内表面的成分相同，则可用 SiC（600 号）纸擦磨或用刀片刮剥表面污染层，使之裸露出新的表面层，如果是粉末样品，则可采用研磨的办法使之裸露出新的表面层，如果是粉末样品，则可采用研磨的办法使之裸露出新的表面层。对于块状样品，也可在气氛保护下，打碎或打断样品，测试新露出的端面。需要注意的是，在这些操作过程中，不要带进新的污染物。

（4）真空加热法。一般商品仪器都配有加热样品托装置，最高加热温度可达 1000℃。对于能耐高温的样品可采用在高真空度下加热的办法除去样品表面的吸附物。

2. *有机物和高聚物样品常用制样方法*

（1）压片法　软散的样品采用压片的方法。

（2）溶解法　将样品溶解于易挥发的有机溶剂中，然后将 1～2 滴溶液滴在镀金的样品托上，让其晾干或用吹风机吹干后测定。

（3）研压法　对不溶于易挥发有机溶剂的样品，可将少量样品研磨在金箔上，使其形成薄层，然后再进行测定。

样品安装的方法一般是把粉末样品粘在双面胶带上或压入铟箔（或金属网）内，块状样品可直接夹在样品托上或用导电胶粘在样品托上进行测定。对块状样品来说，尺寸大小在 1 cm×1 cm 左右即可。

8.3　X 射线光电子能谱谱图解析

8.3.1　X 射线光电子能谱谱图的一般特点

由于光电子来自不同的原子壳层，因而具有不同的能量状况，结合能大的光电子将从激发源光子那里获得较小的动能，而结合能小的将获得较大的动能。整个光电发射过程是量子化的，光电子的动能也是量子化的，因而来自不同能级的光电子的动能分布是离散性的。电子能量分析器检测到的光电子的动能，通过一个模拟电路，以数字方式记录下来并储存在计算机的磁盘里。计算机所记录的是给定时间内一定能量（动能或结合能）的电子到达探测器的个数，即每秒电子计数，简称为 cps（counts per second，相对强度）。

虽然能量分析器检测的是光电子的动能，但只要通过简单的换算即可得到光电子原来所在能级的结合能（$h\nu = E_b + E_k' + W'$）。通常谱仪的计算机可用动能（E_k）或者用结合能（E_b）两种坐标形式绘制和打印 XPS 谱图，即谱图的横坐标是动能或结合能，单位是 eV；纵坐标是相对强度（cps），一般以结合能为横坐标。以结合能为横坐标的优点在于光电子的结合能比它的动能更能直接地反映出电子的壳层式（能级）结构。来自不同壳层的光电子的结合能值与激发源光子的能量无关，只与该光电子原来所在能级的能量有关。也就是说，对同一个样品，无论取 Mg K_α 还是取 Al K_α 射线作为激发源，所得到的该样品的各种光电子在其 XPS 谱图上的结合能分布状况都是一样的。

XPS 谱图中那些明显而尖锐的谱峰，都是由未经非弹性散射的光电子形成，而那些来自样品深层的光电子，由于在逃逸的路径上有能量损失，其动能已不再具有特征性，成为谱图的背底或伴峰。由于能量损失是随机的，因此，背底电子的能量变化是连续的，往往低结合能端的背底电子少，高结合能端的背底电子多，反映在谱图上就是，随着结合能的提高，背底电子的强度一般呈现逐渐上升的趋势。这种能量分布状况见图 8.9 所示。

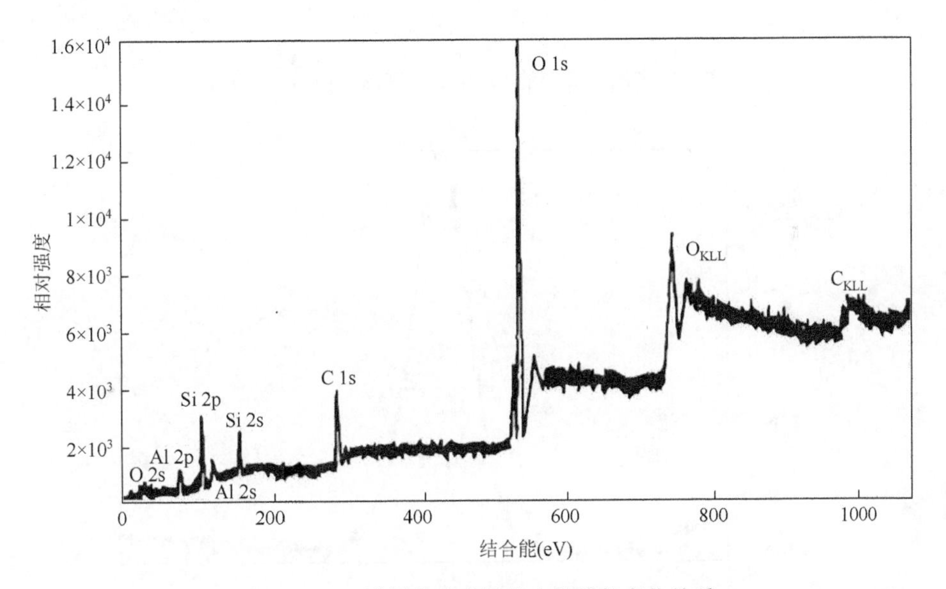

图 8.9　XPS 谱图的背底随结合能值的变化关系

在本征信号不太强的 XPS 谱图里，往往会看见明显的“噪声”，即谱线不是理想的平滑曲线，而是锯齿般的曲线（图 8.10）。这种“噪声”并不完全是仪器导致的，有时也可能是信噪比（S/N）太低，即样品中某一待测元素含量太少的缘故。由于噪声是随机出现的，一般采用增加扫描次数、延长扫描时间、利用计算机多次累加信号的方法来达到提高信噪比、平滑谱线的目的，见图 8.11，它是在得到

图 8.10 后，又重新扫描三次得到的谱线。图 8.11 较图 8.10 平滑，强度也高。这里需要指出的是，如果要进行定量分析，一定要在同一扫描次数下进行，不然就会引起误差，因为 XPS 是依据强度进行定量的。

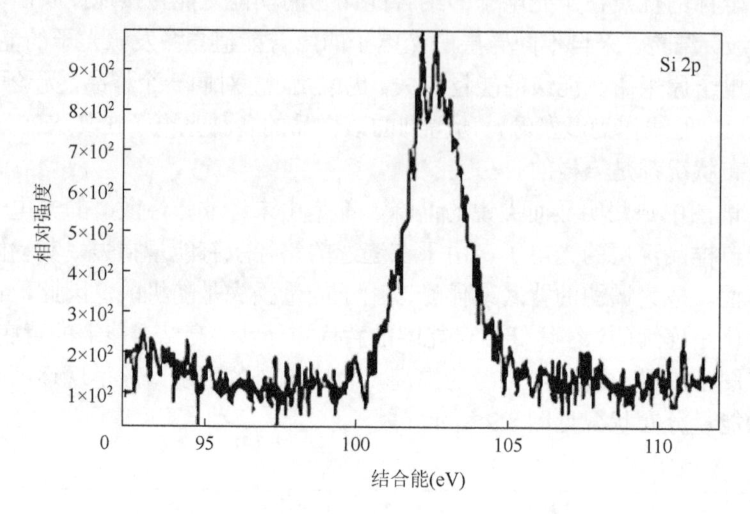

图 8.10　涂膜玻璃的 Si 2p XPS 谱图（扫描一次）

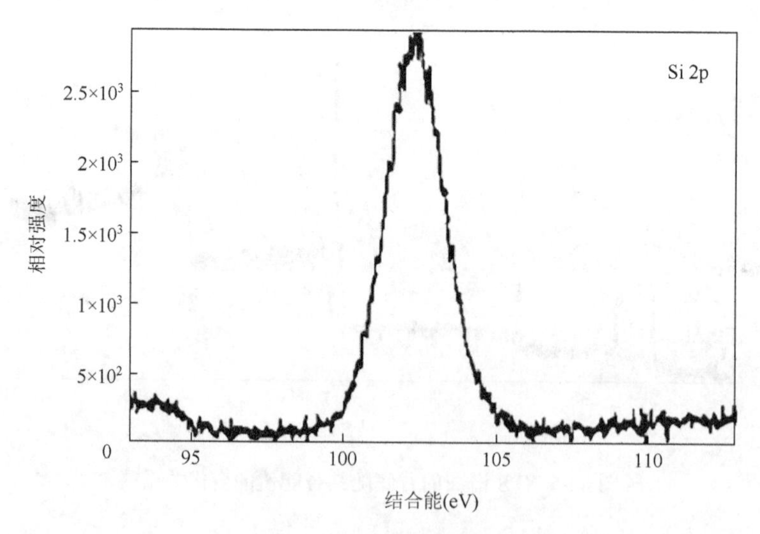

图 8.11　涂膜玻璃的 Si 2p XPS 谱图（扫描三次）

8.3.2　X 射线光电子能谱谱图的光电子线及伴线

XPS 谱图中可以观测到的谱线除主要的光电子线外，还有俄歇线、X 射线卫星线、“鬼线”、振激线和振离线、多重分裂线和能量损失线等。一般把强光电子线称为 XPS 谱图的主线，而把其他的谱线称为伴线或伴峰。研究伴线，不仅对正确解释谱图很重要，而且也能为分子和原子中电子结构的研究提供重要信息。研究伴线的产生、性质和特征，对探讨化学键的本质是极其重要的，这也是当前电子能谱学发展的一个重要方面。

1. 光电子线（photoelectron lines）

最强的光电子线常常是谱图中强度最大、峰宽最小、对称性最好的谱峰，称为 XPS 谱图中的主线。每一种元素都有自己最强、具有表征作用的光电子线，它是元素定性分析的主要依据。一般来说，来自同一壳层上的光电子，内角量子数越大，谱线的强度越大。常见的强光电子线有 1s、$2p_{3/2}$、$3d_{5/2}$、$4f_{7/2}$ 等。

除了强光电子线外，还有来自原子内其他壳层的光电子线，例如图 8.9 中所标识的 O 2s、Al 2s、Si 2s。这些光电子线比起它们的最强光电子来说，强度有的稍弱，有的很弱，有的极弱。在元素定性分析中它们起着辅助的作用。纯金属的强光电子线常会出现不对称的现象，这是光电子与传导电子的耦合作用引起的。

光电子线的谱线宽度是来自样品元素本征信号的自然线宽、X 射线源的自然线宽、仪器以及样品自身状况的宽化因素等四个方面的贡献。高结合能端的光电子通常比低结合能端的光电子线宽 1～4 eV，所有绝缘体的光电子线都比良导体的光电子线宽约 0.5 eV。

2. 俄歇线（Auger lines）

当原子中的一个内层电子光致电离而射出后，在内层留下一个空穴，原子处于激发态。这种激发态离子要向低能转化而发生弛豫，弛豫的方式可通过辐射跃迁释放能量，其值等于两个能级之间的能量差，波长在 X 射线区，辐射出的射线称为 X 射线荧光，该方式类似 X 射线的产生。另一种弛豫方式是通过非辐射跃迁使另一电子激发成自由电子，该电子就成为俄歇电子，由俄歇电子形成的谱线就是俄歇线。X 射线激发的俄歇线往往具有复杂的形式，它多以谱线群的形式出现，与相应的光电子线相伴随，它到主光电子线的线间距离与元素的化学状态有关。在 XPS 谱图中可以观察到的俄歇谱线主要有四个系列：KLL、LMM、MNN 和 NOO。符号的意义是：左边字母代表产生起始空穴的电子层，中间字母代表填补起始空穴的电子所属的电子层，右边字母代表发射俄歇电子的电子层。图 8.12 是俄歇激发过程示意图。

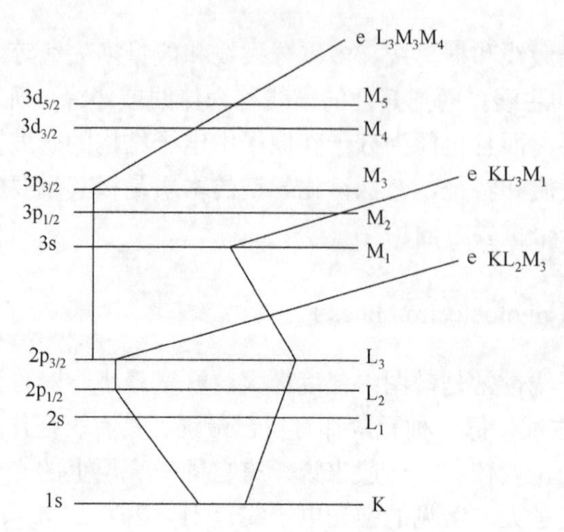

图 8.12　KLL、KLM、LMM 俄歇电子跃迁示意图

若要在 XPS 谱图上标注俄歇线，还要在这些符号的最左边写上元素符号，如在图 8.9 上标注的 O_{KLL} 和 C_{KLL}。KLL 系列包括初始空穴在 K 层、终态双空穴在 L 层的所有俄歇跃迁。在理论上，KLL 系列应包括六条俄歇线，它们是 KL_1L_1、KL_2L_2、KL_3L_3、KL_1L_2、KL_1L_3、KL_2L_3。其他系列的俄歇线更多。在原子序数 $Z=3$～4 的元素中，突出的俄歇线为 KLL 系列；$Z=14$～40 的元素中，突出的俄歇线为 LMM 系列；$Z=40$～79 的元素中，突出的俄歇线为 MNN 系列；更重的元素为 NOO 系列。

以上四个系列为内层型俄歇线，此外还有价型俄歇线，比如 KVV、LVV、LMV 等。这里 V 表示价带能级，例如 O_{KLL} 也可写为 O_{KVV}。这类俄歇线表示终态空穴至少有一个发生在价带上。能用 Al/Mg K_α 射线激发出的俄歇线的元素占天然元素的一半，其中 29 个元素具有内层型俄歇跃迁，16 个具有价型俄歇跃迁。

俄歇电子能量的计算涉及三个能级，这里以 KLL 系列的 KL_2L_3 为例来说明计算方法。设 K、L_2、L_3 各能级的电子结合能分别是 E_{bK}、E_{bL2}、E_{bL3}，当 L_2 电子填充 K 层空穴时，产生的过剩能量为：

$$\Delta E = E_{bK} - E_{bL2} \tag{8.3}$$

由于 ΔE 足够大，能克服 L_3 能级上电子的结合能，使之电离，并有多余的能量转化为该电子的动能，使之发射出去，所以 KL_2L_3 俄歇电子的动能为：

$$E_k = (E_{bK} - E_{bL2}) - E_{bL3} \tag{8.4}$$

如同推导结合能一样，考虑样品与仪器的功函数，则式（8.4）改写为：

$$E_k = (E_{bK} - E_{bL2}) - E_{bL3} - W' \tag{8.5}$$

但是，这样计算出来的俄歇电子的动能与实测的数值之间有很大的差距，主要由空穴产生后能级间的弛豫现象所致，把式（8.5）加上弛豫能得：

$$E_k = (E_{bK} - E_{bL2}) - E_{bL3} - W' + E_R \qquad (8.6)$$

式中，E_R 为弛豫能。俄歇电子动能计算的通式可写为：

$$E_{XYZ} = (E_X - E_Y) - E_Z - W' + E_R \qquad (8.7)$$

式中，E_{XYZ} 为 XYZ 系列俄歇电子的动能，E_X、E_Y、E_Z 分别为 X、Y、Z 能级上电子的结合能。从式（8.7）可见，俄歇电子的动能与激发源无关。

由于俄歇线具有与激发源无关的动能值，因而在使用不同 X 射线激发源对同一样品采集谱线时，在动能为横坐标的谱图里，俄歇线的能量位置不会因激发源的变化而变化，这正好与光电子线的情况相反。在以结合能为横坐标的谱图里，尽管光电子线的能量位置不会改变，但俄歇线的能量位置会因激发源的改变而作相应的变化。利用这一点，当在区分光电子线与俄歇线有困难的时候，可以利用换靶的方式，对同一样品分别采用 Mg K_α 和 Al/Mg K_α 射线以结合能为横坐标采集 XPS 谱线，如果发现某些谱线的位置发生了变化，那么这些变化了位置的就是俄歇线，由此可以方便地鉴别出光电子线和俄歇线。例如，图 8.9 是用 Mg K_α 取得的 XPS 谱图，如果换用 Al/Mg K_α 射线取谱，谱图上的光电子线不动，而俄歇线 O_{KLL}、C_{KLL} 就向高结合能端移动 233 eV，此值正好是 Mg K_α 和 Al K_α 射线的能量差。

另外，俄歇线也有化学位移，并且位移方向与光电子线的一致。当有些元素的光电子线的化学位移不明显时，也许俄歇线的化学位移会有帮助，见表 8.2。由表中的数据可见，照目前谱仪的分辨能力，用光电子谱线的位移难以辨别出 Cu 和 Cu_2O 化学态的差别，但用俄歇线位移就能明确地辨别出。因此，俄歇线是 XPS 谱图中光电子线信息的补充，它也能提供元素化学状态的信息。

表 8.2　几种元素化合物的光电子和俄歇电子谱线位移对比

状态变化	$Cu \to Cu_2O$	$Zn \to ZnO$	$Mg \to MgO$	$Ag \to Ag_2SO_4$	$In \to In_2O_3$
光电子位移（eV）	0.1	0.8	0.4	0.2	0.5
俄歇电子位移（eV）	2.3	4.6	6.4	4.0	3.6

3. X 射线卫星峰（X-ray satellites）

用来照射样品的单色 X 射线并非单色，常规使用的 Mg/Al $K_{\alpha1,2}$ 射线里混杂有 $K_{\alpha3,4,5,6}$ 和 K_β 射线，它们分别是阳极材料原子中的 L_2 和 L_3 能级上的 6 个状态不同的电子和 M 能级的电子跃迁到 K 层上产生的荧光 X 射线效应，这些射线统称为 $K_{\alpha1,2}$X 射线的卫星线。样品原子在受到 X 射线照射时，除了发射特征 X 射线（$K_{\alpha1,2}$）所激发的光电子外，X 射线卫星线也同样激发光电子，由这些光电子形成的光电子峰，称为 X 射线卫星峰。由于 $K_{\alpha1,2}$ 射线卫星线的能量较高，因而这些光电子往往有较高的动能，表现在 XPS 谱图上就是，在主光电子线的低结合能端或高动能端产生强度较小的卫星峰。这些强度较小的卫星峰离主光电子线（峰）的距离以及它们的强度大小因阳极材料的不同而不同。Al K_α、Mg K_α 射线的卫星峰离主光电子峰的位置和相对强度如图 8.13 和图 8.14 所示。

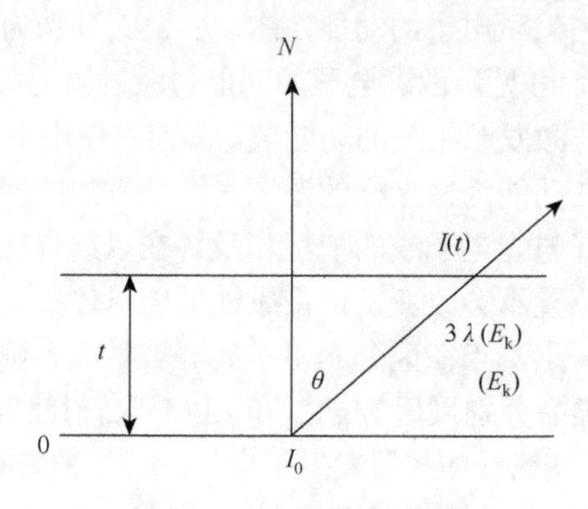

图 8.13　电子逸出示意图

I_0，光电子初始强度；$I(t)$，光电子逸出时强度；t，光电子法线方向逸出深度，$t = 3\lambda(E_k)\cos\theta$；$N$，试样法线方向

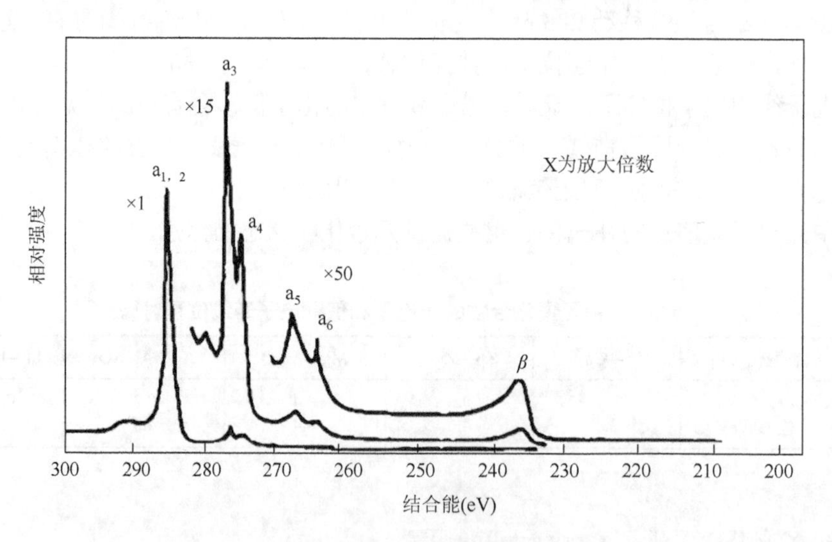

图 8.14　Mg K_α 射线的卫星峰

4. 多重分裂线（multiplet splitting）

当原子或自由离子的价壳层拥有未成对的自旋电子时，光致电离所形成的内壳层空位便将与价轨道上未成对的自旋电子发生耦合，使体系不止出现一个终态。相应于每一个终态，在 XPS 谱图上将有一条谱线，这就是多重分裂的含义。过渡金属具有未充满的 d 轨道，稀土和锕系元素具有未充满的 f 轨道，这些元素的 XPS 谱图中往往出现多重分裂。

下面以 Mn^{2+}离子的 3s 轨道电离为例来说明 XPS 谱图中的多重分裂现象。基态锰离子 Mn^{2+}的电子组态为（Ne）$3s^23p^63d^5$，当 Mn^{2+}离子的 3s 轨道受激发后，就会出现两种终态。如图 8.15 所示，（a）（b）两种终态的区别在于，（b）态表示电离后剩下的一个 3s 电子和 5 个 3d 电子的自旋方向相同。因此，在终态（b）中，光电离后产生的未成对电子与价轨道上的未成对电子耦合，使其能量降低，即与原子核结合的较弱。反映在 XPS 谱图上就是，与 5 个 3d 电子自旋相同的终态（a）和 3s 电子结合能低；自旋相反的终态（b）的 3s 电子结合能高，二者的强度比为 $I_a/I_b = 2.0/1.0$，分裂的程度就是二谱线峰位之间的能量差，见图 8.16。

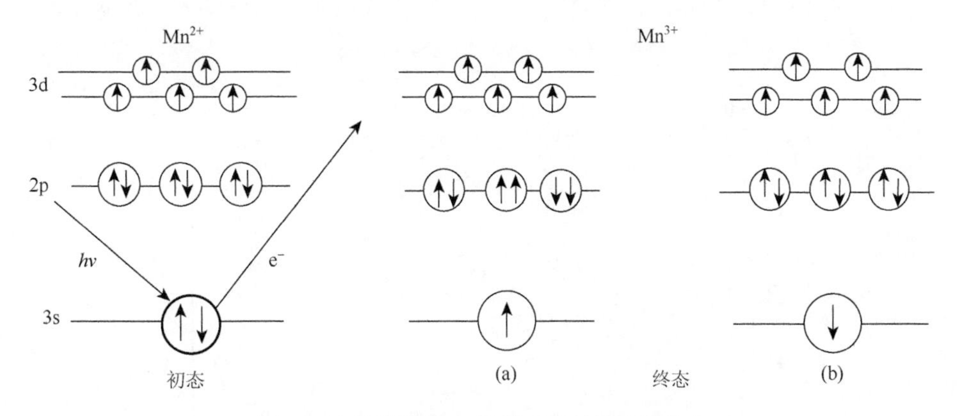

图 8.15　锰离子的 3s 轨道电离时的两种终态

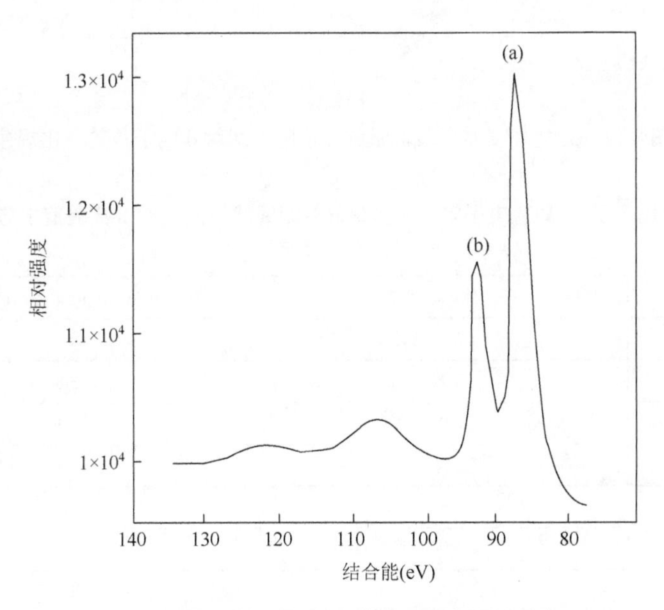

图 8.16　MnF_2 中 3s 电子的 XPS 谱图（激发源是单色 Al K_α）

实验证实，当配位体相同时，多重分裂的程度与未成对电子数有关。例如，MnF_2 3d 轨道的未配对电子数为 5，多重分裂值最大（6.3 eV），CrF_3 的未配对电子数较少（3 个），多重分裂也小（4.2 eV），$K_4Fe(CN)_6$ 没有未成对电子，无多重分裂。过渡元素的多重分裂随未成对 d 电子数的变化情况如图 8.17 所示，d 电子数从 0 变到 10，具有 5 个未配对电子时，多重分裂最大。同理，最外层 f 轨道部分充满的稀土和锕系元素也存在着类似的关系。在 p 轨道电离中也能发生多重分裂，但耦合情况更复杂，对谱图的解释也比较困难。影响多重分裂程度的另一个因素是配位体的电负性。配位体的电负性 X 越大，化合物中过渡元素的价电子越倾向于配位体，化合物的离子特性越明显，两个终态能量差值越大，见表 8.3。

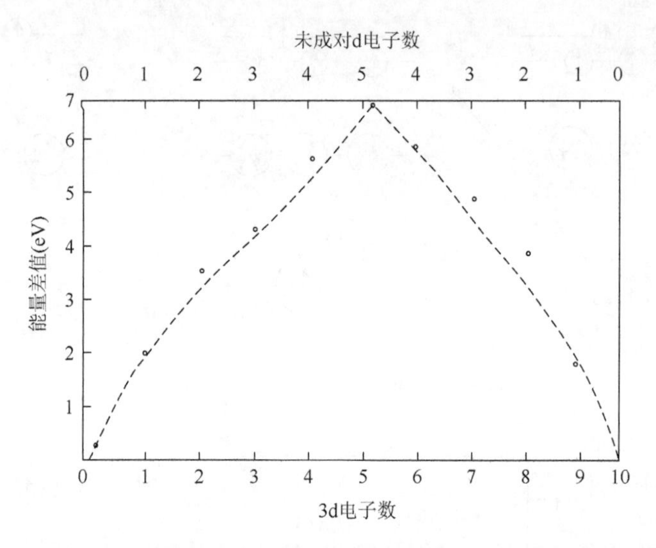

图 8.17　3s 电子多重分裂能量的差值随未配对 d 电子数的变化规律

表 8.3　过渡金属离子 3s 轨道电子电离时多重分裂谱线能量差（XPS 实验值）与配位体离子的电负性关系

化合物	配位体电负性 X	分裂谱线能量差（eV）
CrF_3	3.9	4.2
$CrCl_3$	3.1	3.8
$CrBr_3$	2.9	3.1
Cr_2O_3	3.5	4.1
Cr_2S_3	2.6	3.2
MnF_2	3.9	6.3
MnS	2.6	5.3
MnN	3.0	5.5

续表

化合物	配位体电负性 X	分裂谱线能量差（eV）
FeF_2	3.9	6.0
$FeCl_2$	3.1	5.6
$FeBr_2$	2.9	4.2
$MnBr_2$	2.9	4.8
$MnCl_2$	3.1	6.0
MnO	3.5	5.5

在 XPS 谱图上，通常能够明显出现的是自旋-轨道耦合能级分裂谱线。这类分裂谱线主要有 p 轨道的 $p_{3/2}$、$p_{1/2}$，d 轨道的 $d_{3/2}$、$d_{5/2}$ 和 f 轨道的 $f_{5/2}$、$f_{7/2}$，其裂分能量间距依元素不同而不同。但是，也并非所有的元素都有明显的自旋-轨道耦合裂分谱线，例如，在 XPS 谱图上看不见 B、C、N、F、O、Na、Mg 元素的 p 裂分谱线；Al、Si、P、Cl、S 等元素的 p 裂分谱线能量间距很小，即 $p_{3/2}$、$p_{1/2}$ 之间的距离难以区分，只有使用单色器的谱仪才能看出微小差别，例如图 8.10 中所示的 Si 2p 光电子谱线，由于没有使用单色器，就不能区别出 Si $2p_{3/2}$ 和 Si $2p_{1/2}$，如果使用单色器就会发现二者相差约 1.0 eV；过渡金属元素不但有明显的 $p_{3/2}$、$p_{1/2}$ 裂分谱线，而且裂分的能量间距还因化学状态而异。在通常情况下，自旋-轨道耦合裂分线的相对强度比可用下式表示：

$$I_r = [2\times(l+1/2)+1]/[2\times(l-1/2)+1] \tag{8.8}$$

式中，I_r 为裂分线之间的相对强度比值；l 为角量子数。

因此可得自旋-轨道耦合裂分线的相对强度比 I_r：

$$p_{3/2}/p_{1/2} = 2:1;\quad d_{5/2}/p_{3/2} = 3:2;\quad f_{7/2}/f_{5/2} = 4:3$$

在实际分析样品时，可以根据相对强度比 I_r 及裂分能量间距来鉴别样品中存在的元素。图 8.18 是 Ti 2p 原子自旋-耦合裂分 XPS 谱图，裂分能量间距是 5.7 eV。根据结合能及裂分间距可以认为，涂层玻璃表面的钛主要以 + 4 价的离子形式存在。

5. 能量损失线（energy loss lines）

光电子能量损失线是由于光电子在穿过样品表面时同原子（或分子）之间发生非弹性碰撞、损失能量后谱图上出现的伴峰。

特征能量损失的大小同所分析的样品有关，其能量损失峰的强度取决于样品的特性和穿过样品的电子动能。在气相中，能量损失谱线是以分立峰的形式出现的，其强度与样品气体分压有关，降低样品气体分压可以减少或基本消除气体的特征能量损失效应。在固体中，能量损失谱线的形状比较复杂。对于金属，通常

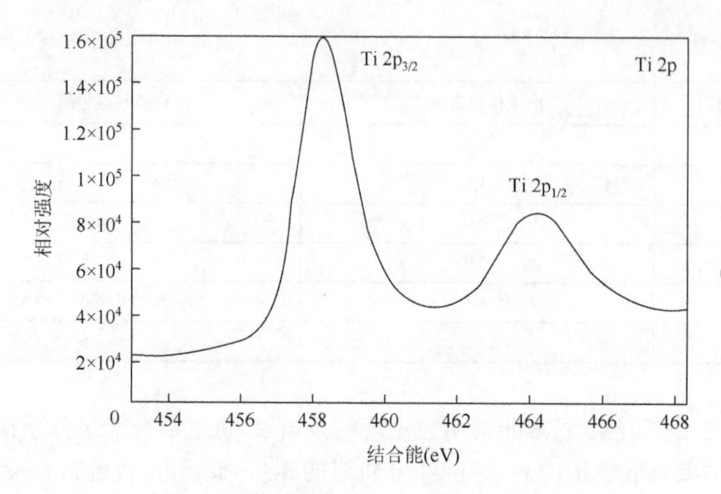

图 8.18　涂层玻璃表面 Ti 2p 的 XPS 谱图

在光电子主峰的低动能端或高结合能端的 5～20 eV 处可观察到主要损失峰，随后在谐波区间出现一系列次级峰；对于非导体，通常看到的是一个拖着长尾巴的拖尾峰，在一定的情况下，给分析谱图增加困难。图 8.19 是金属铝的能量损失谱，金属铝表面已有部分被氧化，激发源是 Al K_{α}。图中分别以 1、2 和 1、2、3、4 表示 Al 2p 和 Al 2s 的能量损失谱，当主光电子线的强度较高时，它的能量损失谱的强度也较高，这时分析谱图时要格外慎重，以免把能量损失谱误作为其他元素的主光电子线，对未知样品的分析更要引起注意。图 8.20 是二氧化硅样品中氧（O 1s）的能量损失峰，它出现在离 O 1s 光电子线的高结合能端 21 eV 处。

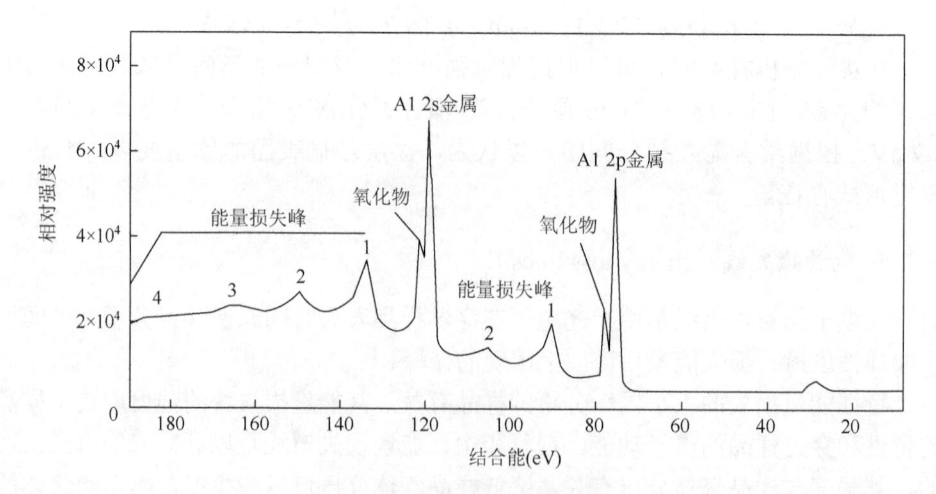

图 8.19　金属铝的 XPS 谱图

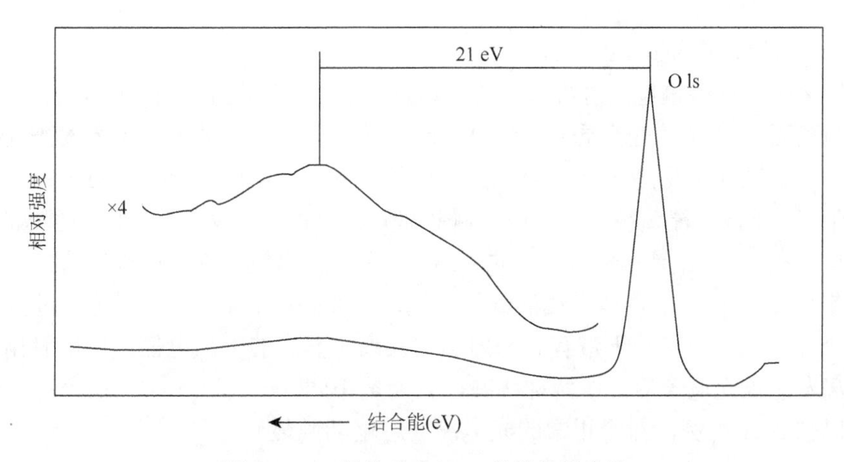

图 8.20　二氧化硅中 O 1s 的能量损失峰

6. 振激线和振离线

在光电发射中，由于内壳层形成空位，原子中心电位发生突然变化将引起价壳层电子的跃迁，这时有两种可能的结果：如果价壳层电子跃迁到更高能级的束缚态，则称之为电子的振激（shake up）；如果价壳层电子跃迁到非束缚的连续状态成了自由电子，则称此过程为电子的振离（shake off）。图 8.21 是 Ne 1s 电子发射时振激和振离过程示意图。

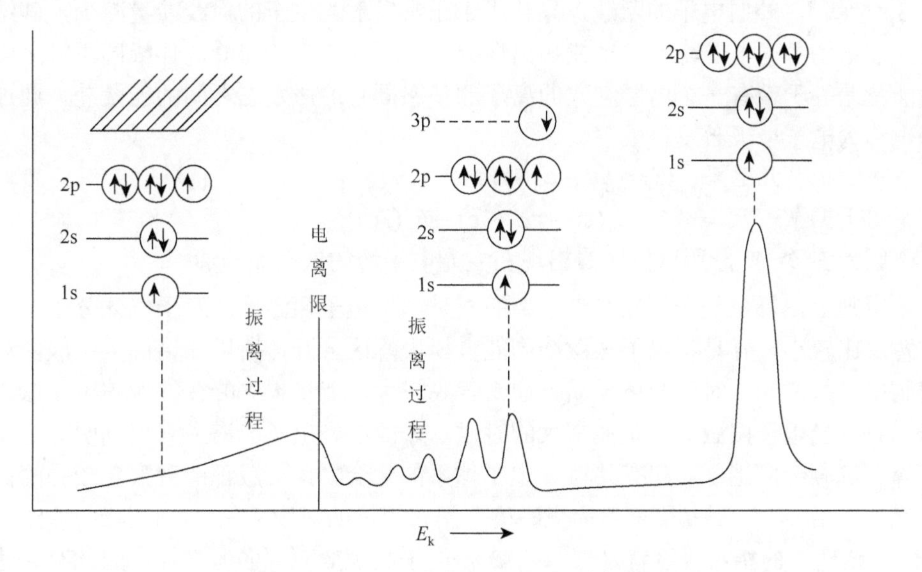

图 8.21　Ne 1s 电子发射时振激和振离过程示意图

1）振离线（shake off lines）

振离是一种多重电离过程（又称单极电离）。当原子的一个内层电子被 X 射线光电离而发射时，由于原子有效电荷的突然变化，一个外层电子激发到连续区（即电离）。这种激发使部分 X 射线光子的能量被原子吸收，显然，对于能量一定的光子，由于部分能量被原子吸收，剩余部分用于正常激发光电子的能量就减小，其结果是在 XPS 谱图主光电子峰的高结合能端（或低动能端）出现平滑的连续谱线（图 8.21），在这条连续谱线的低结合能端（或高动能端）有一陡限，此限同光电子峰之间的能量差等于带有一个内层空穴离子基态的电离电位。可以看出，光致电离发射出光电子后形成两种终态，且能量不同。

以图 8.21 为例，对于正常的光电离（忽略功函数）：

$$E_k(1s) = h\nu - E_b(1s)$$

对于振离：
$$E_k'(1s) = h\nu - [E_b(1s) + E_b(2p)]$$

所以
$$E_k > E_k'$$

因此，振离线出现在主光电子线的低动能端。振离峰的强度一般很弱，往往被仪器噪声掩盖，它实际上只是增加了背底。

2）振激线（shake up lines）

振激是一种与光电离过程同时发生的激发过程，它的产生与振离类似，所不同的是它的价壳层电子跃迁到了更高级的束缚态（如图 8.21 所示，2p 电子跃迁到了 3p 能级）。外层电子的跃迁，导致用于正常发射光电子的射线能量减少，其结果是在谱图主光电子峰的低动能端出现分立（不连续）的伴峰，伴峰同主峰之间的能量差等于带有一个内层空穴的离子的基态同它的激发态之间的能量差。此过程也称为电子单极激发。

对于正常光电离：$E_k = h\nu - E_b(1s)$

对于振激：$E_k' = h\nu - E_b(1s) - [E_b(2p) - E_b(3p)]$

因为 $E_k > E_k'$，所以振激峰出现在主光电子峰的低动能一边。

原则上，每个分子都能在光电离的同时产生电子振激峰。对于气体分子，由于背底比较小，容易将电子振激峰同能量损失峰区分开，所以在谱图上一般能观察到电子振激峰。对于固体样品，通常背底较大，能量损失峰往往遮盖电子振激峰，只有当电子振激的概率非常大的时候，才能在光电子能谱中观察到明显的振激峰。过渡金属化合物和有共轭 π 电子体系的化合物，一般都能观察到较强的振激峰。在用 XPS 研究聚苯乙烯交联度之间有很好的对应关系，C 1s 峰的振激峰（$\pi \rightarrow \pi^*$跃迁）的相对强度就是聚苯乙烯 π 电子共轭效应强弱的表征，因此有人建议用振激峰的相对强度来表征聚苯乙烯的辐射交联度。

对于化学研究来说，振激峰是非常有用的信息，许多化学性质，如顺磁反磁性、键的共价性和离子性、几何构型、自旋密度和配位物中的电荷转移等都与振激峰有密切的关系。有些性质不同的化合物，在主光电子峰的化学位移上未出现不同，而振激峰却有明显的差别，例如，在 Cu、CuO 和 Cu_2O 系列化合物中，由于三者的光电子线的结合能差距不大，即结合能的位移很小，鉴别起来很困难，但是，它们的 Cu $2p_{3/2}$ 和 Cu $2p_{1/2}$ 电子谱线的振激峰却显著不同，见图 8.22。其中 Cu 和 Cu_2O 没有 $2p_{3/2}$ 谱线的振激峰，而 CuO 却有明显的振激峰，这样就可以判断出该系列化合物中是否含有 CuO。但应注意的是，利用这种信息必须谨慎，因为具有相同化学状态的不同化合物并不一定具有类似的振激峰，如 CuO 有而 CuS 没有。一般情况下，顺磁态的离子具有振激峰，因此，常用振激峰的存在与否来鉴别顺磁态化合物的存在与否。

此外，振激和振离都与弛豫过程有关，所以对这两种谱线的研究也能得到有关弛豫现象的信息。

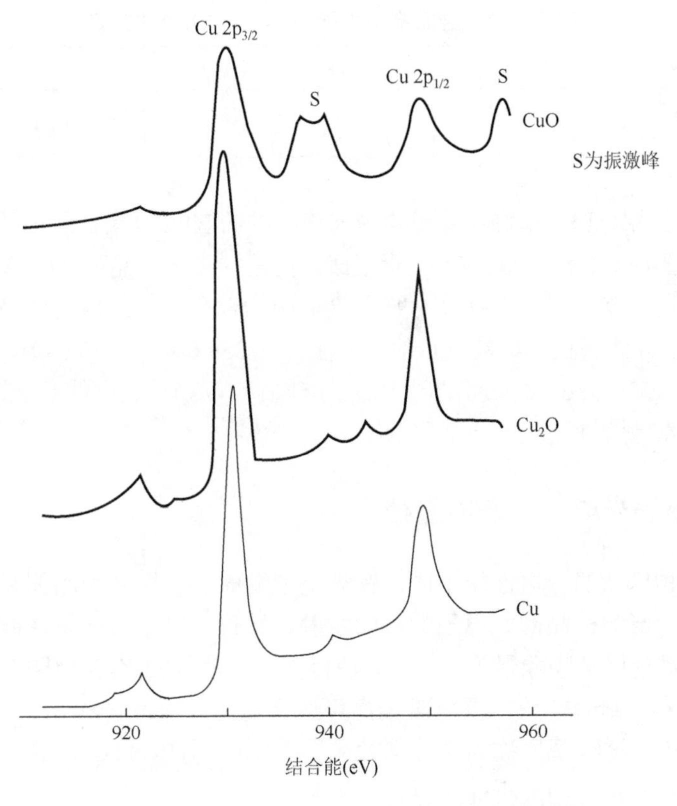

图 8.22　Cu、CuO 和 Cu_2O 的 Cu 2p 的 XPS 谱图

7. “鬼线”（X-ray “ghosts”）

XPS 谱图中有时会出现一些难以解释的光电子线，这时就要考虑该线是否为“鬼线”。“鬼线”的来源主要是由于阳极靶材料不纯，含有微量的杂质，这时 X 射线不仅来自阳极靶材料元素，而且还来自阳极靶材料中的杂质元素。这些杂质元素可能是 Al 阳极靶中的 Mg，或者 Mg 阳极靶中的 Al，或者阳极靶的基底材料 Cu。“鬼线”还有可能起因于 X 射线源的窗口材料——Al 箔，甚至是样品材料中的组成元素，当然，最后的这种可能性是最小的。来自杂质元素的 X 射线同样激发出光电子，这些光电子反映在 XPS 谱图上，出现的就是彼此交错的光电子线，像幽灵一样随机出现，常令人困惑不解。因此，把这种光电子线称为“鬼线”。常见的与主光电子线相伴的鬼线离主线的间距见表 8.4。

表 8.4 “鬼线”离主光电子谱线的能量间距（eV）
（“鬼线”的结合能减去主光电子线的结合能的差值）

杂质 X 射线	O K_α	Cu K_α	Mg K_α	Al K_α
靶材料 Mg	728.7	323.9	—	−233.0
Al	961.7	556.9	233.0	—

图 8.23 是用 Al K_α 作射线源得到的玻璃纤维的 XPS 全谱。从谱图中可见，试样的表面主要由 O、Si、Al、Ca 元素组成。但是，在结合能为 841 eV 和 1087 eV 处的两个峰位却令人困惑不解，对照表 8.4 中的数据可知，这两个峰线是阳极靶的基底材料铜引起的 C 及 O 的“鬼线”（284.6 eV + 556.9 eV = 841.5 eV，1087 eV−531 eV = 556 eV）。谱图中标示为 C(g)和 O(g)。这可能是 XPS 仪使用时间较长，Al 靶剥落而露出 Cu 基底的缘故。

8.3.3 X 射线光电子能谱能量校正

由于各种样品的导电性能不同，在光电子发射后，样品表面都有不同程度的正电荷聚集，影响样品的光电子的继续发射，导致光电子的动能降低，绝缘样品中的光电子动能降低现象最为严重。这使得光电子信号在 XPS 谱图上的结合能偏高，偏离其本征结合能值，严重时偏离可达十几电子伏特（eV），一般情况下都偏高 3～5 eV，这种现象称为“静电效应”，又称“荷电效应”。静电效应还会引起谱线宽化，它是谱图分析的主要误差来源之一。

受静电影响的谱线位置为谱线的表观位置，其能量为表观能量。为了准确无误地标识谱线的真实能量位置，必须检验样品的荷电情况，把静电引起的谱线位移从表观能量中扣除，这一操作称为“谱图能量校正”，又称“扣静电”。

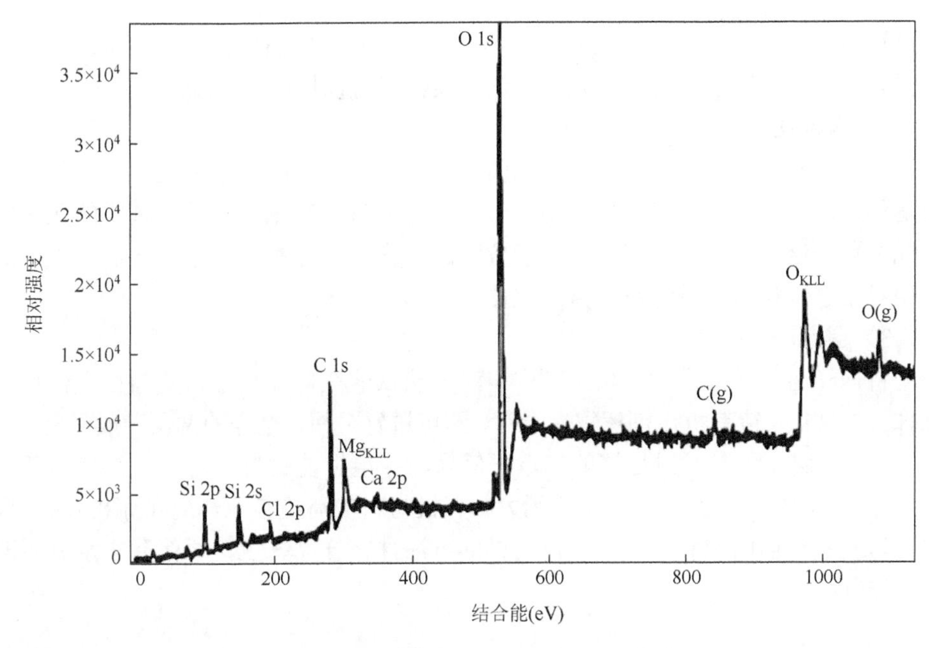

图 8.23　玻璃纤维试样的 XPS 谱图

该现象很少出现，在实验中共发现 16 次，该图是 1998 年的一次实验中出现的

消除电荷的主要方法有消除法和校正法。消除法包括电子中和法和超薄法，校正法有外标法、内标法。外标法主要有污染碳外标法、镀金法、石墨混合法、Ar 气注入法等。各种方法都有利有弊，这里仅就扩散泵油污染 C 1s 外标法、基团内标法、超薄法讨论如下：

1）污染 C 1s 外标法

它是利用谱仪抽真空扩散泵的油含有的碳作为能量校正，该法是目前 XPS 实验室里最常用的方法。对于较厚的绝缘样品，若要采用该法作能量校正，最可靠的方法是把样品放置在 XPS 谱仪分析室内，在 10^{-6} Pa 的低压下，让缓慢出现的泵油挥发物的碳氢污染样品，在数小时内就可均匀地在样品表面上覆盖一层泵油挥发物，直到有明显的 C 1s 信号为止，泵油挥发物的表面电势与样品相同。这种油污染 C 1s 的结合能定为 284.6 eV（文献上报道的还有 285.0 eV 或 284.8 eV 等）。原则上讲，泵油污染的 C 1s 线的结合能应该在消除静电的情况下，在各自的谱仪上准确测定。

样品本体中不含 C 或本体中的 C 与污染 C 的 C 1s 线有较大的化学位移，或者本体 C 的 C 1s 与污染 C 的 C 1s 线完全重合，都可以采用油污染 C 1s 外标法来校正谱线的能量位置。对于那些本体含 C，但本体 C 的 C 1s 线既不和污染 C 1s 重合，又与 C 1s 线没有明显化学位移（比如大量的有机聚合物材料），采用污染 C 1s

线进行谱线能量校正，会导致大的误差。但是，从分析角度讲，有时相对的谱线位置较之绝对的谱线位置更有意义，这时候仍然可以用污染 C 1s 外标法。

2）内标法

有机高分子系列样品常常有共同的基团，这些基团的化学环境不因样品不同而变化，可用该基因在某一样品中的表观能量为参考，来标定其他基团的元素的谱线位置。这种方法特别有利于化学位移的研究。在这种研究中，人们感兴趣的是相对化学位移而不是绝对的谱线位置。

3）超薄法

将试样溶于易挥发的有机溶剂中，滴一滴试液在样品托上，均匀地在样品托上抹一层液层，待有机溶剂挥发完全后，即可进行分析。这样的薄层一般只有 1～2 个分子单层，可以发射足够的光电子信号，导电性能良好。这一方法特别适合于本体 C 1s 与污染 C 1s 化学位移不大的有机材料的荷电校正。对于无机化合物，也可以制备它们的饱和水溶液，以同样的方法抹在样品托上，烘烤除去水分后即可进样分析。

8.3.4　X 射线光电子能谱定性分析

X 射线光电子能谱是一种非破坏性的分析方法，当用于固体样品定性分析时，是一种表面分析方法，它的绝对灵敏度达 10^{-18} g 时，仪器就有感应；但是，由于仪器噪声等的影响，这微弱的感应信号往往被淹没，使仪器难以区分噪声与信号，一般只考虑它的相对灵敏度。但是，由于仪器噪声等多方面的影响，它的相对灵敏度也并不是太高，一般只有 0.1%左右。因此，XPS 只是一种很好的微量分析技术，对痕量分析效果较差。它除了能对许多元素进行定性分析以外，也可以进行定量或半定量分析，特别适合分析原子的价态和化合物的结构。它是最有效的元素定性分析方法之一，原则上可以鉴定元素周期表上除氢以外的所有元素。由于各种元素都有它特征的电子结合能，因此在能谱中就出现特征谱线。即使是周期表中相邻的元素，它们的同种能级的电子结合能相差也相当大，所以我们可以根据谱线位置来鉴定元素种类。分析步骤一般如下：

定性分析就是当用 X 射线光电子能谱仪得到一张 XPS 谱图后，依据前面所述的元素的光电子线、俄歇线的特征能量值及其他伴线的特征来标示谱图，找出每条谱线的归属，从而达到定性分析的目的。

（1）利用污染碳的 C 1s 或其他的方法扣除荷电。

（2）首先标识那些总是出现的谱线，如 C 1s、C_{KLL}、O 1s、O_{KLL}、O 2s、X 射线卫星峰和能量损失线等。

（3）利用表 8.5 中的结合能数值标识谱图中最强的、代表样品中主体元素的强光电子谱线，并且与元素内层电子结合能标准值仔细核对，并找出与此相匹配的其他弱光电子线和俄歇线群，要特别注意某些谱线可能来自更强光电子线的干扰。

（4）最后标识余下的较弱的谱线，其标识方法同上所述。在标识它们之前，应首先想到它们可能来自微量元素或杂质元素的信号，也可能来自强的谱线的 K_{β} X 射线等卫星峰的干扰。

（5）对那些经反复核实都没有归属的谱线，应想到它们可能是“鬼线”，应用表 8.4 进行核实。

（6）当发现一个元素的强光电子线被另一元素的俄歇线干扰时，应采用换靶的方法，在以结合能为横坐标的 XPS 谱图里，把产生干扰的俄歇线移开，达到消除干扰的目的，以利于谱线的定性标识。

表 8.5　电子结合能（eV）

元素	原子序数	电子轨道能级											
		1s	2s	$2p_{1/2}$	$2p_{3/2}$	3s	$3p_{1/2}$	$3p_{3/2}$	$3d_{3/2}$	$3d_{5/2}$	4s	$4p_{1/2}$	$4p_{3/2}$
Li	3	56											
Be	4	113											
B	5	119											
C	6	287											
N	7	402											
O	8	531	23										
F	9	686	30										
Ne	10	863	41	14									
Na	11	1072	64	31									
Mg	12	1305	90	51									
Al	13		119	74									
Si	14		153	103	102								
P	15		191	134	133	14							
S	16		229	166	165	17							
Cl	17		270	201	199	17							
Ar	18		319	243	241	22							
K	19		378	296	293	33	17						
Ca	20		439	350	347	44	25						
Sc	21		501	407	402	53	31						
Ti	22		565	464	458	62	37						
V	23		630	523	515	69	40						

续表

元素	原子序数	电子轨道能级											
		1s	2s	$2p_{1/2}$	$2p_{3/2}$	3s	$3p_{1/2}$	$3p_{3/2}$	$3d_{3/2}$	$3d_{5/2}$	4s	$4p_{1/2}$	$4p_{3/2}$
Cr	24		698	586	577	77	46	45					
Mn	25		770	652	641	83	49	48					
Fe	26		847	723	710	93	56	55					
Co	27		927	796	781	103	63	61					
Ni	28		1009	873	855	112	69	67					
Cu	29		1098	954	934	124	79	77					
Zn	30		1196	1045	1022	140	92	89	10				
Ga	31		1299	1144	1117	160	108	105	20				
Ge	32			1250	1219	184	128	124	32	31			
As	33				1326	207	148	143	43	44			
Se	34					232	169	163	58	57			
Br	35					256	189	182	70	69			
Kr	36					287	216	208	89	88	22		
Rb	37					322	247	238	111	110	29		14
Sr	38					358	280	269	135	133	37		20
Y	39					395	313	301	160	158	45		25
Zr	40					431	345	331	183	181	51		29
Nb	41					470	379	364	209	206	59	35	
Mo	42					508	413	396	233	230	65	38	
Tc	43					544	445	425	257	253	68	39	
Ru	44					587	485	463	286	282	77		45
Rh	45					629	522	498	314	309	83		49
Pd	46					673	561	534	342	337	88		54
Ag	47					718	604	573	374	368	97		58

元素	原子序数	电子轨道能级																			
		3s	$3p_{1/2}$	$3p_{3/2}$	$3d_{3/2}$	$3d_{5/2}$	4s	$4p_{1/2}$	$4p_{3/2}$	$4d_{3/2}$	$4d_{5/2}$	$4f_{5/2}$	$4f_{7/2}$	5s	$5p_{1/2}$	$5p_{3/2}$	$5d_{3/2}$	$5d_{5/2}$	6s	$6p_{1/2}$	$6p_{3/2}$
Cd	48	772	652	618	412	405	109		68		11										
In	49	828	704	666	453	445	123		79		19										
Sn	50	884	757	715	494	486	137		91	26			25								
Sb	51	946	814	768	539	530	155		105	35			34								
Te	52	1009	873	822	585	575	171		114	44			43	14							
I	53	1071	930	874	630	619	186		123	52			50	16							
Xe	54	1144	997	936	685	672	209		141	65			63	19							

续表

元素	原子序数	电子轨道能级																			
		3s	$3p_{1/2}$	$3p_{3/2}$	$3d_{3/2}$	$3d_{5/2}$	4s	$4p_{1/2}$	$4p_{3/2}$	$4d_{3/2}$	$4d_{5/2}$	$4f_{5/2}$	$4f_{7/2}$	5s	$5p_{1/2}$	$5p_{3/2}$	$5d_{3/2}$	$5d_{5/2}$	6s	$6p_{1/2}$	$6p_{3/2}$
Cs	55		1064	997	738	724	230	170	158	77			75	24							
Ba	56		1137	1062	795	780	254	192	179	92			90	23							
La	57			1126	851	834	274	210	195	104			101	34		17					
Ce	58			1184	900	882	290	222	207	112			108	37		18					
Pr	59				950	930	305	237	218		114			38		20					
Nd	60				1001	980	318	248	227		120			38		23					
Pm	61				1060	1034	337	264	242		129			38		22					
Sm	62				1110	1083	349	283	250		132			41		20					
Eu	63				1166	1136	366	289	261		136			34		24					
Gd	64					1186	380	301	270		141			36		21					
Tb	65						398	317	284		150			42		28					
Dy	66						412	329	293		154			63		26					
Ho	67						431	345	306		161			51		20					
Er	68						451	362	320		169			61		25					
Tm	69						470	378	333		180			54	32	26					
Yb	70						483	392	342	194			185	55	33	26					
Lu	71						507	412	359	207			197	58	34	27					
Hf	72						537	437	382	224	213	19	17	64	37	30					
Ta	73						566	464	403	241	229	27	25	71	45	37					
W	74						594	491	425	257	245	36	34	77	47	37					
Re	75						628	521	449	277	263	45	43	81	44	33					
Os	76						657	549	475	294	279	55	52	86	60	48					
Ir	77						692	579	497	313	297	65	62	98	65	53					
Pt	78						726	610	521	333	316	76	73	105	69	54					
Au	79						763	643	547	354	336	89	85	110	75	57					
Hg	80						803	681	577	379	359	104	100	127	84	65					
Tl	81						845	721	608	406	385	122	118	137	100	76	15	13			
Pb	82						893	762	645	435	431	143	138	148	107	84	22	19			
Bi	83						942	807	681	467	443	164	159	161	120	94	29	26			
Th	90							1168	968	714	677	344	335	290	226	179	94	87	43	26	18
U	92								1046	781	739	391	380	325	262	197	104	96	46	29	19
Np	93								1086	816	771	414	402			206		101		29	18

续表

元素	原子序数	电子轨道能级																			
		3s	$3p_{1/2}$	$3p_{3/2}$	$3d_{3/2}$	$3d_{5/2}$	4s	$4p_{1/2}$	$4p_{3/2}$	$4d_{3/2}$	$4d_{5/2}$	$4f_{5/2}$	$4f_{7/2}$	5s	$5p_{1/2}$	$5p_{3/2}$	$5d_{3/2}$	$5d_{5/2}$	6s	$6p_{1/2}$	$6p_{3/2}$
Pu	94								1121	850	802	439	427			216		105		31	18
Am	95									883	832	463	449	351		216	119	109		31	18
Cm	96									919	865	487	473			232		113		32	18
Bk	97									958	901	514	498			246		120		34	18
Cf	98									994	933	541	523					124		35	19

注：方框内的能级产生于该元素最强的 XPS 谱线

8.3.5 X 射线光电子能谱定量分析

XPS 定量分析的关键是如何把所观测到的谱线的强度信号转变成元素的含量，即将峰的面积转变成相应元素的浓度。通常，光电子强度的大小主要取决于样品中所测元素的含量（或相对浓度）。因此，通过测量光电子的强度就可进行 XPS 定量分析。但在实验中发现，直接用谱线的强度进行定量，所得到的结果误差较大。这是由于不同元素的原子或同一原子不同壳层上的电子的光电截面是不一样的，被光子照射后产生光电离的概率不同。即有的电子对光照敏感，有的电子对光照不敏感，敏感的光电子信号强，反之则弱。所以，不能直接用谱线的强度进行定量。目前一般采用元素灵敏度因子法定量。

1. 元素灵敏度因子法

元素灵敏度因子法也叫原子灵敏度因子法，它是一种半经验性的相对定量方法。对于单相、均一、无限厚的固体表面，从光电发射物理过程出发，可导出谱限强度的计算公式如下：

$$I = f_0 \rho A_0 Q \lambda_e \phi y D \tag{8.9}$$

式中，I 为检测到的某元素特征谱线所对应的强度（cps）；f_0 为 X 射线强度，它表示每平方厘米样品表面上每秒所碰撞的光子数，光子数/($cm^2 \cdot s$)；ρ 为被测元素的原子密度，原子数/cm^3；Q 为待测谱线对应轨道的光电离截面，cm^2；A_0 为被测试样有效面积，cm^2；λ_e 为试样中电子的逸出深度，cm；ϕ 为考虑入射光和出射光电子间夹角变化影响的校正因子；y 为形成特定能量光电过程效率；D 为能量分析器对发射电子的检测效率。

由式（8.9）得：

$$\rho = I / (f_0 A_0 Q \lambda_e \phi y D) = I / S \tag{8.10}$$

式中，$S = f_0 A_0 Q \lambda_e \phi y D$，定义为元素灵敏度因子或标准谱线强度，它可用适当的方法加以计算，一般通过实验测定。这样，对某一固体试样中两个元素 1、2，如已知它们的灵敏度因子 S_1 和 S_2，并测出二者各自特定正常光电子能量的谱线强度 I_1 和 I_2，则它们的原子密度之比为：

$$\rho_1 / \rho_2 = (I_1 / S_1) / (I_2 / S_2) \tag{8.11}$$

在同一台谱仪中，处于不同试样中的元素灵敏度因子 S 是不同的。但是，如果 S 中的各有关因子 Q、λ_e、y、D 等对不同试样有相同的变化规律，即随光电子动能变化它们改变相等的倍数，这时 S_1/S_2 比值将保持不变。在选定某个元素的 S 值作为标准并定为 1 个单位后，便可求得其他元素的相对 S 值，并且 S 值同材料基体性质无关。目前发表的有关元素的 S 值，一般均是以氟 F 1s 轨道电子谱线的灵敏度因子为 1 定出的。由式（8.11）可写出样品中某个元素所占有的原子分数：

$$C_x = \rho_x / \left(\sum \rho_i\right) = (I_x / S_x) / \left(\sum I_i / S_i\right) \tag{8.12}$$

因此，有了灵敏度因子数据表，利用式（8.12）就可以进行相对定量。只要测量出样品中各元素的某一光电子线的强度，再分别除以它们各自的灵敏度因子，就可利用式（8.12）进行相对定量，得到的结果是原子比或原子百分含量。大多数元素都可以用这种方法得到较好的半定量结果。

这里需要说明的是：由于元素灵敏度因子 S 概括了影响谱线强度的多种因素，因此不论是理论计算还是实验测定，其数值是不可能很准确的。

2. 谱线强度的测定

用 XPS 作定量分析时所测量的光电子线的强度，反映在谱图上就是峰面积。图 8.24 是典型的光电子线，现将有关术语说明如下：①峰高（H），垂直于底线的从峰顶到基线的直线（EF）。②半峰宽（full width of half maximum，FWHM），峰高一半处与基线平行的峰宽度（CD）。③峰面积（A），由谱线与相切基线所围成的面积（$ACEDB$）。

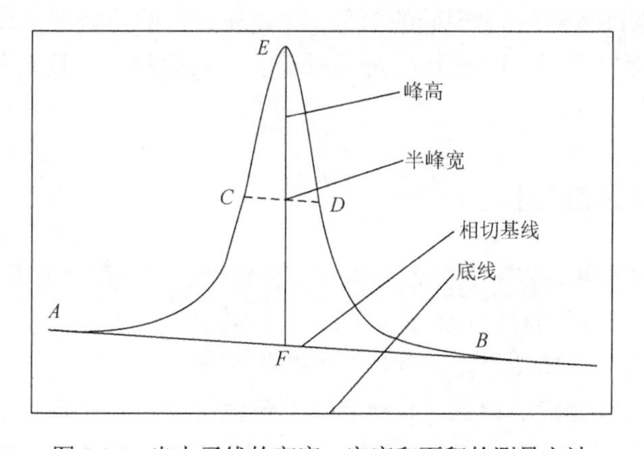

图 8.24　光电子线的高度、宽度和面积的测量方法

测量峰面积的方法有：①几何作图法，适用于比较对称的峰型，峰面积 = 峰高×半峰宽（$A = H \times \mathrm{FWHM}$）。②称重法，把谱线打印在相对均质的纸上，沿谱线 *ACEDBFA* 仔细剪下，用天平称量，用此质量表示强度。③机械积分法，用于对称或不对称，甚至严重拖尾的谱峰。④电子计算机，适用于各种峰型，对于交叠峰也可以通过分封、拟合的办法达到分开的目的。目前，XPS 实验室里主要就是用计算机进行定量。

需要说明的是，准确地测量峰面积是减小定量误差的一个重要方面。由于谱线强度测定的不准确和 X 射线通量的不稳定，可能引起一定的误差。一般情况下，由于仪器噪声等背底信号的影响，要求参加定量的元素的相对含量应大于 0.1%（原子分数）。

8.4 X 射线光电子能谱分析法应用

8.4.1 表面元素全分析

在进行 XPS 分析时，一般先要对表面作一全分析，即取全谱（整谱），以便了解样品表面含有的元素组成，考察谱线之间是否存在相互干扰，并为取窄区谱（高分辨谱）提供能量设置范围作依据。全分析实质上就是根据能量校正后的结合能的值，与标准数据或标准谱线对照，找出谱图上各条谱线的归属，谱图上一般只标示出光电子线和俄歇线，其他的伴线只用来作为分析时的参考。目前实验室里一般使用美国 PHI 公司发表的 *Hand Book of X-ray Photoelectron Spectroscopy* 作为标准。图 8.25 是用溶胶-凝胶法在玻璃表面涂敷二氧化钛膜试样的 XPS 全谱，结果表明，试样表面除有钛、氧元素外，还有玻璃中的硅元素；硅元素的存在可能有两方面的原因：一是涂层太薄，小于 10 mm，使基体硅元素的光电子逃逸出表面，从而在 XPS 谱图上出现硅的信号；二是在一定的热处理条件下涂层向玻璃基体扩散使得涂层变薄；谱图上 C 1s 的来源有两条途径，一是来自溶胶，二是谱仪中的油污染碳。

8.4.2 元素窄区谱分析

元素窄区谱分析，也称为分谱分析或高分辨谱分析，在仪器设置分析参数时，与全谱相比，它的扫描时间长、通过能小、扫描步长也小，扫描区间在几十电子伏特内。根据全分析谱图设定元素窄区谱扫描范围，只要能包括待测元素的能量范围，又没有其他元素的谱图干扰就行。一般情况下，元素窄区谱的能量范围以强光电子线为主。元素窄区谱分析，可以得到谱线的精细结构，这也是 XPS 分析

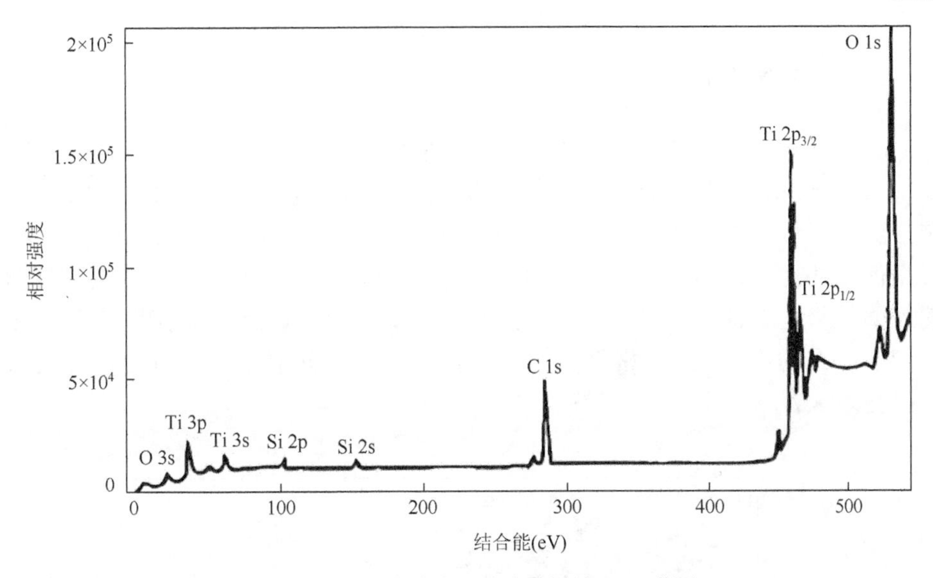

图 8.25　二氧化钛涂层玻璃试样的 XPS 谱图

的主要工作之一，另外，在定量分析时最好也用窄区谱，这样得到的定量数据结果的误差会小一些。

1. 离子价态分析

图 8.26 是铜红玻璃的着色机理。为了得到正确的结果，预先测试了 CuO 和 Cu Cl 试剂中 Cu 2p 的 XPS 谱图。从图 8.26 的结果可见，铜红玻璃试样的 Cu 2p 谱线与 Cu Cl 的 Cu 2p 谱线相比，除谱线强度较低外，形状相似；再与 CuO 的 Cu 2p 谱线比较，发现二者差距较大，CuO 试剂的 Cu 2p 谱线有明显的振激峰，而铜红玻璃试样的 Cu 2p 谱线没有振激峰，因此，结合材料学知识可判定该试样中的铜离子以 + 1 价的形式存在。

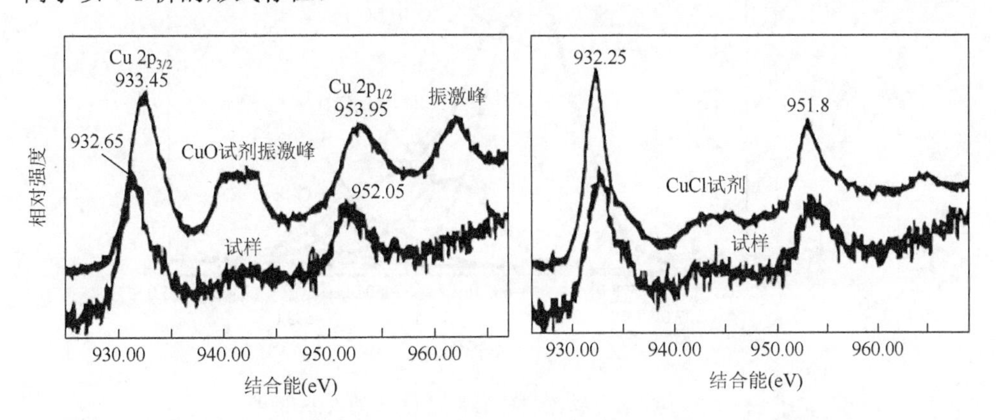

图 8.26　铜红玻璃试样、CuO 和 CuCl 试剂中 Cu 2p 的 XPS 谱图

2. 元素不同离子价态比例

图 8.27 是玻璃表面二氧化钛涂层的 Ti 2p 的高分辨 XPS 谱，谱线经过计算机数据处理，并把谱线拟合，谱图中的虚线为拟合线。每一拟合的谱线对应一钛离子的不同价态，每一拟合谱线的峰面积即对应某一钛离子的强度，根据面积的比值，就可得到不同钛离子的比值，结果见表 8.6。图 8.28 是玻璃表面二氧化钛涂层中 O 1s 的高分辨 XPS 谱，同样也经过计算机数据处理，得到氧存在的不同状态，根据文献资料把每一状态分别归于各自的结合状态，结果见表 8.7。

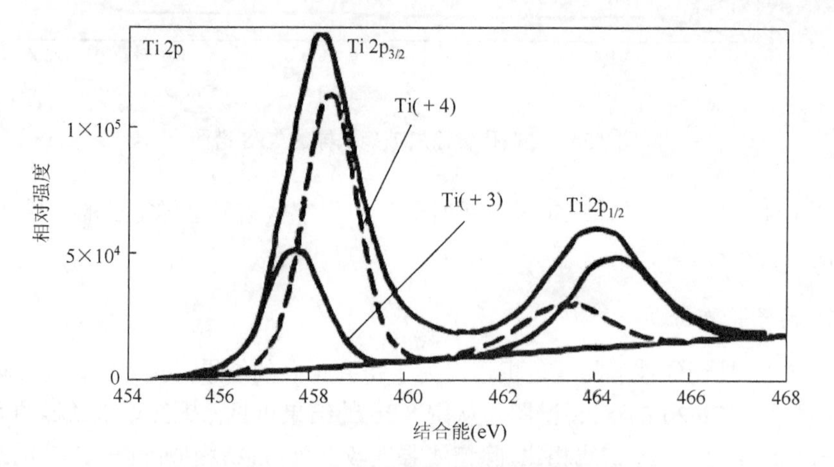

图 8.27 二氧化钛涂层玻璃表面 Ti 2p 的 XPS 谱图

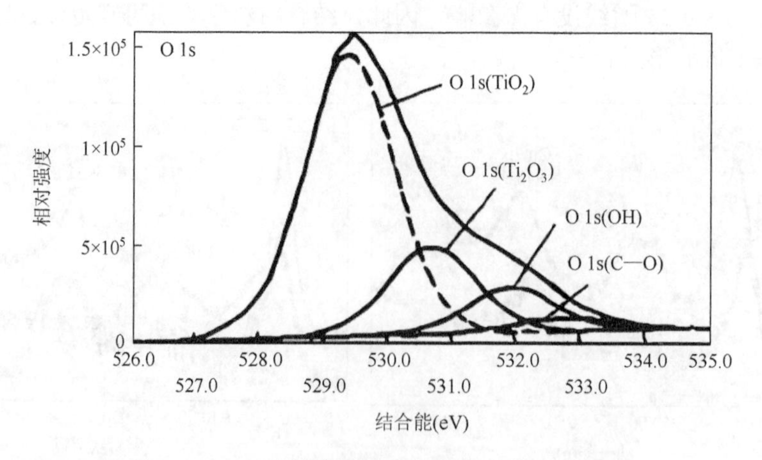

图 8.28 二氧化钛涂层玻璃表面 O1 s 的 XPS 谱图

表 8.6　钛离子不同状态的结合能和相对含量

钛离子价态	结合能峰位（$2p_{3/2}$）（eV）	相对原子含量（%）
+4	458.45	67.79
+3	457.7	32.21

表 8.7　氧离子不同状态对应的结合状态及相对含量

氧离子峰位（eV）	529.40	530.70	531.90	532.80
相对原子含量（%）	65.74	20.37	10.65	3.24
对应的结合状态	TiO_2	Ti_2O_3	OH	碳酸根

3. 材料表面不同元素之间的定量

在制作材料时，有时会由于工艺的不同而导致最终化合物中各元素的比例与设计时的不相吻合。因此，往往需要测试最终化合物中各元素的比例，特别是对易挥发性的原料更是如此，以便改变工艺，比如在配料时多加一些易挥发的成分。在定量时，先取各元素的窄区谱，然后根据各自的峰面积，利用灵敏度因子定量，这些工作都可由计算机完成。图 8.29、图 8.30 和图 8.31 就是为了确定某一功能陶瓷薄膜中 Ti/Pb/La 的比值而得到的各自的窄区谱，定量结果见表 8.8。

表 8.8　功能陶瓷 Ti、Pb 和 La 的相对原子含量

元素	谱线	结合能（eV）	峰面积	灵敏度因子	相对原子含量（%）
Ti	Ti $2p_{3/2}$	458.05	469591	1.10	37.65
Pb	Pb $4f_{7/2}$	138.10	1577010	2.55	54.55
La	La $3d_{5/2}$	834.20	592352	6.7	7.80

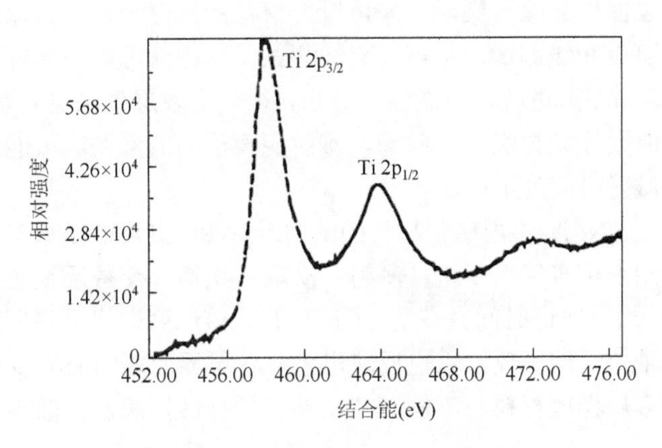

图 8.29　功能陶瓷中 Ti 2p 的 XPS 谱图

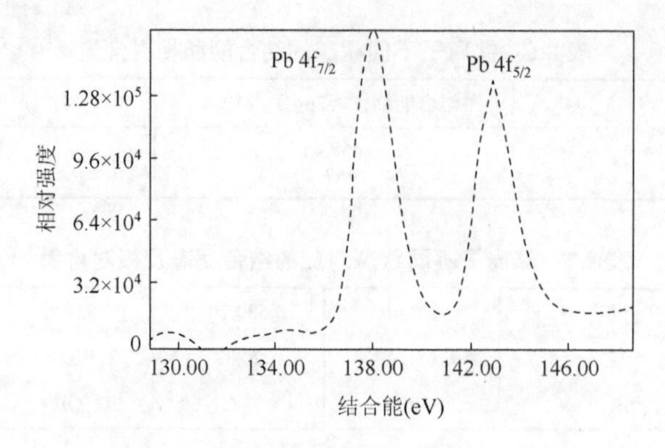

图 8.30 功能陶瓷中 Pb 4f 的 XPS 谱图

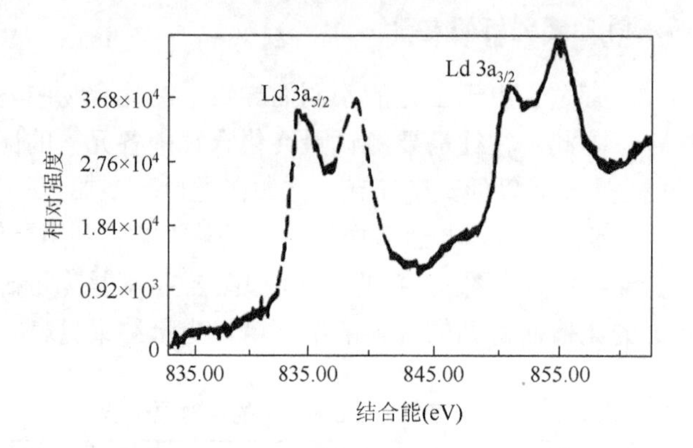

图 8.31 功能陶瓷中 La 3d 的 XPS 谱图

4. 深度分析

XPS 只能用于表层分析，但是，目前的仪器都附带一个离子枪，其目的一是用来清洗材料表面以去除污染，二来可以做材料的深度分析。其原理就是用离子枪打击表面，可以在线测试，也可以离线测试，这样就可以不断打击出新的下表面，连续测试、循序渐进就可以做深度分析，得到沿表层到深层元素的浓度分布。在做深度分析时要注意择优溅射问题，溅射源离子的能量要尽可能小。深度的尺寸变化一般用溅射时间为坐标。

图 8.32 是 Co-Ni-Al 多层磁带材料的结构示意图，图 8.33 是该多层磁带的 XPS 深度分析。采用小束斑氩离子枪，溅射一次取一次谱，交替反复进行，总溅射时间为 450 min，加上取谱时间共花费 36 h 左右。该深度谱线反映出的元素浓度变化基本上与磁带的结构一致，它也反映出了在各层界面之间的浓度变化。XPS 深度分析可用于多层梯度材料在不同工艺条件下的扩散情况及扩散界面处元素的价态变化。

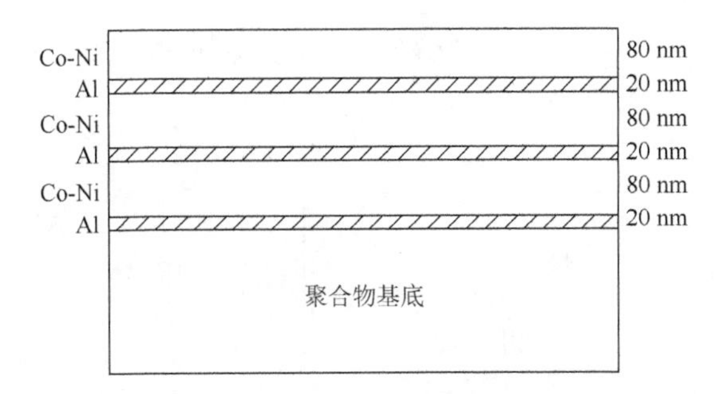

图 8.32　多层磁带材料的结构示意图

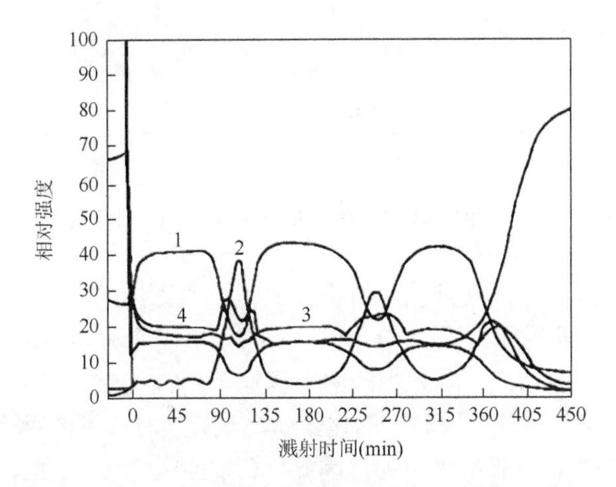

图 8.33　多层磁带材料的 XPS 选区深度分布曲线（Mg $K_α$）

1-Co；2-Al；3-C；4-O

5. 高分子结构分析

1）光降解作用

由于白色垃圾日益增多，科学家们正在寻找一些有效的方法来降解这些白色垃圾，光降解是其中的方法之一。通过对光降解作用的研究，可以了解高聚物在光化学反应中的变化情况及性质。图 8.34 是光照前聚丙烯酸甲酯的 C 1s 和 O 1s 的 XPS 谱图。C 1s 由三个峰组成，分别代表

$$\begin{array}{c} —{}^{a}CH_2—{}^{b}CH— \\ \quad\quad\quad | \\ \quad\quad\quad C^{c}—O^{m} \\ \quad\quad\quad | \\ \quad\quad\quad C^{n}—{}^{d}CH_3 \end{array}$$

单元中的 $C^{a,b}$（$C^{a}1s≈C^{b}1s$）、C^{d} 和 C^{c} 三种结构，它们分别对应的结合能值是 284.8 eV、286.4 eV 和 288.6 eV。O 1s 是由羰基氧（O^{m}）和酯基氧（O^{n}）组成，它们的结合能分别是 532.4 eV 和 533.9 eV。聚丙烯酸甲酯在大气和惰性气氛下，经紫外线照射后，

它的 XPS 谱图没有明显的变化。该结果说明，紫外线对聚丙烯酸甲酯的降解作用不大。

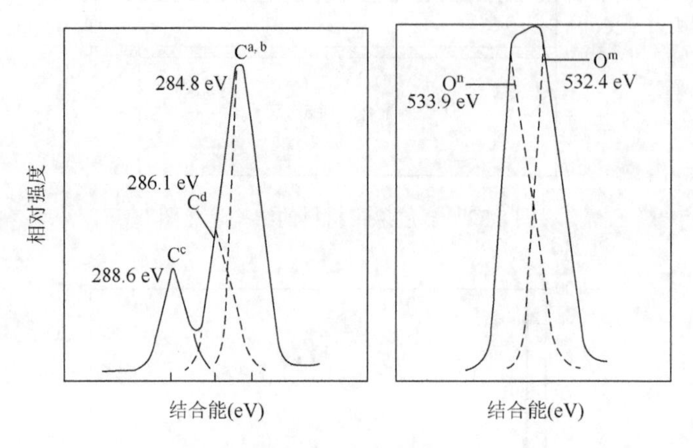

图 8.34 聚丙烯酸甲酯的 C 1s 和 O 1s 的 XPS 谱图

图 8.35 是经不同时间紫外线照射下，聚偏二氯乙烯的 C 1s、O 1s 和 Cl 2p 的 XPS 谱图。未照紫外线前（图 8.35a 谱线），C1 s 由两个强度等同的峰组成，二者分别对应于—C^eH_2—C^fCl_2—单元中的两个碳原子，C^e 的结合能为 286.1 eV，C^f 的结合能为 288.2 eV。尽管 C^e 和 C^a 的化学状态均是 CH_2，但在聚偏二氯乙烯中，由于—CCl_2—对 C^e 有较强的吸引力，因此，C^e 的结合能比 C^a 的高。由图 8.35 中

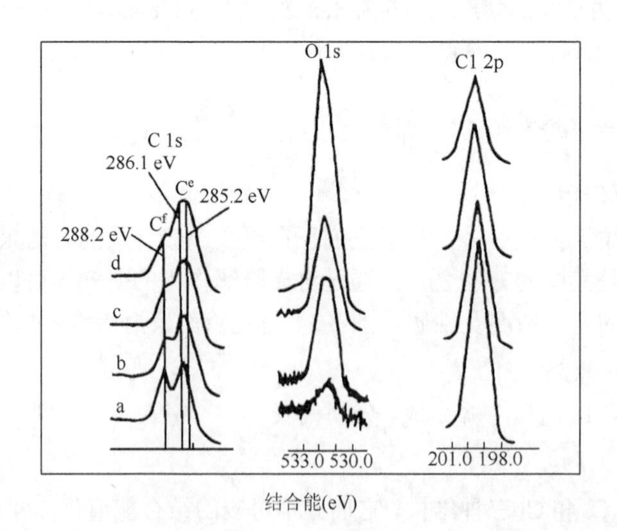

图 8.35 聚偏二氯乙烯的 C 1s、O 1s 和 Cl 2p 的 XPS 谱图

在大气中紫外线照射时间：a，$t = 0$ min；b，$t = 5$ min；c，$t = 15$ min；d，$t = 60$ min

谱线 a～d 可知，随着光照时间的增加，C^f 峰的强度递减，最后仅为一小肩峰；C^e 与 Cl 2p 的相对峰高比由 0.4（$t = 0$ min）增至 1.1（$t = 60$ min）；C^e 峰的结合能由原来的 286.1 eV 移至 285.2 eV，这表明在紫外线照射下，$—CCl_2—$结构中的 C—Cl 键发生断裂，从而使 C^e 的结合能减小；再观察 O 1s 可知，随着光照时间的增加，O 1s 的强度递增，这表明在光降解的同时还存在着光氧化反应。

当偏二氯乙烯与丙烯酸甲酯聚合为偏二氯乙烯-丙烯酸甲酯共聚物后，根据聚丙烯酸甲酯和聚偏二氯乙烯的分子结构，它们共聚物的 XPS 谱图中 C 1s 至少应有 4 个峰，即 $C^{a,b}$、C^d+C^e、C^f 和 C^c，它们的结合能应分别位于 284.8 eV、286.1 eV、288.2 eV 和 288.6 eV，但实际上共聚物的 C 1s 谱线中只有 C'和 C''两个主峰，分别位于 285.3 eV 和 288.2 eV 处，见图 8.36。这是由于这几种碳的化学位移较小，$C^{a,b}$、C^d 和 C^e 相互交叠成 C'峰，C^f 和 C^c 相互交叠成 C''峰。O 1s 由两个相互叠加的 O^m 和 O^n 组成，与聚丙烯酸甲酯的 O 1s 峰（图 8.34）相比，O^m 强于 O^n，这可能是表面被部分氧化的结果。从图 8.36b～e 谱线可见，C''峰和 Cl 2p 峰强度随光照时间的递增而递减，这同样可从 C—Cl 键断裂使$—CCl_2—$单元减少得到解释，即从 C^f 减少得到解释。增加光照时间，随着$—CCl_2—$结构减少，图 8.36 共聚物的 C 1s 谱图与图 8.34 类似，可以认为由于光照的缘故，共聚物的表面富集着聚丙烯酸甲酯。

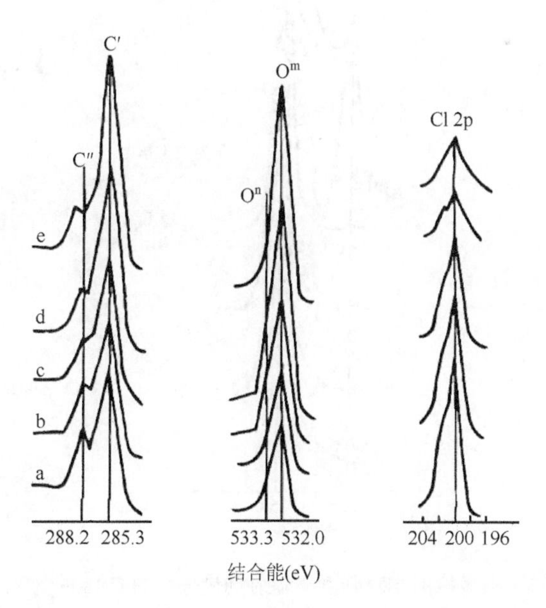

图 8.36　共聚物的 C 1s、O 1s 和 Cl 2p 的 XPS 谱图

2）辐射交联

对于仅有碳和氢两种元素组成的各种有机化合物来说，单纯用 XPS 来鉴别彼

此间的差异是比较困难的。但是，在芳香族化合物中，由于芳环中存在着共轭 π 电子体系，当碳原子的内层光电子发射时，价电子的电位受到突然改变会向更高未占有的空轨道跃迁，即 $\pi\rightarrow\pi^*$跃迁。这种 $\pi\rightarrow\pi^*$跃迁在 XPS 的谱图上的表现就是在样品的 C 1s 主光电子线的高结合能端（约 6～7 eV）出现振激峰。图 8.37 是聚苯乙烯在高能射线作用下的交联过程中，振激峰的相对强度随辐射剂量变化的关系。从图中可见，辐射剂量增加，振激峰的相对强度明显下降。因此，振激峰相对强度的大小能够反映出辐射交联程度，它实际上表征的是 π 电子共轭效应的强弱。当交联体系的 π 电子共轭效应减弱，相应的振激峰强度就下降，交联度就高。因此，可以用振激峰相对强度的大小来表征聚苯乙烯的交联度。

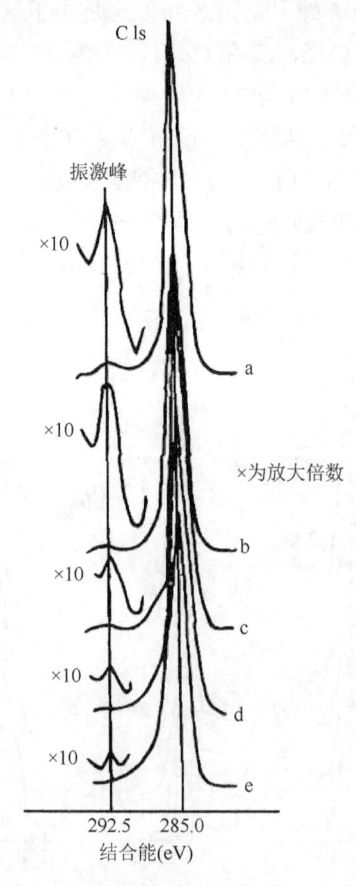

图 8.37　振激峰的相对强度与辐射剂量关系的 C 1s 的 XPS 谱图

辐射剂量（Sv）：a，0；b，46.38；c，85.11；d，140.76；e，259.7

3）有机物界面反应

连续玻璃纤维增强聚丙烯复合材料具有优良的性能，一般认为这是由于以化学键结合在玻璃纤维上的硅烷可与基体中接枝聚丙烯分子链上的极性基团发生界面反应的缘故。然而，这一观点一直缺少直接的实验证据。图 8.38 是化学键接在玻璃纤维表面的氨基硅烷与马来酸酐接枝聚丙烯间的界面化学反应前后的 N 1s 的 XPS 研究结果，试样以二甲苯为溶剂于索氏萃取器中连接萃取 72 h，残留的玻璃纤维作为 XPS 分析试样。从图中可见，反应前的玻璃纤维表面的氨基硅烷中的 N 1s 存在三个状态（谱图中拟合虚线），当玻璃纤维表面的氨基硅烷与马来酸酐接枝聚丙烯在一定的工艺条件下进行界面化学反应后，氨基硅烷中的 N 1s 存在四个状态（谱图中拟合虚线所示）。反应后在 401.9 eV 处出现了新峰，从结合能值上可以认为，这一新峰应归属于接枝于聚丙烯分子链上的马来酸酐与玻璃纤维表面上化学键接的氨基硅烷按下式反应所生成的反应产物中酰胺基的 N 1s 峰，这一结果说明氨基硅烷与马来酸酐发生了界面化学反应。N 1s 的 XPS 谱图中各拟合谱线所属化学状态见表 8.9。

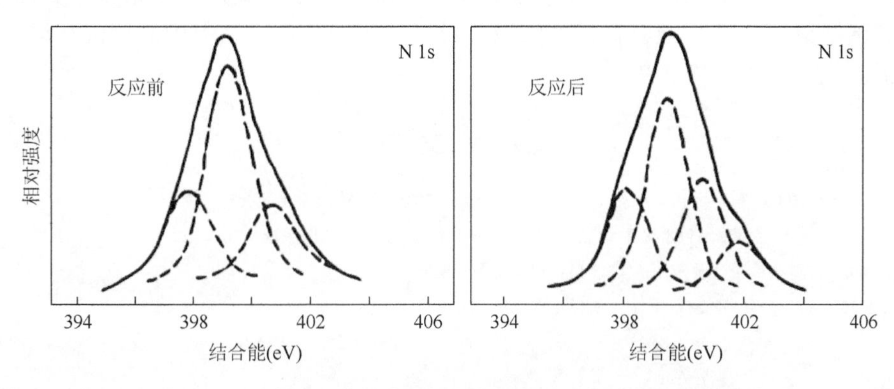

图 8.38　二甲苯萃取后残留玻璃纤维中 N 1s 的 XPS 谱图

聚丙烯（PP）—CH(—CH₂)—马来酸酐环（C=O, O, C=O） + NH_2—Si $\xrightarrow{\text{反应}}$ PP—CH(—CH₂)—酰亚胺环（C=O, N, C=O）—Si 玻璃纤维

表 8.9　不同化学状态的 N 1s 的 XPS 分析结果

试样	谱峰	结合能（eV）	化学状态	原子含量（%）
反应前	1	397.9	N_2（吸附）	22.94
	2	399.4	—CH_2—NH_2	56.34
	3	400.8	—OH⋯NH_2—CH_2	20.72

续表

试样	谱峰	结合能（eV）	化学状态	原子含量（%）
反应后	1	398.0	N_2（吸附）	22.26
	2	399.5	$—CH_2—NH_2$	41.86
	3	400.6	$—OH\cdots NH_2—CH_2$	25.12
	4	401.9	$N—CH_2—$	10.76

从表 8.9 可见，反应前后试样中吸附氮的含量基本相同，以氢键结合的$—OH\cdots NH_2—CH_2$ 的含量变化也不大，但与反应前试样相比，反应后试样中的$—CH_2—NH_2$ 含量明显减少。由此可以推断，在界面上主要是氨基硅烷中的$—CH_2—NH_2$与酸酐发生了反应。

有关 XPS 的应用还有很多，但是，它的主要特长是分析材料的表面组成与离子状态，它的定性分析依据就是对照标准的结合能数据和标准谱线及化学位移，定量分析的依据是光电子的强度，能够根据灵敏度因子得到试样的相对原子含量，对测试结果的分析要结合材料学知识，最好与其他分析方法得到的测试结果一同分析。

参考文献

常铁军，祁欣. 2005. 材料近代分析测试方法[M]. 哈尔滨：哈尔滨工业大学出版社.
刘世宏，王当憨，潘承璜. 1988. X 射线光电子能谱分析[M]. 北京：科学出版社：26.
吴刚. 2002. 材料结构表征及应用[M]. 北京：化学工业出版社.
周玉. 2020. 材料分析方法[M]. 北京：机械工业出版社.

第 9 章

表面显微分析法

9.1 电子显微分析法发展历史

通常人眼能分辨的最小距离约 0.2 mm。要观察分析更小的细节，就必须借助于观察仪器，显微镜的一个最基本的功能就是将细小物体放大至人眼可以分辨的程度。尽管各类显微镜所依据的物理基础可能不同，但其基本工作原理是类似的，即首先采用由某种照明源产生的照明束照射被观察的样品，再将照明束与样品的作用结果由成像放大系统处理，构成适合人眼观察的放大像。光学显微镜利用可见光作为照明束，由于受可见光波长范围的限制，能分辨的最小距离约 200 nm，比人眼的分辨本领提高约一千倍。为突破光学显微镜分辨本领的极限，人们想到了以电子作照明束，并于 20 世纪 30 年代制出了第一台透射电子显微镜。目前，高分辨率透射电子显微镜的分辨本领已达到原子尺度水平（约 0.1 nm），比光学显微镜提高近两千倍。此外，利用电子作照明束所带来的益处不仅仅在于像分辨率的提高，还在于产生出与此同等重要的有关物质微观结构的其他信息，这些信息在不同程度上均被现代透射电镜所利用，使其成为研究物质微观结构的最强有力的手段之一。

9.1.1 电子光学基本原理

电子光学和普通光学有许多相似的概念和原理，其中最主要的是折射率和最短光程原理。

电子光学折射率：若电子从电位为 V_1 的区域进入电位为 V_2 的区域，则其速率将从 V_1 变为 V_2 并满足折射定律：$V_1 \sin\alpha 1 = V_2 \sin\alpha 2$。因此，静电场中的电子光学折射率与电子动量 mv 成正比，即正比于电位 V 的平方根；在相对论情况下，折射率正比于相对论电位 V_r 的平方根，$V_r = V$（10.978×10），V 以伏为单位。在静电场中，电子光学折射率是空间位置的函数。在有磁场的情况下，折射率正比于广义动量沿着电子轨迹切线方向的投影。

最短光程原理：这一原理与光学中的费马原理等效。若沿着电子运动轨迹折射率的线积分为光程函数，则电子在电磁场中运动的轨迹是使光程函数取极值的曲线。利用最短光程原理可以导出电子在电磁场中运动的实际轨迹及其电子光学性质。

9.1.2 电子光学常用概念

电子光学是研究带电粒子（电子、离子）在电场和磁场中运动，特别是在电场和磁场中偏转、聚焦和成像规律的一门科学。理论上，光学显微镜所能达到的最大分辨率 d，受到照射在样品上的光子波长 λ 以及光学系统的数值孔径 NA 的限制：

$$d=\frac{\lambda}{2n\sin\alpha}\approx\frac{\lambda}{2NA} \tag{9.1}$$

20 世纪早期，科学家发现理论上使用电子可以突破可见光光波波长的限制（波长大约 400～700 nm）。与其他物质类似，电子具有波粒二象性，而它们的波动特性意味着一束电子具有与一束电磁辐射相似的性质。电子波长可以通过德布罗意公式使用电子的动能得出。由于在 TEM 中，电子的速度接近光速，需要对其进行相对论修正：

$$\lambda_e\approx\frac{h}{\sqrt{2m_0E\left(1+\frac{E}{2m_0c'2}\right)}} \tag{9.2}$$

式中，h 为普朗克常量；m_0 为电子的静质量；E 为加速后电子的能量。电子显微镜中的电子通常通过电子热发射过程从钨灯丝上射出，或者采用场电子发射方式得到。随后电子通过电势差进行加速，并通过静电场与电磁透镜聚焦在样品上。透射出的电子束包含电子强度、相位以及周期性的信息，这些信息将被用于成像。

9.2 透射电子显微技术

9.2.1 透射电子显微镜结构和性能参数

透射电镜的总体工作原理是：由电子枪发射出来的电子束，在真空通道中沿着镜体光轴穿越聚光镜，通过聚光镜将之会聚成一束尖细、明亮而又均匀的光斑，照射在样品室内的样品上；透过样品后的电子束携带有样品内部的结构信息，样品内致密处透过的电子量少，稀疏处透过的电子量多；经过物镜的会聚调焦和初级放大后，电子束进入下级的中间透镜和第一、第二投影镜进行综合放大成像，最终被放大了的电子影像投射在观察室内的荧光屏板上；荧光屏将电子影像转化为可见光影像以供使用者观察。本节将分别对各系统中的主要结构和原理予以介绍。

尽管目前商品电镜的种类繁多，高性能多用途的透射电镜不断出现，但其成像原理相同，结构类似。图 9.1 是电镜镜筒剖面示意图。

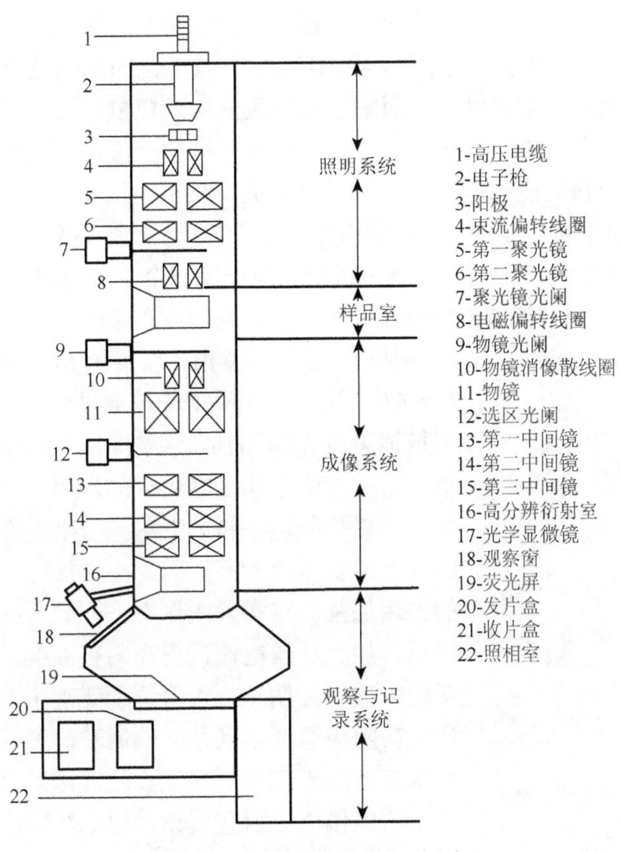

图 9.1　电镜镜筒剖面示意图

1. 电子光学部分

电子光学部分是电镜的基础部分，它从电子源起一直到观察记录系统为止。主要由几个磁透镜组成，最简单的电镜只有两个成像透镜，而复杂的则由两个聚光镜和五个成像透镜组成。电子光学部分又称为镜体（镜筒）部分。根据功能不同又可分为：①照明系统由电子枪和聚光镜组成；②成像系统由物镜、中间镜和投影镜组成，在物镜上面还有样品室和调节结构；③观察与记录系统由观察室、荧光屏和照相底片暗盒组成。

1）照明系统

照明系统由电子枪和聚光镜组成。电子枪是电镜的照明源，必须有很高的亮度，高分辨率要求电子枪的高压要高度稳定，以减小色差的影响。

电子枪是发射电子的照明源。发射电子的阴极灯丝通常用 0.03～0.1 mm 的钨丝，做成“V”形。电子枪的第二个电极是栅极，它可以控制电子束形状和发射强度。故又称为控制极。第三个极是阳极，它使从阴极发射的电子获得较高的动能，形成定向高速的电子流。阳极又称加速极，一般电镜的加速电压在 35～300 kV 之间。为了安全，使阳极接地，而阴极处于负的加速电位。

由于热阴极发射电子的电流密度随阴极温度变化而波动，阴极电流不稳定会影响加速电压的稳定度。为了稳定电子束电流，减小电压的波动，在电镜中采用图 9.2 自偏压电子枪。把高压接到控制极上，再通过一个可变电阻（又称阴极偏压电阻）接到阴极上。这样控制极和阴极之间产生一个负的电位降，称为自偏压，其数值一般为 100～500 V。自偏压是由束流本身产生的。

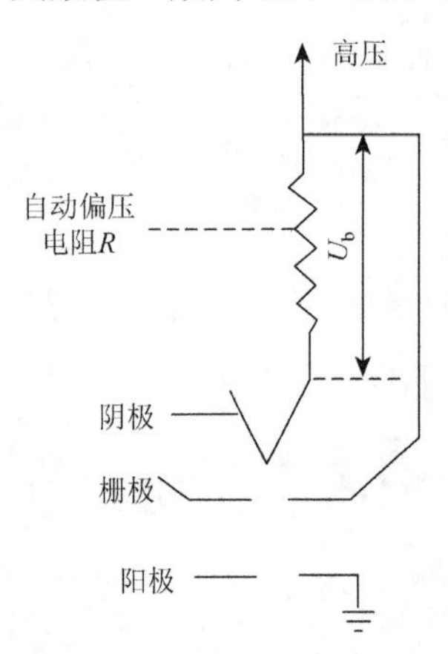

图 9.2　自偏压电子枪示意图

从图 9.2 可以看出，自偏压 U_b 正比于束流 I_b，即 $U = RI_b$。这样，如果增加，会导致偏压 U_b 增加，从而抵消束流 I_b 的增加，这是偏压电阻引进负反馈的结果。它起着限制和稳定束流的作用。改变偏压电阻的大小可以控制电子枪的发射，当电阻 R 值增大时，控制极上的负电位增高，因此控制极排斥电子返回阴极的作用加强。在实际操作中，一般是给定一个偏压电阻后，加大灯丝电流，提高阴极温度，使束流增加。开始束流 I_b 随阴极温度升高而迅速上升，然后逐渐减慢，在阴极温度达到某一数值时，束流不再随灯丝温度或灯丝电流变化而变化。此值称为束流饱和点，它是由给定偏压电阻负反馈作用来决定的。在这以后再加大灯丝电流，束流不再增加，只能使灯丝温度升高，缩短灯丝寿命。另一种使束流饱和的方法是固定阴极发射温度，即选定一个灯丝电流值，然后加大偏压电阻，增大负偏压，使束流达到饱和点。当阴极温度比较高时，达到束流饱和所需要的偏压电阻要小些，当偏阻电压较大时，达到饱和所需的阴极温度要低一些。两者合理匹配使灯丝达到饱和点，亮度较高，并能维持较长的灯丝寿命。

改变控制电压，能显著影响电子枪内静电场的分布，特别是在阴极附近影响等位面的分布和形状。零等位面的电位与阴极相同，在控制极与阳极之间靠近控制极并且平行于控制极，在控制极开口处，等位面强烈弯曲，大致沿圆弧与阴极相交。

如图 9.3 所示，等位面的后面场是负的，无电子发射，在零电位的前面场是正的，是电子发射区。在正电场内与阴极透镜的聚焦作用一样，电子受到一个与等位面正交并指向电位增加方向（即折向轴）的作用力。在控制极开孔处及其附近，由于等位面强烈弯曲，折射作用很强，阴极发射区不同部位发射的电子在阳极附近交叉，然后又分别在像平面上汇聚成一点。电子束交叉处的截面称为电子束“最小截面”，或“电子枪交叉点”。其直径约为几十微米，比阴极端部的发射区面积还要小，但单位面积的电子密度最高。照明电子束好像从这里发出去的一样，因此叫电子束的“有效光源”或“虚光源”。所谓光斑的大小是指最小截面的大小，所谓电子束的发射角，是指由此发出的电子束与主轴的夹角。电子束最小截面一般为椭圆形，这是由于电子源是一个弯曲的灯丝，而不是点光源。图 9.4 为不同偏压下静电场的分布，发射区的变化及电子束的轨迹。

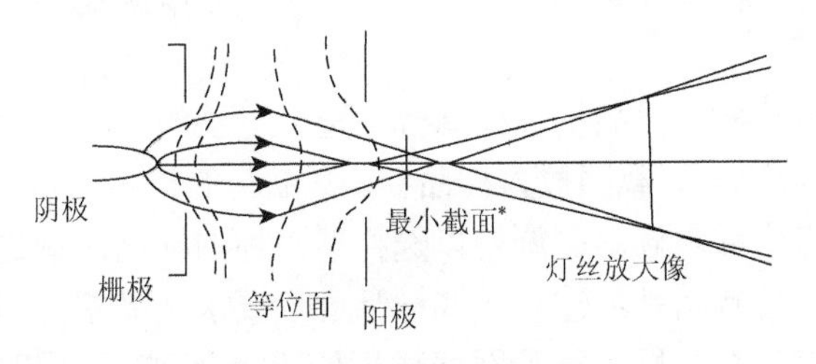

图 9.3　电子枪示意图

如图 9.4（c）所示，在较高的偏压时，零电位面在靠近轴的区域与阴极相交，阴极端部发射面积小，因此束流和亮度都小，偏压再进一步升高。发射电流趋近于零，此时的偏压称为截止偏压。

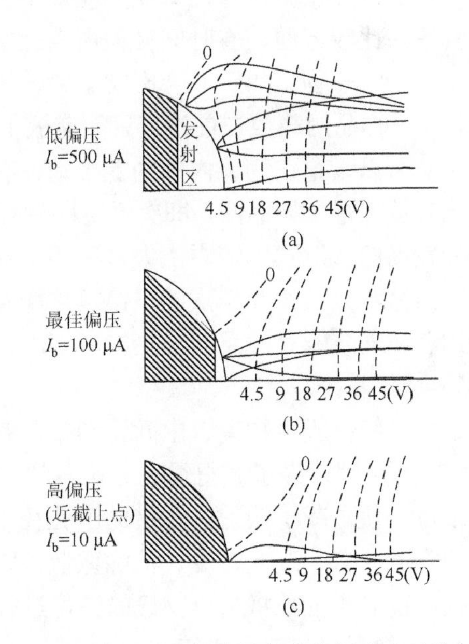

图 9.4　不同偏压下阴极尖端的电位场和电子发射轨迹

当偏压较低时，如图 9.4(a)，零等位面与阴极边缘处相交，发射面积大，束流较强。但由于等位面的曲率较大，汇聚作用较强，灯丝的边缘和端部中心部分均有较强的发射电流，而中间部分的电子束得不到良好的汇聚。以致形成中空形式的电子束。中间为一亮斑，外围是一个亮环，此时中心斑点亮度也不均匀，而且束发射角也较大。进一步减小偏压，零等位面将移到灯丝的侧旁，以致使灯丝背部暴露，电子束不能很好地汇聚，亮度不均匀，像差也大。

在最佳偏压下，如图 9.4（b）所示，可以得到束发散角小、光斑小、亮度大的电子束。

聚光镜的作用是会聚从电子枪发射出来的电子束，控制照明孔径角、电流密度和光斑尺寸。几乎所有的高性能电镜都采用双聚光镜，这两个透镜一般是整体的。其中第一聚光镜为短焦距强激磁透镜，可将光斑缩小为 1/20～1/60，使照明束直径降为 0.2～0.75 μm；第二聚光镜是长焦距磁透镜，放大倍数一般是 2 倍，使照射在试样上的束径增为 0.4～1.5 μm 左右。在第二聚光镜下而径向插入一个孔径 200～400 μm 的多孔的活动光阑，用来限制和改变照明孔径角。为了使投射到样品上的光斑较圆，在第二聚光镜下方装有机械式或电磁式消像散器。

2）样品室

样品室内有样品杆、样品杯及样品台。透射电镜的样品一般放在直径 3 mm、厚 50～100 μm 的载网上，载网放入样品杯。样品台的作用是承载样品，并使样晶能在物镜极靴孔内平移、倾斜、旋转以选择感兴趣的样品区域进行观察分析。透射电镜常见的样品台有两种：①顶入式样品台，要求样品室空间大，一次可放入多个（常见为 6 个）样品网，样品网盛载杯呈环状排列。使用时可以依靠机械手装置进行依次交换。优点是每观察完多个样品后，才在更换样品时破坏一次样品室的真空，比较方便、省时间；但所需空间太大，致使样品距下面物镜的距离较远，不适于缩短物镜焦距，会影响电镜分辨力的提高。②侧插式样品台，样品台制成杆状，样品网载放在前端，只能盛放 1～2 个铜网。样品台的体积小，所占空间也小，可以设置在物镜内部的上半端，有利于电镜分辨率的提高。缺点是一次不能同时放入多个样品网，每次更换样品必须破坏一次样品室的真空，略嫌不便。在性能较高的透射式电镜中，大多采用上述侧插式样品台，为的是最大限度地提高电镜的分辨能力。高档次的电镜可以配备多种式样的侧插式样品台，某些样品台通过金属连接能对样品网加热或者制冷，以适应不同的用途

3）成像系统

成像系统一般由物镜、中间镜和投影镜组成。物镜的分辨率本领决定了电镜的分辨本领，因此为了获得最高分辨本领、最佳质量的图像，物镜采用强磁透镜，焦距很短，使之减小误差，还借助于孔径不同的物镜光阑和消像散器及冷却水管进一步降低球差，改变衬度，消除像散，防止污染以获得最佳的分辨本领。中间镜和投影镜的作用是将来自物镜的图像进行进一步放大。

4）图像观察与记录系统

该系统由荧光屏、照相机、数据显示等组成。

2. 真空系统

电镜的真空系统由机械泵、油扩散泵、真空管道、阀门及检测系统组成。

在电子显微镜中，电子由电子枪发出经过样品，打到荧光屏上。电子束的穿透力很弱，只有在高真空的情况下才能达到一定的行程。整个路程中，应该没有空气分子的碰撞，这就要求必须将电子束通道，即镜筒抽成高真空。镜筒高真空的好坏，直接影响到电镜能否正常工作。如果真空不好，还会使灯丝寿命缩短，电子枪也会放电引起高压不稳，样品也容易污染。因此电镜工作时，镜筒的真空度要求在 10^{-4}～10^{-6} Pa，一般的抽真空系统包括两至三只机械泵和一只油扩散泵。获得高真空分两步：第一步由机械泵抽低真空，从大气抽到 1.33～0.133 Pa（0.01～0.001 mmHg）的真空度；第二步由油扩散泵抽高真空，从低真空抽到 13.33×10^{-4}～10^{-5} Pa（10^{-5}～10^{-6} mmHg）的真空度。若是场发射型的电镜，则要利用离子泵或分子泵进行抽真空。

3. 供电控制系统

加速电压和透镜磁电流不稳定将会产生严重的色差，降低电镜的分辨本领，所以加速电压和透镜电流的稳定度是衡量电镜性能好坏的一个重要标准。

透射电镜的电路主要由高压直流电源、透镜励磁电源、偏转器线圈电源、电子枪灯丝加热电源，以及真空系统控制电路、真空泵电源、照相驱动装置及自动曝光电路等部分组成。另外，许多高性能的电镜上还装备有扫描附件、能谱议、电子能量损失谱等仪器。

透射电子显微镜主要性能参数包括：

（1）加速电压：常用加速电压在 200～400 kV 范围内。

（2）灯丝种类。

（3）分辨率：点分辨率、先分辨率、信息分辨率等多个参数。通常最关心点分辨率。

（4）放大倍率：增加中间镜的数量，几乎可无限增加电镜放大倍率，但无限增大只能得到一张模糊图像，同时图像亮度随倍率提高而降低。现代 TEM 最大放大倍率在一百万倍左右。

（5）样品台倾转角：大小取决于样品台和物镜极靴种类。

9.2.2 透射电子显微镜成像操作和像衬度

1. 成像操作

1）明场成像和暗场成像

利用投影到荧光屏上的选区衍射谱可以进行透射电镜的两种基本成像操作。

无论是晶体样品还是非晶体样品，其选区衍射谱上必存在一个由直射电子束形成的中心亮斑以及一些散射电子。我们既可以选直射电子也可以选部分散射电子来成像。这种成像电子的选择是通过在物镜背焦面上插入物镜光栏来实现的。选用直射电子形成的像称为明场像，选用散射电子形成的像则称为暗场像。图 9.5（a）和（b）分别是晶体样品明场成像和暗场成像的光路原理图。

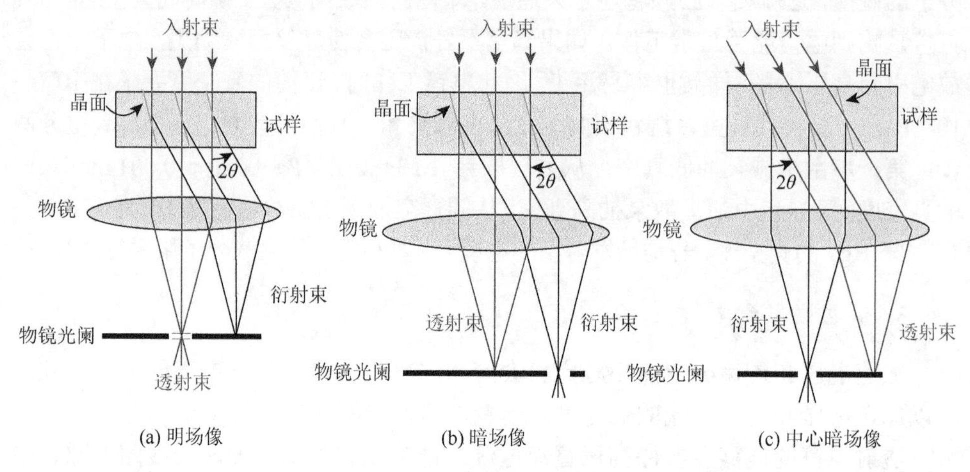

图 9.5　成像操作光路图

2）中心暗场成像

在图 9.5 所示的暗场成像条件下，由于成像电子束偏离了透射电镜的光轴而造成较大的像差并在成像时难以聚焦，成像质量较差。在透射电镜中，为了获得高质量的暗场像，人们总是采取所谓的“中心暗场成像”（centered dark-field imaging），即将入射电子束反向倾斜一个相应的散射角度，而使散射电子沿光轴传播，对晶体样品，如明场成像时晶面组恰与入射方向交成精准的布拉格角 θ，而其余镜面组均与衍射条件存在较大偏差，此时除直射束外只有一个强的衍射束即（***hkl***）衍射束，即构成所谓的“双光束条件”。在此条件下，通过束倾斜，使入射束沿原先的（***hkj***）衍射束方向入射，即将中心斑点移至（***hkl***）衍射斑点的位置。此时，（***hkl***）晶面组将偏离布拉格条件，而（***hkl***）晶面组与入射束交成精准的布拉格角，其衍射束与光轴平行，正好通过光栏孔，而直射束和其他衍射束均被挡掉，如图 9.5（c）所示。

2. 像衬度

像衬度是图像上不同区城间明暗程度的差别，正是由于图像上不同区域间存在明暗程度的差别即衬度的存在，才使得我们能观察到各种具体的图像。透射电镜的像衬度与所研究的样品材料自身的组织结构、所采用的成像操作方式和成像条件有关。只有了解像衬度的形成机理，才能对各种具体的图像给予正确解释，这是进行材料电子显微分析的前提。

总的说来，透射电镜的像衬度来源于样品对入射电子束的散射，当电子波穿越样品时，其振幅和相位都将发生变化，这些变化都可以产生像衬度，所以，透射电镜像衬度从根本上可分为振幅衬度和相位衬度，在多数情况下，这两种衬度对后一幅图像的形成都有贡献，只不过其中之一占主导而已。本章仅限于介绍振幅衬度，它分为两个基本类型：质厚衬度和衍射衬度，它们分别是非晶体样品衬度和晶体样品衬度的主要来源。

1）非晶体样品

非晶体样品透射电子显微图像衬度是由于样品不同微区间存在原子序数或厚度的差异而形成的，即质量厚度衬度，简称质厚衬度。

质厚衬度来源于电子的非相干弹性散射，当电子穿过样品时，通过与原子核的弹性作用被散射而偏离光轴，弹性散射截面是原子序数函数。此外，随样品厚度增加，将发生更多的弹性散射。所以，样品上原子序数较高或样品较厚的区域（较黑）比原子序数较低或样品较薄的区域（较亮）将使更多的电子散射而偏离光轴，如图 9.6 所示。

透射电镜总是采用小孔径角成像，在图 9.6 所示的明场成像即在垂直入射并使光栏孔置于光轴位置的成像条件下，偏离光轴一定程度的散射电子将被物镜光栏挡掉，使落在像平面上相应区域的电子数目减少（强度较小），原子序数较高或样品较厚的区域在荧光屏上显示为较暗的区域。反之，质量或厚度较低的区域对应于荧光屏较亮的区域。所以，图像上明暗程度的变化就反映了样品上相应区域的原子序数（质量）或样品厚度的变化。

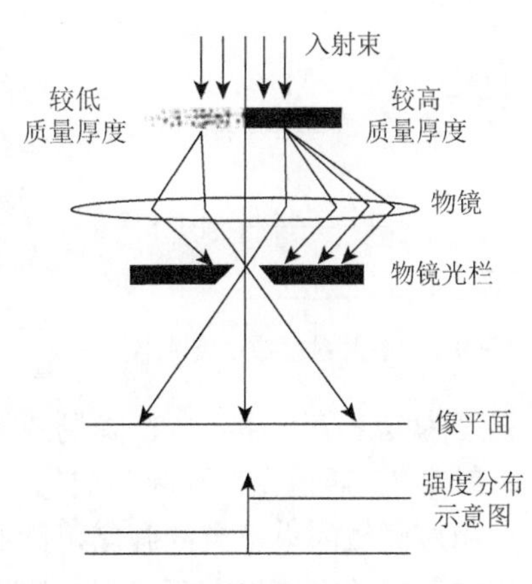

图 9.6　质厚衬度成像光路图

此外，也可以利用任何散射电子来形成显示质厚衬度的暗场像。显然，在暗场成像条件下，样品上较厚或原子序数较高的区域在荧光屏上显示为较亮的区域，可见，这种建立在非晶体样品中原子对电子的散射和透射电子显微镜小孔径角成像基础之上的厚度衬度是解释非晶体样品电子显微图像衬度的理论依据。

质厚衬度受到透射电子显微镜物镜光栏孔径和加速电压的影响，如选择的光栏孔径较大，将有较多的散射电子参与成像，图像在总体上的亮度增加，但却使得散射和非散射区域（相对而言）间的衬度降低，如选择较低的加速电压，散射角和散射截面将增大，较多的电子被散射到光栏孔以外。此时，衬度提高，但亮度降低。

2）晶体样品

对晶体样品，电子将发生相干散射即衍射。所以，在晶体样品的成像过程中，起决定作用的是晶体对电子的衍射，由样品各处衍射束强度的差异形成的衬度称为衍射衬度，简称衍衬。影响衍射强度的主要因素是晶体取向和结构振幅。对没有成分差异的单相材料，衍射衬度是由样品各处满足布拉格条件程度的差异造成的。

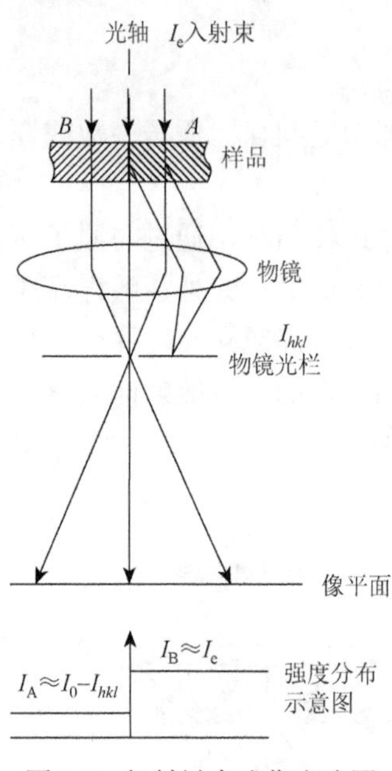

图 9.7 衍射衬度成像光路图

衍衬成像和质厚衬度成像有一个重要的差别。在形成显示质厚衬度的暗场像时，可以利用任意的散射电子。而形成显示衍射衬度的明场像或暗场像时，为获得高衬度高质量的图像（同时也便于图像衬度解释），总是通过倾斜样品台获得所谓“双束条件”（two-beam conditions），即在选区衍射谱上除强的直射束外只有一个强衍射束。图 9.7 是晶体样品中具有不同取向的两个相邻晶粒在明场成像条件下获得衍射衬度的光路原理图。

图 9.7 中，在强度为 I_0 的入射束照射下，A 晶粒的（hkl）晶面与入射束间的夹角正好等于布拉格角 θ，形成强度为 I_{hkl} 的衍射束，其余晶面均与衍射条件存在较大的偏差；而 B 晶粒的所有晶面均与衍射条件存在较大的偏差。这样，在明场成像条件下，像平面上与 A 晶粒对应的区域的电子束强度为 $I_A \approx I_0 - I_{hkl}$，而与 B 晶粒对应的区域的电子束强度为 $I_B \approx I_0$。反之，在暗场成像的条件下，即通过调节物镜光栏孔位置，只让衍射束 I_{hkl} 通过光栏孔参与成像，有 $I_A \approx I_{hkl}$，$I_B \approx 0$。由于荧光屏上像的亮度取决于相应区域的电子束的强度，因此，若样品上不同区域的衍射条件不同，图像上相应区域的亮度将有所不同，这样在图像上便形成了衍射衬度。

9.2.3 透射电子显微镜实验技术

1. 操作步骤

开循环水。由于新电镜循环水不关，这步可省。但要注意水温是否正常。打开电源开关，IN/OUT。从来都是开着的，这步也可省。打开荧屏电源；检查荧屏第一页，①确认电压是否在 120 kV；②确认样品位置“specimen position”为原点，〈x, y, z〉 = 0, 0, 0，如果不是原点，使用观察窗左侧“SPEC CONTROLLER”控制面板上的 N 键复原（注意在没有插入样品杆时，严禁使用“N”键，所以每次推出样品杆之前应该复位）；③α-selector 为 2 用键盘键入 P3，使荧屏显示第三页，检查 P1 至 P5 的电流值，正常情况下，p1：25, p2：25, p3：29, p4：28, p5：100，观察阀 V1, V2, V4, V5, V8, V13, V17 和 V21 共 8 个阀处于打开状态。查看右下方的真空面板，确定真空进入 10^{-5} Pa 量程，理想的状态的是指针居中，在灌入液氮的情况下应该更低；如没达到这个范围，请联系值班老师；灯丝处于关闭状态（filament 的开关 ON 没亮），检查聚光镜光栏是否全打开，物镜光栏是否全打开，如不是请打开全部光栏。

检查右侧面板，观察电镜是否处于 MAG1（此灯亮），打开左侧门，将“lens”开关打到 ON 的位置（请一定要非常小心，确认是 lens 开关，不要开错开关。即开灯丝，将开关稍向外拉再抬上即开）。

再次观察荧屏，电压是否在 120 kV，如果不是，严禁进行下面操作。将面板左侧开关 HT 按下，升高压，注意观察左侧面板上显示的 Beam Current 值，一般 120 kV 时，电流值应该在 60～62，如果偏离很多，请联系值班老师（按下 HT。确定 BEAM CURRENT 稳定，只需看一下表中数值是否稳定即可。电流是电压的一半加一或一半加二。）等 Beam Current 值稳定在 60～62 至少 5 分钟时间，用键盘开始升压程序。用键盘键入 P1，使荧屏显示第一页，然后键入 RUN，荧屏将问“start HT”，键入 120，然后按“enter”，荧屏会显示“End HT”，键入 160，按“enter”键，荧屏会显示“？？？”，键入 10，电镜随之会自动开始升压，此时按下右侧 HT wobbler。等这第一步升压完成后，再按 HT wobbler 停止 wobbler 工作，注意观察左侧 Beam Current 值是否稳定在 80～82，如不稳定等 10～20 分钟。如稳定，重复刚才的操作，只不过将 start HT 改为 160，end HT 改为 180，等升压到 180 kV 时，此时 Beam Current 应在 92 附近。如稳定，继续升压，将 start HT 改为 180，end HT 改为 200，升压结束时，Beam Current 应该在 102。（该步骤为升高压。120～200 kV，用左边的钮设定。在屏幕上加电压，打开键盘输入 run 回车；出现 HT start，输 120 回车；出现 HT stop，输 160 回车。）

如此三次加高压到 200 kV。Total time，输 10 min；HT step，输 10。再次观察荧屏第三页，检察 V1～V3 是否已经正常打开，P1～P5 值是否在正常范围；右下的 SIP 显示的真空是否在 10^{-5} Pa 级，一切正常，按下左侧面板 filament 的 ON 键，打开灯丝，等灯丝电流稳定（约 2～4 分钟），最后的灯丝电流应该在 105 左右。观察是否有正常光斑。

2. 样品要求

（1）粉末样品基本要求：①单颗粉末尺寸最好小于 1 μm；②无磁性；③以无机成分为主，否则会造成电镜严重污染，高压跳掉，甚至击坏高压枪。

（2）块状样品基本要求：①需要电解减薄或离子减薄，获得几十纳米的薄区才能观察；②如晶粒尺寸小于 1 μm，也可用破碎等机械方法制成粉末来观察；③无磁性；④块状样品制备复杂，耗时长，工序多，需要有经验的老师指导或制备；样品的制备好坏直接影响到后面电镜的观察和分析。所以块状样品制备之前，最好与 TEM 的老师进行沟通和请教，或交由老师制备。

3. 送样品前的准备工作

（1）目的要明确：①做什么内容（如确定纳米棒的生长方向，特定观察分析某个晶面的缺陷，相结构分析，主相与第二相的取向关系，界面晶格匹配，等等）；②希望解决什么问题。

（2）样品通过 X 射线粉末衍射（XRD）测试并确定结构后，再决定是否做 HRTEM；这样即可节省时间，又能在 XRD 的基础上获得更多的微观结构信息。

（3）做 HRTEM 前，请带上 XRD 数据及其他实验结果，与 HRTEM 老师进行必要的沟通，以判断能否达到目的；同时 HRTEM 老师还会根据其他实验数据，提供好的建议，这样不但能满足要求，甚至使测试内容做得更深，提高论文的档次。

4. 粉末样品的制备

（1）选择高质量的微栅网（直径 3 mm），这是关系到能否拍摄出高质量高分辨电镜照片的第一步。

（2）用镊子小心取出微栅网，将膜面朝上（在灯光下观察显示有光泽的面，即膜面），轻轻平放在白色滤纸上。

（3）取适量的粉末和乙醇分别加入小烧杯，进行超声振荡 10～30 min，过 3～5 min 后，用玻璃毛细管吸取粉末和乙醇的均匀混合液，然后滴 2～3 滴该混合液体到微栅网上（如粉末是黑色，则当微栅网周围的白色滤纸表面变得微黑，此时便适中。滴得太多，则粉末分散不开，不利于观察，同时粉末掉入电镜的概率大增，严重影响电镜的使用寿命；滴得太少，则对电镜观察不利，难以找到实验所要求粉末颗粒。建议由老师制备或在老师指导下制备）。

（4）等 15 min 以上，以便乙醇尽量挥发完毕；否则将样品装上样品台插入电镜，将影响电镜的真空。

5. 块状样品制备

1）电解减薄方法

用于金属和合金试样的制备：①块状样切成约 0.3 mm 厚的均匀薄片；②用金刚砂纸机械研磨到约 120～150 μm 厚；③抛光研磨到约 100 μm 厚；④冲成 Φ3 mm 的圆片；⑤选择合适的电解液和双喷电解仪的工作条件，将 Φ3 mm 的圆片中心减薄出小孔；⑥迅速取出减薄试样放入无水乙醇中漂洗干净。

注意事项：①电解减薄所用的电解液有很强的腐蚀性，需要注意人员安全，以及对设备进行清洗；②电解减薄完的试样需要轻取、轻拿、轻放和轻装，否则容易破碎，导致前功尽弃。

2）离子减薄方法

用于陶瓷、半导体以及多层膜截面等材料试样的制备。块状样制备：①块状样切成约 0.3 mm 厚的均匀薄片；②均匀薄片用石蜡粘贴于超声波切割机样品座上的载玻片上；③用超声波切割机冲成 Φ 3 mm 的圆片；④用金刚砂纸机械研磨到约 100 μm 厚；⑤用磨坑仪在圆片中央部位磨成一个凹坑，凹坑深度约 50～70 μm，凹坑的目的主要是缩短后序离子减薄过程时间，以提高最终减薄效率；⑥将洁净的、已凹坑的 Φ 3 mm 圆片小心放入离子减薄仪中，根据试样材料的特性，选择合适的离子减薄参数进行减薄；通常，一般陶瓷样品离子减薄时间需 2～3 天；整个过程约 5 天。

9.2.4　透射电子显微镜应用

透射电子显微镜在材料科学、生物学上应用较多。由于电子易散射或被物体吸收，故穿透力低，样品的密度、厚度等都会影响最后的成像质量，必须制备更薄的超薄切片，通常为 50～100 nm。所以用透射电子显微镜观察时的样品需要处理得很薄。常用的方法有：超薄切片法、冷冻超薄切片法、冷冻蚀刻法、冷冻断裂法等。对于液体样品，通常是挂在预处理过的铜网上进行观察。

9.3　扫描电子显微技术

早在 1935 年，德国的 Knoll 就提出了扫描电镜的工作原理。1938 年 Andenne 开始进行实验研究，到 1942 年，Zworykin 制成了第一台实验室用的扫描电镜，但真正作为商品那是 1965 年的事。20 世纪 70 年代开始，扫描电镜的性能突然提高很多，其分辨率优于 20 nm 和放大倍数达 100000 倍者，已是普通商品信誉的指标，实验室中制成扫描透射电子显微镜已达到优于 0.5 nm 分辨率的新水平。1963 年，A. V. Grewe 将研制的场发射电子源用于扫描电镜，该电子源的亮度比普通热钨丝大 10^3～10^4 倍，而电子束径却较小，大大提高了分辨率。将这种电子源用以扫描透射电镜，分辨率达十分之几纳米，可观察到高分子中置换的重元素，引起人们极大的注意。此外，在这一时期还增加了许多图像观察，如吸收电子图像、电子荧光图像、扫描透射电子图像、电位对比图像、X 射线图像，还安装了 X 射线显微分析装置等。因而一跃而成为各种科学领域和工业部门广泛应用的有力工具。从地学、生物学、医学、冶金、机械加工、材料、半导体制造微电路检查，到月球岩石样品的分析，甚至纺织纤维、玻璃丝和塑料制品、陶瓷产品的检验等均大量应用扫描电镜作为研究手段。目前，扫描电镜在向追求高分辨率、高图像质量发展的同时，也在向复合型发展。这种把扫描、透射、微区分析结合为一体的复合电镜，使得同时进行显微组织观察、微区成分分析和晶体学分析成为可能，因此成为自 20 世纪 70 年代以来最有用途的科学研究仪器之一。

9.3.1 扫描电子显微镜结构和工作原理

扫描电镜包括以下几个部分：

1. 电子光学系统

该系统由电子枪、聚光镜、样品台等部件组成（图 9.8）。它的作用与透射电镜不同，仅仅用来获得扫描电子束。显然，扫描电子束应具有较高的亮度和尽可能小的束斑直径。目前使用的扫描电镜大多为普通热阴极电子枪，由于受到钨丝阴极发射率较低的限制，需要较大的发射截面，才能获得足够的电子束强度。采用钨丝阴极发射的电子光源扫描电子束直径一般可达 20～50 μm，六硼化镧阴极发射率比较高，有效发射截面可以做到直径为 20 μn 左右，比钨丝阴极要小得多。以上两种电子枪都属于热发射电子枪，而场发射电子枪分为冷场和热场发射两种，一般在扫描电镜中采用冷场发射。

如图 9.9 所示，它是利用靠近曲率半径很小的阴极尖端附近的强电场使阴极尖端发射电子的，所以叫做场致发射（简称场发射）。如果阴极尖端半径为 100～500 nm，若在尖端与第一阳极之间加 3～5 kV 的电位差，那么在阴极尖端附近建立的强电场就足以使它发射电子。

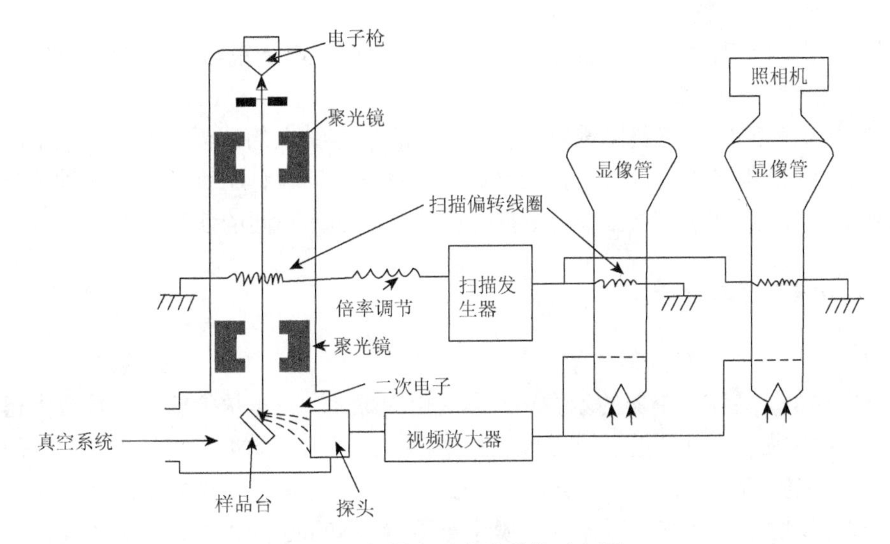

图 9.8 扫描电子光学系统示意图

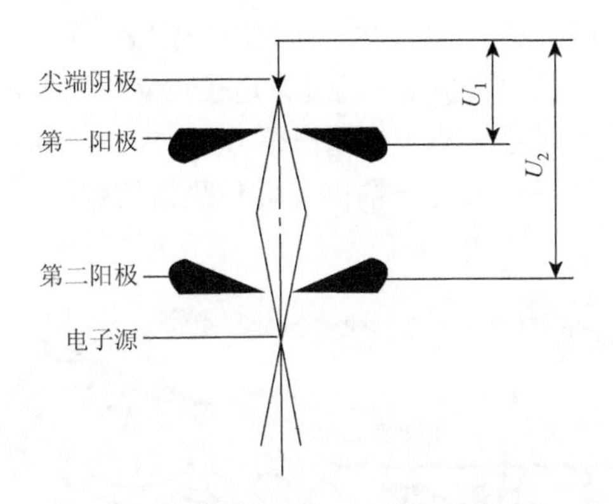

图 9.9 场发射电子枪示意图

在第二阳极几十千伏甚至几百千伏正电位作用下，阴极尖端发射的电子会聚在第二阳极孔的下方（即场发射电子枪第一交叉点位置上），电子束直径小至 20 nm（甚至 10 nm）。可见场发射电子枪是扫描电镜获得高分辨率、高质量图像较为理想的电子源。此外，场发射扫描电镜还有在低电压下仍保持高的分辨率和电子枪寿命长等优点。

在光学系统中，扫描电镜的最后一个透镜的结构有别于透射电镜，它是采用上下极靴不同孔径不对称的磁透镜，这样可以大大减小下极靴的圆孔直径，从而减小样品表面的磁场，避免磁场对二次电子轨迹的干扰，不影响对二次电子的收集。另外，末级透镜中要有一定的空间，用来容纳扫描线圈和消像散器。扫描线圈是扫描电镜的一个十分重要的部件，它使电子作光栅扫描，与显示系统的 CRT

扫描线圈由同一锯齿波发生器控制，以保证镜筒中的电子束与显示系统 CRT 中的电子束偏转严格同步。

扫描电镜的样品室要比透射电镜复杂，它能容纳大的试样，并在三维空间进行移动、倾斜和旋转。目前的扫描电镜样品室在空间设计上都考虑了多种信号收集器安装的几何尺寸，以使用户根据自己的意愿选择不同的信息方式。

2. 信号收集和显示系统

1）二次电子和背反射电子收集器

图 9.10 是这种收集器的示意图，它是由闪烁体、光电倍增管和前置放大器组成，这是扫描电镜中最主要的信号检测器。从试样出来的电子，撞击并进入闪烁体，当金属圆筒加 + 250 V 电压时，能接收低能二次电子；当加–250 V 电压时，能接收背反射电子。在闪烁体表面喷涂一层 40～80 nm 的铝膜作为导电层，在这导电层上加有 10～12 kV 的高压。试样产生的二次电子（或背反射电子）被这高压加速，并被收集到闪烁体上。当电子打到闪烁体上，产生出光子，而光子通过光导管传送到光电倍增管的阴极上。通过光电倍增管，信号被放大为微安数量级，再送至前置放大器放大成足够功率的输出信号，送至视频放大器而后可直接调制 CRT 的栅极电位，这样即可得到一幅供观察和照相的图像。

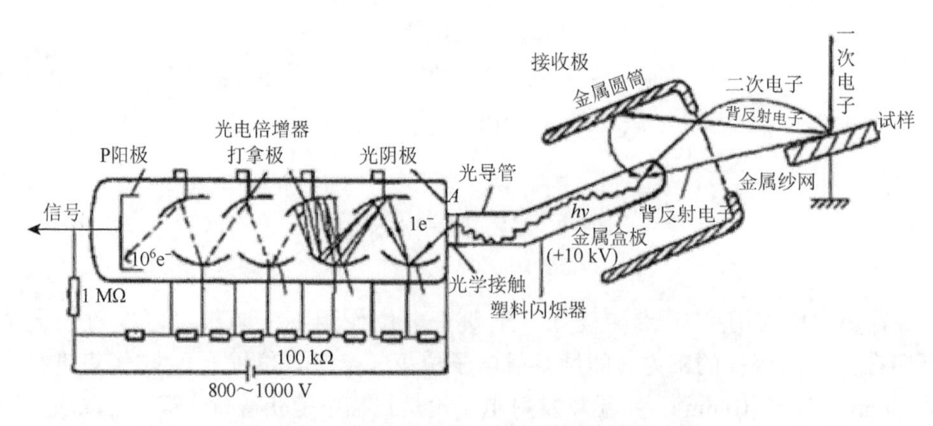

图 9.10　二次电子和背反射电子收集器示意图

2）显示系统

显示装置一般有两个显示通道：一个用来观察，另一个供记录用（照相）。观察用的显像管采用长余辉显像管，扫描一帧有 0.2 s, 0.5 s, 1 s, …。最快可以达到电视速度。对于记录用的管子要求有较高的分辨率，通常 10 cm×10 cm 的荧光屏要求有 800～1000 条线并且只能用短余辉的管子。在观察时为了便于调焦，采用尽可能快的扫描速度，而拍照时为了得到分辨率高的图像，要尽可能采用慢的扫描速度（多用 50～100 s）。

3）吸收电子检测器

试样不直接接地，而与一个试样电流放大器相接，可检出被测试样吸收的电子。它是一个高灵敏度的微电流放大器，能检测到 10^{-6}～10^{-12}A 这样小的电流。吸收电流信号一般为 10^{-7}～10^{-9}A，在较好的信噪比下，可得到所需要吸收电流图像。吸收电子图像是扫描电镜分析中一个很重要的手段。

4）X 射线检测器

它是检测试样发出的元素特征 X 射线波长和光子能量，从而实现对试样微区进行成分分析。

此外，扫描电镜也像透射电一样，需配备真空系统和电源系统。

图 9.11 是扫描电镜的原理示意图。由最上边电子枪发射出来的电子束，经栅极聚焦后，在加速电压作用下，经过二至三个电磁透镜所组成的电子光学系统，

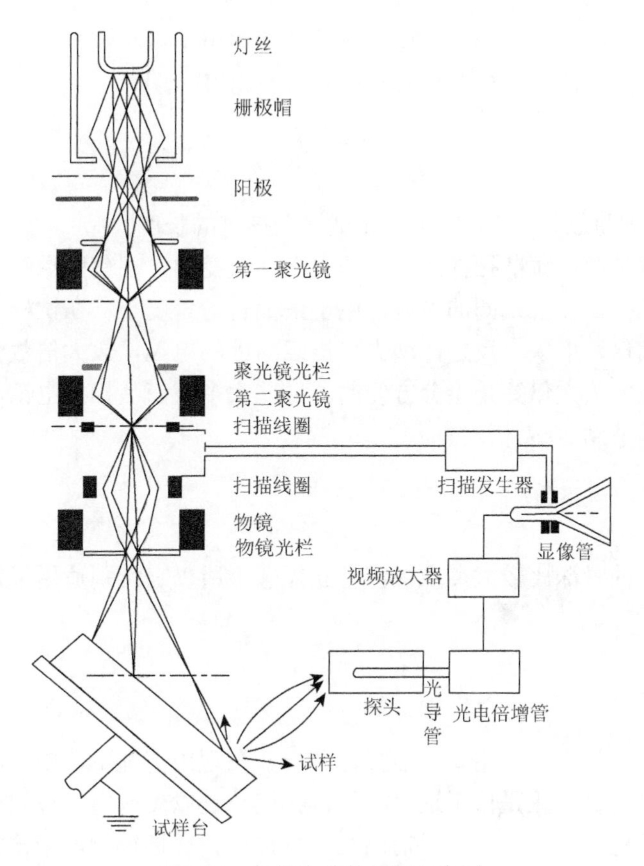

图 9.11　扫描电镜的原理示意图

电子束会聚成一个细的电子束聚焦在样品表面。在末级透镜上边装有扫描线圈，在它的作用下使电子束在样品表面扫描。由于高能电子束与样品物质的交互作用，结果产生了各种信息；二次电子、背反射电子、吸收电子、X 射线、俄歇电子、阴极发光和透射电子等。这些信号被相应的接收器接收，经放大后送到显像管的栅极上，调制显像管的亮度。由于经过扫描线网上的电流与显像管相应的亮度一一对应，也就是说，电子束打到样品上一点时，在显像管荧光屏上就出现一个亮点。扫描电镜就是这样采用逐点成像的方法，把样品表面不同的特征，按顺序、成比例地转换为视频信号，完成一帧图像，从而使我们在荧光屏上观察到样品表面的各种特征图像。

9.3.2　扫描电子显微镜的参数

1. 放大倍数

扫描电镜的放大倍数 M 定义为：在显像管中电子束在荧光屏上最大扫描距离和在镜筒中电子束针在试样上最大扫描距离的比值：

$$M = \frac{I}{L} \tag{9.3}$$

式中，L 为荧光屏长度；I 为电子束在试样上扫过的长度。

这个比值是通过调节扫描线圈上的电流来改变的。观察图像的荧光屏长度是固定的，如果减少扫描线圈的电流，电子束偏转的角度小，在试样上移动的距离变小，使放大倍数增大。反之，增大扫描线圈上的电流，放大倍数就要变小。可见改变扫描电镜放大倍数是十分方便的。目前大多数商品扫描电镜，放大倍数可从低倍连续调节到 20 万倍左右。

2. 景深

扫描电镜的景深比较大，成像富有立体感，所以它特别适用于粗糙样品表面的观察和分析。

3. 分辨率

分辨率是扫描电镜的主要性能指标之一。在理想情况下，二次电子像分辨率等于电子束斑直径。正是由于这个缘故，我们总是以二次电子像的分辨率作为衡量扫描电镜性能的主要指标。目前高性能扫描电镜普通钨丝电子枪的二次成像分辨率已达 3.5 nm 左右。

此外，大的样品室，各种不同性能的样品台等，使得扫描电镜具有应用更广泛和更方便快捷的特点。

9.3.3 扫描电子显微镜成像机理

扫描电子显微镜电子枪发射出的电子束经过聚焦后汇聚成点光源；点光源在加速电压下形成高能电子束；高能电子束经由两个电磁透镜被聚焦成直径微小的光点，在透过最后一级带有扫描线圈的电磁透镜后，电子束以光栅状扫描的方式逐点轰击到样品表面，同时激发出不同深度的电子信号。此时，电子信号会被样品上方不同信号接收器的探头接收，通过放大器同步传送到计算机显示屏，形成实时成像记录。由入射电子轰击样品表面激发出来的电子信号有俄歇电子（Au E）、二次电子（SE）、背散射电子（BSE）、X射线（特征X射线、连续X射线）、阴极荧光（CL）、吸收电子（AE）和透射电子。每种电子信号的用途因作用深度而异。

9.3.4 扫描电子显微镜像衬度

高能电子入射固体样品，与样品的原子核和核外电子发生弹性或非弹性散射，这个过程可激发样品产生各种物理信号。样品微区特征（如形貌、原子序数、化学成分、晶体结构或位向等）不同，则在电子束作用下产生的各种物理信号的强度也不同，这使得阴极射线管荧光屏上不同的区域会出现不同的亮度，从而获得具有一定衬度的图像，所以像的衬度就是像的各部分（即各像元）强度相对于其平均强度的变化。

扫描电镜可以通过样品上方的电子检测器检测到具有不同能量的信号电子，常用的信号电子有背散射电子、二次电子、吸收电子、俄歇电子等。

在单电子激发过程中被入射电子轰击出来的核外电子叫作二次电子，二次电子信号主要来自样品表层5～10 μm深度范围，能量较低（小于50 eV）。

若入射电子束强度为I_0，二次电子信号强度为I_s，则二次电子产额（或二次电子发射系数、δ）为

$$\delta = I_s / I_0 \tag{9.4}$$

影响二次电子产额的因素主要有：

（1）二次电子能谱特性：图9.12是经过归一化处理的二次电子能谱（dN_s/dE_s对E_s的分布），可以看出大量二次电子的能量只有几电子伏，它很容易受附近电场的影响。信号检测器正是利用了这一特点来提高收集效率。

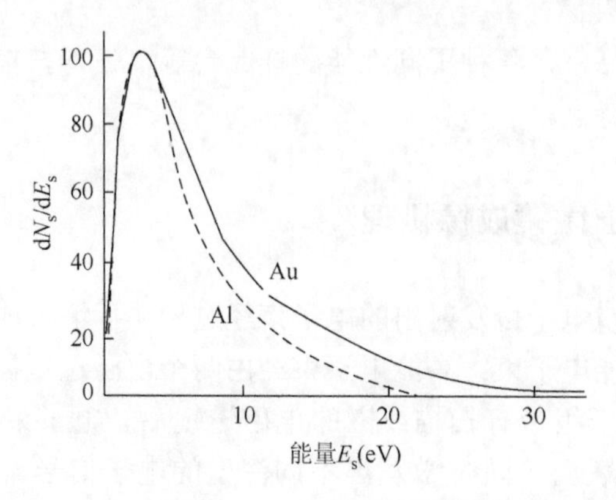

图 9.12　二次电子的能谱

（2）入射电子的能量：由于入射电子必须具有足够的能量才能克服材料表面的势垒从样品中激发出足够的二次电子信号，因此入射电子的能量必须达到一定的值才能保证 δ 不为零，而且 δ 将随入射电子能量的增大而增加，但当 δ 达到某最大值后，入射电子能量再增大，δ 不再增加，反而会下降。

（3）材料的原子序数：一般说来两者关系并不密切，随 Z 的增大，δ 略有增加。

（4）样品倾斜角 θ：对于光滑表面来讲，当入射电子的能量大于 1 keV 时，二次电子产额与样品的倾斜角 θ 大致符合关系 $\delta \propto (\sec\theta)^n$，$n = 1.3$（轻元素）、$n = 1$（中等元素）或 $n = 0.8$（重元素）。

9.3.5　扫描电子显微镜实验技术

以日本电子 JSM-5500LV 扫描电镜为例。

1. 开机步骤

（1）首先合上墙壁电源开关，合上 110V 电源变压器开关，合上冷却循环水开关，开主机电源开关，仪器进入正常抽高真空状态，同时接通专用计算机。

（2）点击仪器专用计算机启动开关，专用计算机投入工作待机操作状态。

2. 仪器操作步骤

专用计算机进入操作状态下，用鼠标按 JSM-5500 操作键，经过 5 分钟，屏幕显示扫描电镜进入专用操作程序。点击 MENU 键，显示放气，将样品室内样品台拉出，放置样品，再将样品台推入样品室，点击抽真空 EVAC 键，仪器经过 5 分钟抽高真空，屏幕显示真空度到达待机状态，操作面板显示 READY，这时可随时进行操作调像工作。

3. 调像操作步骤

首先点击高压键 HT 电子枪加高压，点击 SCAN2 确定扫描方式，看 WD 样品到物镜物平面的工作距离定为 20 mm，Masnifi 放到最低 35 倍，这时屏幕显示图像，如果图像模糊，调动样品台上下的移动手柄，使图像清晰，再进行 Contract、Brightness、Focus 等功能键的调像，操作完毕。

4. 关机步骤

（1）首先退出 JSM-5500lv 操作程序，再点击 START 键，SHUTDOWN 键关闭计算机。

（2）首先关掉扫描电镜 OFF 电源开关，待 10 分钟后关断冷却循环水箱，再关断 110 V 电源变压器，再关断墙壁中源总开关。

9.3.6　扫描电子显微镜应用

扫描电子显微镜是一种多功能的仪器，具有很多优越的性能，是用途最为广泛的一种仪器，它可以进行如下基本分析：①三维形貌的观察和分析；②在观察形貌的同时，进行微区的成分分析。

（1）观察纳米材料。所谓纳米材料就是指组成材料的颗粒或微晶尺寸在 0.1～100 nm 范围内，在保持表面洁净的条件下加压成型而得到的固体材料。纳米材料具有许多与晶态、非晶态不同的、独特的物理化学性质。纳米材料有着广阔的发展前景，将成为未来材料研究的重点方向。扫描电子显微镜的一个重要特点就是具有很高的分辨率，现已广泛用于观察纳米材料。

（2）进行材料断口的分析。扫描电子显微镜的另一个重要特点是景深大，图像富有立体感。扫描电子显微镜的焦深比透射电子显微镜大 10 倍，比光学显微镜大几百倍。由于图像景深大，故所得扫描电子像富有立体感，具有三维形态，能够提供比其他显微镜多得多的信息，这个特点对使用者很有价值。扫描电子显微镜所显示的断口形貌从深层次、高景深的角度呈现材料断裂的本质，在教学、科研和生产中，有不可替代的作用，在材料断裂原因的分析、事故原因的分析以及工艺合理性的判定等方面是一个强有力的手段。

（3）直接观察大试样的原始表面。它能够直接观察直径 100 mm、高 50 mm 或更大尺寸的试样，对试样的形状没有任何限制，粗糙的表面也能观察，这便免除了制备样品的麻烦，而且能真实观察试样本身物质成分不同的衬度（背反射电子像）。

（4）观察厚试样。其在观察厚试样时，能得到高的分辨率和最真实的形貌。

扫描电子显微镜的分辨率介于光学显微镜和透射电子显微镜之间。但在对厚块试样的观察进行比较时，因为在透射电子显微镜中还要采用复膜方法，而复膜的分辨率通常只能达到 10 nm，且观察的不是试样本身，因此，用扫描电子显微镜观察厚块试样更有利，更能得到真实的试样表面资料。

（5）观察试样的各个区域的细节。试样在样品室中可动的范围非常大。其他方式显微镜的工作距离通常只有 2～3 cm，故实际上只许可试样在两度空间内运动。但在扫描电子显微镜中则不同，由于工作距离大（可大于 20 mm），焦深大（比透射电子显微镜大 10 倍），样品室的空间也大，因此，可以让试样在三度空间内有 6 个自由度运动（即三度空间平移，三度空间旋转），且可动范围大，这给观察不规则形状试样的各个区域细节带来极大的方便。

（6）在大视场、低放大倍数下观察样品。用扫描电子显微镜观察试样的视场大。在扫描电子显微镜中，能同时观察试样的视场范围 F 由下式来确定：$F = L/M$。其中，F 为视场范围；M 为观察时的放大倍数；L 为显像管的荧光屏尺寸。若扫描电镜采用 30 cm（12 英寸）的显像管，放大倍数 15 倍时，其视场范围可达 20 mm。大视场、低倍数观察样品的形貌对有些领域是很必要的，如刑事侦查和考古。

（7）进行从高倍到低倍的连续观察。放大倍数的可变范围很宽，且不用经常对焦。扫描电子显微镜的放大倍数范围很宽（从 5 万到 20 万倍连续可调），且一次聚焦好后即可从高倍到低倍，从低倍到高倍连续观察，不用重新聚焦，这对进行事故分析特别方便。

（8）观察生物试样。因电子照射而发生试样的损伤和污染程度很小。同其他方式的电子显微镜比较，因为观察时所用的电子探针电流小（一般约为 10^{-10}～10^{-12}A），电子探针的束斑尺寸小（通常是 5 nm 到几十纳米），电子探针的能量也比较小（加速电压可以小到 2 kV），而且不是固定一点照射试样，而是以光栅状扫描方式照射试样，因此，由于电子照射而发生试样的损伤和污染程度很小，这一点对观察一些生物试样特别重要。

（9）进行动态观察。在扫描电子显微镜中，成像的信息主要是电子信息。根据近代电子工业技术水平，即使高速变化的电子信息，也能毫不困难地及时接收、处理和储存，故可进行一些动态过程的观察。如果在样品室内装有加热、冷却、弯曲、拉伸和离子刻蚀等附件，则可以通过电视装置，观察相变、断裂等动态的变化过程。

（10）从试样表面形貌获得多方面资料。在扫描电子显微镜中，不仅可以利用入射电子和试样相互作用产生各种信息来成像，而且可以通过信号处理方法，获得多种图像的特殊显示方法，还可以从试样的表面形貌获得多方面资料。因为扫描电子像不是同时记录的，它是分解为近百万个逐次记录构成的，因而使得扫描电子显微镜除了观察表面形貌外，还能进行成分和元素的分析，以及通过电子通道花样进行结晶学分析，选区尺寸可以从 10 μm 到 2 μm。

由于扫描电子显微镜具有上述特点和功能，所以越来越受到科研人员的重视，用途日益广泛。扫描电子显微镜已广泛用于材料科学（金属材料、非金属材料、纳米材料）、冶金、生物学、医学、半导体材料与器件、地质勘探、病虫害的防治、灾害（火灾、失效分析）鉴定、刑事侦查、宝石鉴定、工业生产中的产品质量鉴定及生产工艺控制等。

9.4　扫描隧道显微技术

20 世纪 80 年代初，G. Binnig 和 H. Rohrer 等发明了一种新型的表面分析仪器——扫描隧道显微镜（STM），使原位观察固体表面单个原子的排列状况成为可能，该发明于 1986 年获诺贝尔奖。

以扫描隧道电子显微镜为基础，G. Binnig 又发明了可用于绝缘体检测、分析的原子力显微镜（AFM）。

9.4.1　扫描隧道显微镜特点和基本原理

与其他表面分析技术相比，扫描隧道显微分析具有其自身的特点：

（1）具有原子级高分辨率。扫描隧道显微镜在平行和垂直于样品表面方向（横向和纵向）的分辨率分别为≤0.1 mm 和≤0.01 mm，可以分辨出单个原子。

（2）可实时得到样品表面三维（结构）图像。

（3）可在真空、大气、常温、高温等不同环境下工作，甚至可将样品浸在水或其他溶液中，相对于透射电子显微镜，扫描隧道显微镜结构简单、成本低廉，扫描隧道显微镜与透射电子显微镜（TEM）、扫描电子显微镜（SEM）及场离子显微镜（FIM）分辨率及适用环境等的比较列于表 9.1。

表 9.1　STM 与 TEM、SEM、FIM 某些方面的比较

项目	分辨率	工作环境	样品环境温度	对样品破坏程度
STM	原子级 （垂直 0.01 nm） （横向 0.1 nm）	实环境、大气、溶液、真空、超高真空	室温、高温或低温	无
TEM	点分辨率（0.3～0.5 nm） 晶格分辨率（0.1～0.2 nm）	高真空	室温	小
SEM	6～10 nm	高真空	室温	小
FIM	原子级	超高真空	30～80 K	有

电子隧道效应是扫描隧道显微镜的技术基础。

一般认为，金属中处于费米能级（E）上的自由电子，若想逸出金属表面，则必须获得足以克服金属表面逸出功（φ）的能量，但量子力学理论认为，由于金属中的自由电子具有波动性，电子波（ψ）向表面传播，在遇到边界时，一部分被反射（反射波 ψ_R），而另一部分则可透过边界（透射波 ψ_T），从而形成金属表面上的电子云，当金属 1 与金属 2 靠得很近（通常小于 1 nm）时，两金属表面的电子云将相互渗透（两金属透射波 ψ_{T1} 与 ψ_{T2} 相互重叠），如图 9.13（a）所示，此即称之为电子隧道效应。基于此，若在两金属中加上小的电压（可称为偏压），则将在两金属间形成电流，称为隧道电流。隧道电流方向由偏压极性决定，如图 9.13（b）所示。

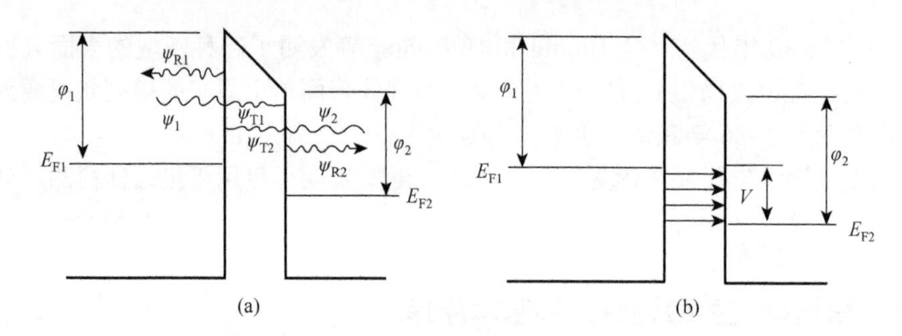

图 9.13　电子隧道效应与隧道电流

（a）隧道效应（两金属靠得很近 ψ_{T1} 与 ψ_{T2} 是贯穿隧道的电子波）；（b）隧道电流的形成（加适当电位 V，贯穿隧道的电子定向流动）

扫描隧道显微镜以原子尺度的极细探针（针尖）及样品（表面）作为电极，当针尖与样品表面非常接近（约 1 nm）时，在偏压作用下产生隧道电流，隧道电流（强度）随针尖与样品间距（s）成指数规律变化；s 减小 0.1 nm，则隧道电流（根据材料不同）增大 10～1000 倍。图 9.14 为扫描隧道显微镜工作原理图。

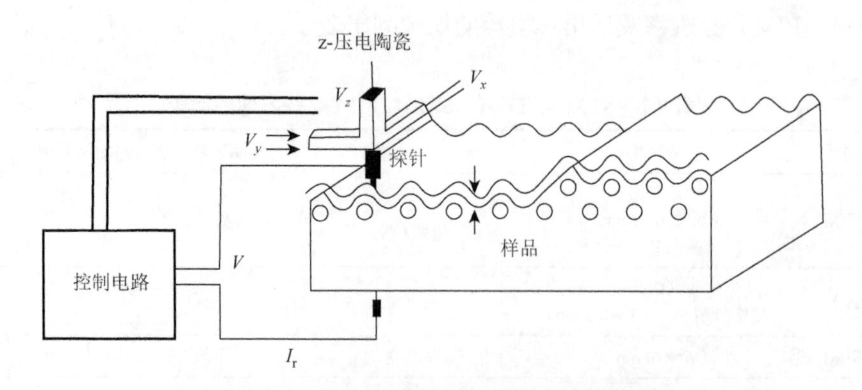

图 9.14　扫描隧道显微镜工作原理示意图（恒电流模式）

固定在压电陶瓷传感器（三维扫描控制器）上的探针可沿样品表而在 x、y 两个方向扫描；而依据探针在扫描过程中沿 z 方向（垂直于样品表面方向）是否产生位移，扫描隧道显微镜可分为恒电流和恒高度两种工作模式。

恒电流工作模式：沿表面扫描过程中，探针沿 z 方向的位移由反馈电路控制。反馈电路接收由于样品表面原子排列变化（样品表面起伏变化）引起的电压信号变化并驱动压电陶瓷使探针沿 z 方向上下移动，以保持隧道电流在扫描过程中恒定不变（即探针针尖与样品间距恒定不变）。通过记录扫描过程中针尖位移的变化[即 $z(x, y)$]，即可得到样品表面三维显微形貌图。恒高度工作模式：沿表面扫描过程中，探针保持在同一高度（不产生 z 方向上下位移）。如此，则在扫描过程中，随样品表面起伏的变化（针尖与样品表面间距变化），隧道电流不断变化。通过记录扫描过程中隧道电流的变化，也可得到样品表面的三维显微形貌图。

9.4.2　扫描隧道显微镜结构设计

1. 隧道针尖

隧道针尖的结构是扫描隧道显微技术要解决的主要问题之一。针尖的大小、形状和化学同一性不仅影响着扫描隧道显微镜图像的分辨率和图像的形状，而且也影响着测定的电子态。

针尖的宏观结构应使得针尖具有高的弯曲共振频率，从而可以减少相位滞后，提高采集速度。如果针尖的尖端只有一个稳定的原子而不是有多重针尖，那么隧道电流就会很稳定，而且能够获得原子级分辨的图像。针尖的化学纯度高，就不会涉及系列势垒。例如，针尖表面若有氧化层，则其电阻可能会高于隧道间隙的阻值，从而导致针尖和样品间产生隧道电流之前，二者就发生碰撞。

制备针尖的材料主要有金属钨丝、铂-铱合金丝等。钨针尖的制备常用电化学腐蚀法。而铂-铱合金针尖则多用机械成型法，一般直接用剪刀剪切而成。不论哪一种针尖，其表面往往覆盖着一层氧化层，或吸附一定的杂质，这经常是造成隧道电流不稳、噪声大和扫描隧道显微镜图像不可预期的原因。因此，每次实验前，都要对针尖进行处理，一般用化学法清洗，去除表面的氧化层及杂质，保证针尖具有良好的导电性。

2. 三维扫描控制器

由于仪器中要控制针尖在样品表面进行高精度的扫描，用普通机械的控制是很难达到这一要求的。

压电陶瓷利用了压电现象。所谓的压电现象是指某种类型的晶体在受到机械力发生形变时会产生电场，或给晶体加一电场时晶体会产生物理形变的现象。许多化合物的单晶，如石英等都具有压电性质，但广泛被采用的是多晶陶瓷材料，例如钛酸锆酸铅[Pb(Ti, Zr)O_3，PZT]和钛酸钡等。压电陶瓷材料能以简单的方式将1 mV～1000 V 的电压信号转换成十几分之一纳米到几微米的位移。

用压电陶瓷材料制成的三维扫描控制器主要有以下几种：

（1）三脚架型，由三根独立的长棱柱型压电陶瓷材料以相互正交的方向结合在一起，针尖放在三脚架的顶端，三条腿独立地伸展与收缩，使针尖沿 x-y-z 三个方向运动。

（2）单管型，陶瓷管的外部电极分成面积相等的四份，内壁为一整体电极，在其中一块电极上施加电压，管子的这一部分就会伸展或收缩（由电压的正负和压电陶瓷的极化方向决定），导致陶瓷管向垂直于管轴的方向弯曲。通过在相邻的两个电极上按一定顺序施加电压就可以实现 x-y 方向的相互垂直移动。在 z 方向的运动是通过在管子内壁电极施加电压使管子整体收缩实现的。管子外壁的另外两个电极可同时施加相反符号的电压使管子一侧膨胀，相对的另一侧收缩，增加扫描范围，亦可以加上直流偏置电压，用于调节扫描区域。

（3）十字架配合单管型，z 方向的运动由处在“十”字型中心的一个压电陶瓷管完成，x 和 y 扫描电压以大小相同、符号相反的方式分别加在一对 x、$-x$ 和 y、$-y$ 上。这种结构的 x-y 扫描单元是一种互补结构，可以在一定程度上补偿热漂移的影响。

除了使用压电陶瓷，还有一些三维扫描控制器使用螺杆、簧片、电机等进行机械调控。减震系统由于仪器工作时针尖与样品的间距一般小于 1 nm，同时隧道电流与隧道间隙成指数关系，因此任何微小的震动都会对仪器的稳定性产生影响。必须隔绝的两种类型的扰动是震动和冲击，其中震动隔绝是最主要的。隔绝震动主要从考虑外界震动的频率与仪器的固有频率入手。

3. 电子学控制系统

扫描隧道显微镜是一个纳米级的随动系统，因此，电子学控制系统也是一个重要的部分。扫描隧道显微镜要用计算机控制步进电机的驱动，使探针逼近样品，进入隧道区，之后要不断采集隧道电流，在恒电流模式中还要将隧道电流与设定值相比较，再通过反馈系统控制探针的进与退，从而保持隧道电流的稳定。所有这些功能，都是通过电子学控制系统来实现的。

4. 在线扫描控制系统

在扫描隧道显微镜的软件控制系统中，计算机软件所起的作用主要分为“在线扫描控制”和“离线数据分析”两部分。

在扫描隧道显微镜实验中，计算机软件主要实现扫描时的一些基本参数的设定、调节，以及获得、显示并记录扫描所得数据图像等。计算机软件将通过计算机接口实现与电子设备间的协调工作。在线扫描控制中一些参数的设置功能如下：

（1）“电流设定”的数值意味着恒电流模式中要保持的恒定电流，也代表着恒电流扫描过程中针尖与样品表面之间的恒定距离。该数值设定越大，这一恒定距离也越小。测量时“电流设定”一般在“0.5～1.0 nA”范围内。

（2）“针尖偏压”是指加在针尖和样品之间、用于产生隧道电流的电压真实值。这一数值设定越大，针尖和样品之间越容易产生隧道电流，恒电流模式中保持的恒定距离越小，恒高度扫描模式中产生的隧道电流也越大。“针尖偏压”值一般设定在“50～100 mV”范围左右。

（3）“Z 电压”是指加在三维扫描控制器中压电陶瓷材料上的真实电压。Z 电压的初始值决定了压电陶瓷的初始状态，随着扫描的进行，这一数值要发生变化。“Z 电压”在探针远离样品时的初始值一般设定在“–150.0～–200.0 mV”左右。

（4）“采集目标”包括“高度”和“隧道电流”两个选项，选择扫描时采集的是样品表面高度变化的信息还是隧道电流变化的信息。

（5）“输出方式”决定了将采集到的数据显示成为图像还是显示成为曲线。

（6）“扫描速度”可以控制探针扫描时的延迟时间，该值越小，扫描越快。

（7）“角度走向”是指探针水平移动的偏转方向，改变角度的数值，会使扫描得到的图像发生旋转。

（8）“尺寸”是设置探针扫描区域的大小，其调节的最大值由量程决定。尺寸越小，扫描的精度也越高，改变尺寸的数值可以产生扫描图像的放大与缩小的作用。

（9）“中心偏移”是指扫描的起始位置与样品和针尖刚放好时的偏移距离，改变中心偏移的数值能使针尖发生微小尺度的偏移。中心偏移的最大偏移量是当前量程决定的最大尺寸。

（10）“工作模式”决定扫描模式是恒电流模式还是恒高度模式。

（11）“斜面校正”是指探针沿着倾斜的样品表面扫描时所做的软件校正。

（12）“往复扫描”决定是否进行来回往复扫描。

（13）“量程”是设置扫描时的探测精度和最大扫描尺寸的大小。

这些参数的设置除了利用在线扫描软件外，利用电子系统中的电子控制箱上的旋钮也可以设置和调节这些参数。

软件控制马达使针尖逼近样品，首先要确保电动马达控制器的红色按钮处于弹起状态，否则探头部分只受电子学控制系统控制，计算机软件对马达的控制不起作用。马达控制软件将控制电动马达以一个微小的步长转动，使针尖缓慢靠近样品，直到进入隧道区为止。

马达控制的操作方式为：“马达控制”选择“进”，点击“连续”按钮进行连续逼近，当检测到的隧道电流达到一定数值后，计算机会进行警告提示，并自动停止逼近，此时单击“单步”按钮直到“Z 电压”的数值接近零时停止逼近，完成马达控制操作。

离线数据分析是指脱离扫描过程之后的针对保存下来的图像数据的各种分析与处理工作。常用的图像分析与处理功能有：平滑、滤波、傅里叶变换、图像反转、数据统计、三维生成等。

（1）“平滑”的主要作用是使图像中的高低变化趋于平缓，消除数据点发生突变的情况。

（2）“滤波”的基本作用是可将一系列数据中过高的削低，过低的填平。因此，对于测量过程中由于针尖抖动或其他扰动给图像带来的很多毛刺，采用滤波的方式可以大大消除。

（3）“傅里叶变换”对于研究原子图像的周期性时很有效。

（4）“图像反转”将图像进行黑白反转，会带来意想不到的视觉效果。

（5）“数据统计”用统计学的方式对图像数据进行统计分析。

（6）“三维生成”根据扫描所得的表面型貌的二维图像，生成直观美丽的三维图像。

大多数的软件中还提供很多其他功能，综合运用各种数据处理手段，最终得到自己满意的图像。

9.4.3 扫描隧道显微镜的样品制备

1. 光栅样品

理想的光栅表面形貌如图 9.15，为 1 μm×1 μm 的光栅表面形貌图。使用扫描隧道显微镜，对于这种已知的样品，很容易测得它的表面形貌的信息。新鲜的光栅表面没有缺陷，若在测量过程中发生撞针现象，则容易造成人为的光栅表面的物理损坏，或者损坏扫描针尖。在这种情况下往往很难得到清晰的扫描图像。此时，除了采取重新处理针尖措施外，适当地改变一下样品放置的位置，选择适当的区域进行扫描也是必要的。

图9.15　光栅样品图例

2. 石墨样品

当用扫描隧道显微镜扫描原子图像时，通常选用石墨作为标准样品。石墨中原子排列呈层状而每一层中的原子则呈周期排列，表面形貌如图 9.16。由于石墨在空气中容易氧化，因此在测量前应首先将表面一层揭开（通常用粘胶带纸粘去表面层），露出石墨的新鲜表面，再进行测量。因为此时要得到的是原子的排列图像，而任何一个外界微小的扰动，都会造成严重的干扰。因此，测量原子必须在一个安静、平稳的环境中进行，对仪器的抗震及抗噪声能力的要求也较高。

图9.16　石墨样品图例

9.4.4 扫描隧道显微镜实验技术

1. 实验方法

（1）将一长约 3 cm 的铂铱合金丝放在丙酮中洗净，取出后用经丙酮清洗的剪刀剪尖，再放入丙酮中洗几下。（在此后的实验中千万不要碰针尖！）将探针后部略微弯曲，插入头部的金属管中固定，针尖露出头部约 5 mm。

（2）将样品放在样品台上，应保持良好的电接触。将下部两个螺旋测微头向上旋起，然后把头部轻轻放在针尖上（要确保针尖与头部间有一段距离），头部两边用弹簧扣住。小心调节螺旋测微头，在针尖与样品间距约为 0.5 mm 处停住。

（3）运行 STM 工作软件，扫开控制箱，将“隧道电流”置为 0.5 nA，“针尖偏压”置为 50 mV，“积分”置为 5.0，点击“自动进”至马达自动停止。金的扫描范围置为 800～900 nm，光栅的是 3000 nm 左右。开始扫描。可点击“调色板适应”以便得到合适的图像对比度，并调节扫描角度和速度，直到获得满意的图像为止。一般，观察到的金的表面由团簇组成，而光栅的表面一般比较平整，条纹刻痕较浅，在不同角度观察到的方向不同。

（4）实验结束后，一定要用“马达控制”的“连续退”操作将针尖退回，然后再关闭实验系统。

（5）STM 仪器比较精致，而且价格昂贵，操作过程中动作一定要轻，避免造成设备损坏。

2. 图像处理

（1）平滑处理：将像素与周边像素做加权平均。

（2）斜面校正：选择斜面的一个顶点，以该顶点为基点，线性增加该图像的所有像数值，可多次操作。

（3）中值滤波。

（4）傅里叶变换：对图像的周期性很敏感，在做原子图像扫描时很有用。

9.4.5 扫描隧道显微镜应用

隧道显微镜的原理是巧妙地利用了物理学上的隧道效应及隧道电流。金属体内存在大量“自由”电子，这些“自由”电子在金属体内的能量分布集中于费米能级附近，而在金属边界上则存在一个能量比费米能级高的势垒。因此，从经典物理学来看，在金属内的“自由”电子，只有能量高于边界势垒的那些电子才有可能从金属内部逸出到外部。但根据量子力学原理，金属中的自由电子还具有波动性，这种电子波在向金属边界传播而遇到表面势垒时，会有一部分透射。也就是说，会有部分能量低于表面势垒的电子能够穿透金属表面势垒，形成金属表面上的“电子云”。这种效应称为隧道效应。所以，当两种金属靠得很近时（几纳米以下），两种金属的电子云将互相渗透。当加上适当的电压时，即使两种金属并未真正接触，也会有电流由一种金属流向另一种金属，这种电流称为隧道电流。

隧道电流和隧道电阻随隧道间隙的变化非常敏感，隧道间隙即使只发生 0.01 nm 的变化，也能引起隧道电流的显著变化。

如果用一根很尖的探针（如钨针）在距离该光滑样品表面上十分之几纳米的高度上平行于表面在 x, y 方向扫描，由于每个原子有一定大小，因而在扫描过程中隧道间隙就会随 x, y 的不同而不同，流过探针的隧道电流也不同。即使是百分之几纳米的高度变化也能在隧道电流上反映出来。利用一台与扫描探针同步的记录仪，将隧道电流的变化记录下来，即可得到分辨率为百分之几纳米的扫描隧道电子显微镜图像。

9.5 原子力显微技术

原子力显微镜（atomic force microscope，AFM），一种可用来研究包括绝缘体在内的固体材料表面结构的分析仪器。它通过检测待测样品表面和一个微型力敏感元件之间的极微弱的原子间相互作用力来研究物质的表面结构及性质。将一对微弱力极端敏感的微悬臂一端固定，另一端的微小针尖接近样品，这时它将与其相互作用，作用力将使得微悬臂发生形变或运动状态发生变化。扫描样品时，利用传感器检测这些变化，就可获得作用力分布信息，从而以纳米级分辨率获得表面形貌结构信息及表面粗糙度信息。

9.5.1 原子力显微镜发展历史

原子力显微镜是一种通过探针与被测样品之间的相互作用力来获得物质表面形貌信息的纳米级高分辨率的扫描探针显微镜。

自 1985 年在美国斯坦福大学发明出首台 AFM 以来，30 余年里，由于 AFM 具有前所未有的高空间分辨率，并且可以测量纳米级的多种物理性质，因此得到广泛使用。当下 AFM 全球 3 亿美元的市场份额相对 SEM 20 亿美元的市场份额显得逊色，而作为亲历见证 AFM 的发展，并创建首个 AFM 商业化公司 PSI 的 Sang-il

Park 博士则十分看好 AFM 未来市场的增长，认为 AFM 的一些不足也在被新的技术逐一改善，更大 AFM 潜力市场待大家发掘。

9.5.2 原子力显微镜原理

原子力显微镜的基本原理是：将一个对微弱力极敏感的微悬臂一端固定，另一端有一微小的针尖，针尖与样品表面轻轻接触，由于针尖尖端原子与样品表面原子间存在极微弱的排斥力，通过在扫描时控制这种力的恒定，带有针尖的微悬臂将对应于针尖与样品表面原子间作用力的等位面而在垂直于样品的表面方向起伏运动。利用光学检测法或隧道电流检测法，可测得微悬臂对应于扫描各点的位置变化，从而可以获得样品表面形貌的信息。我们以激光检测原子力显微镜（atomic force microscope employing laser beam deflection for force detection，Laser-AFM）来详细说明其工作原理。

二极管激光器（laser diode）发出的激光束经过光学系统聚焦在微悬臂（cantilever）背面，并从微悬臂背面反射到由光电二极管构成的光斑位置检测器（detector）。在样品扫描时，由于样品表面的原子与微悬臂探针尖端的原子间的相互作用力，微悬臂将随样品表面形貌而弯曲起伏，反射光束也将随之偏移，因而，通过光电二极管检测光斑位置的变化，就能获得被测样品表面形貌的信息。

在系统检测成像全过程中，探针和被测样品间的距离始终保持在纳米（10^{-9} m）量级，距离太大不能获得样品表面的信息，距离太小会损伤探针和被测样品，反馈回路（feedback）的作用就是在工作过程中，由探针得到探针-样品相互作用的强度，来改变加在样品扫描器垂直方向的电压，从而使样品伸缩，调节探针和被测样品间的距离，反过来控制探针-样品相互作用的强度，实现反馈控制。因此，反馈控制是本系统的核心工作机制。本系统采用数字反馈控制回路，用户在控制软件的参数工具栏通过以参考电流、积分增益和比例增益几个参数的设置来对该反馈回路的特性进行控制。

9.5.3 原子力显微镜分类

原子力显微镜的工作模式是以针尖与样品之间的作用力的形式来分类的。主要有以下 3 种操作模式：接触模式（contact mode）、非接触模式（non-contact mode）和敲击模式（tapping mode）。

1. 接触模式

从概念上来理解，接触模式是 AFM 最直接的成像模式。AFM 在整个扫描成像过程之中，探针针尖始终与样品表面保持紧密的接触，而相互作用力是排斥力。扫描时，悬臂施加在针尖上的力有可能破坏试样的表面结构，因此力的大小范围在 10^{-10}～10^{-6} N。若样品表面柔嫩而不能承受这样的力，便不宜选用接触模式对样品表面进行成像。

2. 非接触模式

非接触模式探测试样表面时悬臂在距离试样表面上方 5～10 nm 的距离处振荡。这时，样品与针尖之间的相互作用由范德华力控制，通常为 10^{-12} N，样品不会被破坏，而且针尖也不会被污染，特别适合于研究柔嫩物体的表面。这种操作模式的不利之处在于要在室温大气环境下实现这种模式十分困难。因为样品表面不可避免地会积聚薄薄的一层水，它会在样品与针尖之间搭起一个小小的毛细桥，将针尖与表面吸在一起，从而增加尖端对表面的压力。

3. 敲击模式

敲击模式介于接触模式和非接触模式之间，是一个杂化的概念。悬臂在试样表面上方以其共振频率振荡，针尖仅仅是周期性地短暂地接触/敲击样品表面。这就意味着针尖接触样品时所产生的侧向力被明显地减小了。因此当检测柔嫩的样品时，AFM 的敲击模式是最好的选择之一。一旦 AFM 开始对样品进行成像扫描，装置随即将有关数据输入系统，如表面粗糙度、平均高度、峰谷峰顶之间的最大距离等，用于物体表面分析。同时，AFM 还可以完成力的测量工作，测量悬臂的弯曲程度来确定针尖与样品之间的作用力大小。

9.5.4　原子力显微镜结构设计

原子力显微镜系统可分成三个部分：力检测部分、位置检测部分和反馈系统。

1. 力检测部分

在原子力显微镜（AFM）的系统中，所要检测的力是原子与原子之间的范德华力。所以在该系统中是使用微小悬臂（cantilever）来检测原子之间力的变化量。微悬臂通常由一个一般 100～500 μm 长和大约 500 nm～5 μm 厚的硅片或氮化硅片制成。微悬臂顶端有一个尖锐针尖，用来检测样品-针尖间的相互作用力。这微小悬臂有一定的规格，例如长度、宽度、弹性系数以及针尖的形状，而这些规格的选择是依照样品的特性，以及操作模式的不同，而选择不同类型的探针。

2. 位置检测部分

在原子力显微镜（AFM）的系统中，当针尖与样品之间有了交互作用之后，会使得悬臂摆动，当激光照射在微悬臂的末端时，其反射光的位置也会因为悬臂摆动而有所改变，这就造成偏移量的产生。在整个系统中是依靠激光光斑位置检测器将偏移量记录下并转换成电的信号，以供 SPM 控制器作信号处理。

3. 反馈系统

在原子力显微镜（AFM）的系统中，将信号经由激光检测器取入之后，在反馈系统中会将此信号当作反馈信号，作为内部的调整信号，并驱使通常由压电陶瓷管制作的扫描器做适当的移动，以保持样品与针尖保持一定的作用力。

AFM 系统使用压电陶瓷管制作的扫描器精确控制微小的扫描移动。压电陶瓷是一种性能奇特的材料，当在压电陶瓷对称的两个端面加上电压时，压电陶瓷会按特定的方向伸长或缩短。而伸长或缩短的尺寸与所加的电压的大小成线性关系，即可以通过改变电压来控制压电陶瓷的微小伸缩。通常把三个分别代表 X, Y, Z 方向的压电陶瓷块组成三脚架的形状，通过控制 X, Y 方向伸缩达到驱动探针在样品表面扫描的目的；通过控制 Z 方向压电陶瓷的伸缩达到控制探针与样品之间距离的目的。

原子力显微镜（AFM）便是结合以上三个部分来将样品的表面特性呈现出来的：在原子力显微镜（AFM）的系统中，使用微小悬臂来感测针尖与样品之间的相互作用，这作用力会使微悬臂摆动，再利用激光将光照射在悬臂的末端，当摆动形成时，会使反射光的位置改变而造成偏移量，此时激光检测器会记录此偏移量，也会把此时的信号给反馈系统，以利于系统做适当的调整，最后再将样品的表面特性以影像的方式给呈现出来。

9.5.5 影响原子力显微镜分辨率的因素

1. 步宽因素

原子力显微镜图像由许多点组成，扫描器沿着齿形路线进行扫描，计算机以一定的步宽取数据点。以每幅图像取 512×512 数据点计算，扫描 1 μm×1 μm 尺寸图像得到步宽为 2 nm（1 μm/512）。高质量针尖可以提供 1～2 nm 的分辨率。由此可知，在扫描样品尺寸超过 1 μm × 1 μm 时，AFM 的侧向分辨率是由采集图像的步宽决定的。

2. 针尖因素

AFM 成像实际上是针尖形状与表面形貌作用的结果，针尖的形状是影响侧向分辨率的关键因素。

针尖影响 AFM 成像主要表现在两个方面：针尖的曲率半径和针尖侧面角，曲率半径决定最高侧向分辨率，而探针的侧面角决定最高表面比率特征的探测能力。曲率半径越小，越能分辨精细结构。

9.5.6　原子力显微镜应用

AFM 可以在大气、真空、低温和高温、不同气氛以及溶液等各种环境下工作，且不受样品导电性质的限制，因此已获得比 STM 更为广泛的应用。主要用途包括：①导体、半导体和绝缘体表面的高分辨成像；②生物样品、有机膜的高分辨成像；③表面化学反应研究；④纳米加工与操纵；⑤超高密度信息存储；⑥分子间力和表面力研究；⑦摩擦学及各种力学研究；⑧在线检测和质量控制。

参 考 文 献

童超. 2011. 场发射枪透射电子显微镜主体镜筒的设计分析[D]. 北京：北京交通大学.

杨景华. 2007. 带状注速调管电子光学系统的研究[D]. 北京：中国科学院研究生院.

赵建华. 1981. 扫描电子显微镜简介[J]. 上海农业科技，(3)：43-44.